中国清洁发展机制基金赠款项目"地方科技系统干部队伍应对气候变化教材编写与培训"（编号：2013049）资助

地方科技系统应对气候变化能力建设丛书之四

地方科技系统应对气候变化知识读本

中国21世纪议程管理中心　编著

U0348377

科学技术文献出版社
SCIENTIFIC AND TECHNICAL DOCUMENTATION PRESS

·北京·

图书在版编目（CIP）数据

地方科技系统应对气候变化知识读本／中国21世纪议程管理中心编著. —北京：科学技术文献出版社，2017.6
ISBN 978-7-5189-2897-2

Ⅰ.①地… Ⅱ.①中 Ⅲ.①气候变化—基本知识 Ⅳ.① P467

中国版本图书馆 CIP 数据核字（2017）第 147152 号

地方科技系统应对气候变化知识读本

策划编辑：李 蕊 责任编辑：李 晴 张 红 责任校对：张吲哚 责任出版：张志平

出 版 者	科学技术文献出版社	
地 址	北京市复兴路15号 邮编 100038	
编 务 部	（010）58882938，58882087（传真）	
发 行 部	（010）58882868，58882874（传真）	
邮 购 部	（010）58882873	
官 方 网 址	www.stdp.com.cn	
发 行 者	科学技术文献出版社发行 全国各地新华书店经销	
印 刷 者	虎彩印艺股份有限公司	
版 次	2017 年 6 月第 1 版 2017 年 6 月第 1 次印刷	
开 本	710×1000 1/16	
字 数	274千	
印 张	19.5	
书 号	ISBN 978-7-5189-2897-2	
定 价	76.00元	

版权所有 违法必究

购买本社图书，凡字迹不清、缺页、倒页、脱页者，本社发行部负责调换

编委会

主　　　编：柯　兵　孙成永

副　主　编：康相武　张巧显　仲　平

执行副主编：何霄嘉　黄　弘　陈　宏　曾维华　王启光

编　　　委：王启光　宋　燕　何霄嘉　高学浩　闫冠华

　　　　　　肖子牛　邹立尧　刘　莉　俞小鼎　李跃凤

　　　　　　袁　薇　牛　宁　冯爱霞　李宏毅　李焕连

　　　　　　李文科　朱玉祥　陈正洪　杨　萍　孙　宇

　　　　　　严小冬　杨凤梅　赵文秀　赵　鹏　高　峰

前　言

近百年来，许多观测资料表明，地球气候正经历一次以全球变暖为主要特征的显著变化，我国的气候变化趋势与全球的总趋势基本一致。气候变化既是环境问题，也是发展问题，但归根到底是发展问题。世界各国的发展历史和趋势表明，人均 CO_2 排放量、商品能源消费量与经济发达水平有明显相关关系。在目前的技术水平下，达到工业化国家的发展水平意味着人均能源消费和 CO_2 排放必然达到较高的水平，目前世界上尚无既有较高的人均 GDP 水平又能保持很低人均能源消费量的先例。未来随着我国经济的发展，能源消费和 CO_2 排放量必然还要持续增长。在全球气候变化背景下，高温、暴雨、干旱等极端天气事件频繁发生，给自然生态系统、人类生存环境和经济社会发展带来了严重影响，而且这种影响的频率和强度有不断增强的趋势。近年来，我国灾害性天气事件趋多增强，造成了我国气象灾害频率、强度及空间分布发生变化。21 世纪头 10 年，我国高温日数较常年平均多了 32%、暴雨日数增长了 10%、中等以上干旱日数增加了 20%。随着社会经济的发展，气象灾害的风险越来越大、影响也越来越深远，据统计，我国气象灾害平均每年造成的经济损失达 2000 亿元以上。我国正处在全面建设小康社会的关键时期，同时也处于工业化、城镇化加快发展的重要阶段，发展经济和改善民生的任务十分繁重，应对气候变化及极端天气事件的任务也十分艰巨。

中国作为一个负责任的发展中国家，对气候变化问题给予了高度重视，成立了国家气候变化对策协调机构，并根据国家可持续发展战略的要求，采取了一系列与应对气候变化相关的政策和措施，为减缓和适应气候变化做出了积极的贡献。我国地方政府和相关管理部门也非常重视应对气候变化、突发性灾害应急管理等规划方案的制定工作，并在温室气体减排、突发性灾害应对和灾害应急平台建设等方面取得了一些积极成果。但从总体来看，我国地方政府应对气候变化的意识和能力仍然薄弱，横向联动机制尚不健全，相关管理部门的资源有待整合，综合管理能力难以实现持续提升，这些都成为制约国家应对气候变化目标实现的瓶颈性问题。因此，亟须尽早在地方层面开展应对气候变化能力建设与示范，加快地方科技系统干部队伍应对气候变化相关教材的编写，加强地方政府应对气候变化的培训，切实提高地方政府应对气候变化、灾害防御和管理的能力。

国家可持续发展实验区（以下简称实验区），是由科技部、国家发展改革委等部门与地方政府共同推动的一项地方性可持续发展实验试点工作。经过 27 年持之以恒的推进，实验区已经成为我国可持续发展能力建设和科技成果应用转化的重要实验示范基地。目前，已建立国家级实验区 156 个，分布在全国 30 个省、自治区、直辖市。同时，各省陆续建立了省级实验区 100 余个，形成了从国家到地方共同推进可持续发展的格局。以实验区为平台，以点带面，通过"研究—示范—培训—提升"的模式，选择典型区域实验区开展以地方政府为主体的应对气候变化及极端天气事件能力建设与示范，将有效提升地方政府应对气候变化及极端天气事件的意识与能力，为国内同类地区开展适应气候变化行动提供经验和模式借鉴，这对于贯彻落实国家应对气候变化行动总体目标具有非常重要的意义。党的十八大报告提出，建设学习型、服务型、创新型的马克思主义执政党，对干部队伍能力建设提出了更高的要求。对于当前我国应对气候变化工作面临的挑战和机遇，各地方科技系统干部队伍，更要以十八大精神为指导，不断提高学习力、服务力和创新力。当前国内应对气候变化的相关培训还比较零散，系统性不够强，尚缺乏具有专业性、针对性的教材。因此，为加强地方各级干部队伍应对气候变化的能力，适应国家应对气候变化工作的最新需求，非常有必要编写立足于国内应对工作具体问题、涉及国际前沿的知识读本。

由于时间仓促，加之作者水平有限，书中难免存在缺点和错误，敬请读者批评指正。

编　者

2017 年 6 月

内容简介

　　本知识读本广泛收集国内外气候变化及应对气候变化的知识材料，形成了气候变化事实、气候变化对自然生态系统及社会生活的影响、适应气候变化等共计 6 章内容。该读本充分考虑了地方科技干部工作的复杂性和难度，内容简明扼要，面向前沿并以知识窗的形式展示了地方应对气候变化的生动个例。此外，本读本阐述了针对政府部门和社会组织及国家可持续发展实验区的应对气候变化工作。这些探索为我国中央政府部门和地方政府部门应对气候变化发展积累了有益经验，介绍了一批可推广的典型做法。

目 录

第一章　气候变化事实

内容提要　　本章主要介绍了气候变化事实和主要指标，其中综合指标为研究全球及区域气候变化提供了一条新的思路和途径，文中还给出了近百年全球及中国气候变化的主要特征，并对近百年全球和中国极端气候事件概况进行了简要介绍。本章最后对气候变化归因和未来气候预估方面的工作进行了介绍。

1.1　气候变化内涵及主要指标

天气是区域短时间内大气状态（冷暖、风雨、干湿等）及其变化的总称。气候则是指一个地方天气要素（如气温、气压等）一段时间内统计意义上天气的综合特征，既包含了平均状态，也包含了极端情况，如极端高温和极端低温等，主要反映某一地区冷、暖、干、湿等基本特征。

1.1.1　气候变化的定义和内涵

气候分为平稳气候和非平稳气候。平稳气候是指某一气候变量的平均值、方差等统计参数不随时间改变，而非平稳气候则相反。原则上只有对于平稳气候，用统计方法得到的特征才能适用于分析气候历史及预测未来气候，但实际上不管对于全球气候还是区域气候，其无时无刻地处于变化之中，这也正是气候研究及应用很困难的原因之一。

气候变化是指一个时间段内，气候平均态、距平值、变率三者中至少一个出现了统计意义上的显著变化。按照时间尺度，气候变化可粗略分为 6 类：短期气候变化（月、季），中期气候变化（年、年际变化），长期气候变化（几十年、年代际变化），超长期气候变化（几百年、世纪际变化），历史时期气候变化（千年），地质期气候变化（万年）。

气候变化有多种表现形式，涵盖了所有时间尺度的变率，以一个地点、一个时间段的气温为例，可能出现如下 3 种情况。

①平均态、距平值维持稳定，变率增加（减小），表明气温变化周期发生了改变；

②平均态、变率维持不变，距平值增大（减小），表明气候太不稳定性在增加（减小）；

③距平值、变率保持稳定，平均态发生了阶段性突然变化（升高或降低），表明气候系统发生了根本性的变化。

气候变化可以是上述特征中的一种，也可能是几种变化类型的组合。

1.1.2 全球和区域气候变化的主要指标

气候变化指标研制是气候变化研究的基础性工作。人们通过气候变化指标了解全球及区域气候变化的事实。随着人们对气候变化的深入研究和认识，指标也越来越丰富。

气候系统是由大气圈、水圈、冰冻圈、岩石圈和生物圈 5 个圈层及其之间相互作用组成的高度复杂的系统。它是一个完整的、相互关联的、具有自身调节机制的系统，其具有热力、动力、水文、静力和生物学等属性，这些属性在一定的外因条件下，通过气候系统内部的物理过程、化学过程和生物过程相互关联，并在不同的时间尺度内发生变化（《第二次气候变化国家评估报告》编写委员会，2011）。每项属性，均有一些物理变量相对应，这些物理变量及其统计量可直接作为表征气候变化的指标（表 1.1）。

表 1.1 气候系统各圈层表征气候变化的指标

序号	分类	名称
大气圈	地面	气温、降水、相对湿度、风速、蒸发量、辐射、日照时数、云量等；干旱、暴雨洪涝、沙尘暴、高温热浪、低温冷害、综合指标
	高空	气温、比湿、相对湿度、大气可降水量、大气水汽含量等
水圈	陆地	地表径流、地下水、湖泊面积及深度
	海洋	海平面高度、海水热容量、海温、酸度、盐度
冰冻圈	积雪	最大积雪深度、积雪覆盖面积、雪线高度
	冰川	面积、厚度、物质净损失量
	冻土	冻土温度、冻土活动层厚度、冻土区面积
	海冰、河冰、湖冰等	面积、厚度、融化期日数、结冰期动物活动范围
岩石圈	土壤	土壤湿度、土壤温度
生物圈	植物	季节时间、生长季长度、植物生长范围等
	动物	动物活动范围等
综合指标	IGBP指标	采用CO_2、气温、海平面高度、海冰等每个参数的年变化标准化指标综合评判全球地球气候系统的变化，反映各方面对气候变化的响应（IGBP，2009）

为了揭示极端气候变化的事实和规律，世界气象组织气候学委员会（WMO–CCL）和世界气候研究计划（WCRP）、气候变率可预测性研究计划（CLIVAR）的气候变化监测、检测和指数联合研究小组（ETCCDMI）研制了极端气候指标体系，为全球开展极端气候事件研究和对比奠定基础。极端气候指标从气候变化的强度、频率、持续时间 3 个方面反映极端气候事件，目前常用的极端气候指标主要是根据降水和气温要素而建立的。极端气候指标大致可分为：绝对阈值指数、相对阈值指数、极端值指数、综合指数等（丁裕国 等，2009）。

综合指标为研究全球及区域气候变化提供了一条新的思路和途径。早在20世纪90年代，一些专家就已经采用了综合指数进行气候变化研究。Baettig等（2007）采用年平均气温的变化、年降水量的变化、极端气温和降水事件的变化4个方面的指数，每方面又确定几个主要的指数（如20年一遇的热年，20年一遇的干年和湿年，20年一遇的热夏和暖冬，20年一遇的干夏、干冬和湿夏、湿冬共9项），采用加权平均方法进行综合，更好地揭示了气候变化的重要信息。吴浩等（2012）采用类似方法4类共12项指数对中国近50年来的气候变化特征及区域敏感性进行了分析。

任国玉等（2010）根据中国常年极端气候特点和不同种类极端气候事件的经济社会影响，选取全国平均高温日数、低温日数、强降水日数、沙尘天气日数、大风日数、干旱面积百分率和登陆热带气旋频数7种极端气候指标，定义2个综合极端气候指数，分别为7种极端气候指标简单（等值权重）合成的综合指数Ⅰ和加权（差异权重）合成的综合指数Ⅱ。综合指数Ⅱ主要依据各种极端气候事件引发的灾害严重程度及其社会影响大小，分别确定其对应单项指标的相对重要性和权重系数。

1.2 全球及中国近百年气候变化的特征

IPCC第5次评估报告（AR5）中指出，气候系统的变暖是毋庸置疑的。自20世纪50年代以来，观测到的许多变化在几十年乃至上千年时间里都是前所未有的。大气和海洋已经变暖，积雪和冰量已经减少，海平面已经上升。

气候系统是由5个主要部分组成的高度复杂的系统（图1.1）。气候系统随时间演变的过程受到自身内部动力学的影响，还受到外部强迫影响，如火山喷发、太阳活动变化和人为强迫影响，再如不断变化的大气成分和土地利用变化等的影响。

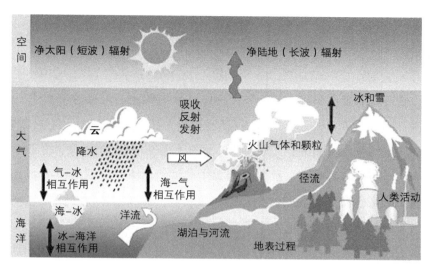

图 1.1　气候系统示意

1.2.1　气候系统各圈层的变化

（1）大气圈

大气圈是地球气候系统中最不稳定并且变化最迅速的圈层。1983—2012年地表温度依次升高，比 1850 年以来的任何一个 10 年都偏暖。1983—2012年这段时期，在北半球有此项评估的地方很可能是过去 800 年里最暖的 30 年时期，也可能是过去 1400 年里最暖的 30 年时期。

全球陆地和海洋综合平均表面温度的线性趋势计算结果表明，1880—2012 年温度升高了 0.85 ℃。基于现有的一个最长的数据集，1850—1900 年和2003—2012 年的平均温度之间的总升温幅度为 0.78 ℃。对于计算区域趋势足够完整的最长时期（1901—2012 年），全球几乎所有地区都经历了地表增暖。自 20 世纪中叶以来，全球范围内对流层已变暖，而平流层底部已变冷。

（2）水圈

水圈由所有地表水和地下水组成，包含河、湖、地下水、海水等。在气候系统储存能量的增加当中，海洋变暖占了主导地位，占 1971—2010 年累积能量的 90% 以上，仅有约 1% 储存在大气中。在全球尺度上，海洋表层温度升幅最大。几乎确定的是，1971—2010 年海洋上层 75 m 以上深度的海水温度升幅为每 10 年 0.11 ℃；海洋上层（0 ～ 700 m）在 1971—2010 年已经变暖，而且可能是在 19 世纪 70 年代—1971 年变暖的。可能的是，从 1957—2009 年，海洋在 700 ～ 2000 m 深度已经变暖，从 1992—2005 年，在 3000 m 深度到海底之间已经变暖。自 20 世纪 50 年代以来，以蒸发为主的高盐度海区的海水很可能变得更咸，而以降水为主的低盐度海区的海水很可能变得更淡。这些区域性海洋盐度的变化趋势间接表明，海洋上蒸发和降水已经发生变化，因此，全球水循环也发生了变化。

自工业革命开始后，海洋对 CO_2 的吸收造成了海洋酸化；海洋表面海水的 pH 下降了 0.1，以氢离子浓度来衡量的话，相当于酸性增高了 26%。自 20 世纪 60 年代以来，变暖导致许多海域的海岸水域和公海温跃层的含氧量下降，热带含氧量最低的海域在近几十年里可能已有所扩大。

（3）冰冻圈

冰冻圈包含格陵兰岛和南极冰盖、大陆冰川和高原雪盖、海冰及永冻土等。过去 20 年以来，格陵兰和南极冰盖的冰量一直在损失。全球范围内的冰川几乎都在继续退缩。北半球春季积雪面积继续缩小，南极海冰范围的趋势有很强的区域差异，其总范围很可能出现了上升。冰川损失了冰量，对整个 20 世纪的海平面上升有所作用。格陵兰岛冰盖的冰量损失速度很可能在 1992—2011 年大幅加快，这造成了 2002—2011 年的冰量损失多于 1992—2011 年。南极冰盖的冰量损失主要发生在南极半岛北部和南极西部的阿蒙森海区，在 2002—2011 年速度也可能更高（图 1.2）。

1979—2012 年（1979 年，卫星观测开始的年份）北极年均海冰范围在缩小，缩小速率很可能是每 10 年 3.5% ～ 4.1%。北极海冰范围在 1979 年以来的每个季节及每个依次年代均已缩小，每 10 年平均范围的下降速度在夏季最高。夏季最低海冰范围很可能每 10 年缩小 9.4% ～ 13.6%（每 10 年 73 万～107 万 km^2）。

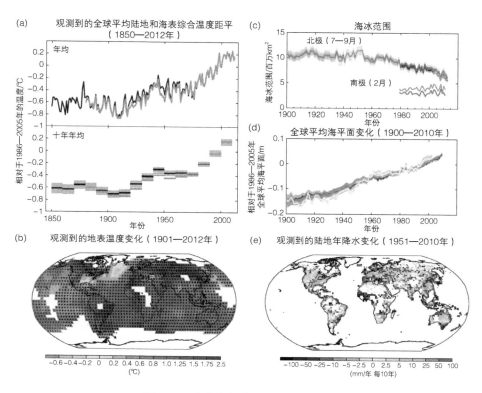

图 1.2 地表各气象要素近百年变化趋势

在 1979—2012 年南极年均海冰范围很可能以每 10 年 13 万～ 20 万 km² 的速度增加。南极存在很大的区域差异，有些区域的海洋范围增加，有些区域却在减小。自 20 世纪中叶以来，北半球积雪面积已缩小，在 1967—2012 年，北半球 3 月和 4 月积雪面积每 10 年缩小 1.6%，6 月每 10 年缩小 11.7%。自 20 世纪 80 年代初以来，北半球大多数地区多年冻土层的温度已升高，一些地区冻土层的厚度和面积已减少。多年冻土层的温度升高是对升高的地面温度和积雪变化的响应。

（4）岩石圈

岩石圈是指地球陆地表面，包含高原、平原、山地、盆地等，岩石圈上的植被和土壤能够影响所到达的太阳能量转换，这些能量会最终给大气。

（5）生物圈

生物圈指陆地上和海洋中的植物及生存在大气、海洋和陆地上的动物等。人们已经认识到大气中 CO_2 浓度的变化与全球气温的变化直接相关。地球大气中的 CO_2 不仅仅是人类工业生产所排放的，它与生物圈也有很密切的联系。生物圈既能生产 CO_2，又能吸收 CO_2。

1.2.2　全球辐射平衡及其变化

进入地球气候系统的能量几乎全部来自于太阳，太阳辐射是驱动大气运动的唯一原动力。地球气候系统可以在一切时间尺度上，因太阳短波辐射的散射和吸收及地气系统吸收和发射红外热辐射的变化而变化。如果气候系统处于平衡状态，则大气吸收的太阳能辐射将等于地球和大气向外太空发射的红外辐射能。任何能够扰动这种辐射平衡并且因此改变气候的因子都被称为辐射强迫因子。他们所产生的对地气系统的强迫称为辐射强迫。辐射强迫既可以来自人类活动的影响，也可以来自火山活动与太阳变化等自然因子的影响。

温室气体（GHG）的大气浓度已上升到过去 80 万年以来前所未有的水平。自 1750 年以来，温室气体 CO_2、CH_4 和 N_2O 的浓度均已大幅增加（分别为 40%、150% 和 20%）。2002—2011 年 CO_2 浓度的增加速度是观测到的最快 10 年变化速度，即（2.0 ± 0.1）ppm/ 年。自 20 世纪 90 年代末 CH_4 的浓度出现了近 10 年来的稳定，但自 2007 年开始大气中的 CH_4 浓度再次开始上升。过去 30 年间 N_2O 的浓度以（0.73 ± 0.03）ppb/ 年的速度稳定增长。

1750—2011 年的总人为辐射强迫计算的变暖效应为 2.3 W/m^2，自 1970 年以来其增加速率比之前的各个年代都快。对于 1750—2011 年的辐射强迫及其自 1970 年以来的趋势来讲，CO_2 是最大的因素。2011 年的总人为辐射强迫估值比 IPCC 第 4 次评估报告（AR4）给出的 2005 年总人为辐射强迫估值高了 43%。其原因是大多温室气体的浓度不断增加，而且对于来自气溶胶的辐射强迫的估值也增加了。

气溶胶的辐射强迫（包括造成的云调节）得到了更好的理解，结果表明比 IPCC 第 4 次评估报告（AR4）时的冷却效应要弱。1750—2011 年的气溶胶辐射强迫估计为 –0.9 W/m²。来自气溶胶的辐射强迫有两个互相抵消的组成部分：大多数气溶胶及其云调节是以冷却效应为主，黑炭吸收太阳辐射造成的变暖效应会部分抵消前一种作用。全球平均总气溶胶辐射强迫已抵消了源于充分混合的温室气体引起的辐射强迫的很大一部分。气溶胶仍然是总辐射强迫估算中最大的不确定性来源。

太阳辐射和火山气溶胶的变化会导致自然辐射强迫。在大型火山爆发后的若干年内，平流层火山气溶胶的强迫作用对气候系统有很大的冷却效应。据计算，与 1750 年相比，太阳总辐射的变化只对 2011 年的总辐射强迫做出了约 2% 的贡献。

1.2.3　中国近百年气候变化的主要特征

全球气候在近百年发生了以全球变暖为特征的剧烈变化，中国的平均温度也在升高，近百年来上升了 0.6 ～ 0.8 ℃（图 1.3）。在过去 100 年中有两段明显的增温期，分别出现在 20 世纪 20—40 年代和 80 年代中期以后，其中 40 年代和 90 年代分别比多年平均值偏高 0.36 ℃和 0.37 ℃。更进一步的研究表明，中国近百年气候变暖存在明显的区域性差异，东北、西藏、西北、华北、华东及台湾的变暖趋势比较明显，而华南和西南的增暖较弱，华中区域与全国大多数地区相反呈微弱变量趋势。从季节分布上来看，中国冬季增暖趋势最为明显，近四五十年，中国夜间气温和平均气温都出现了升高的趋势，尤其是北方冬季最为突出。

近百年来中国降水变化的特点是全国年平均降水量没有明显的上升或下降趋势，而是呈现出干湿交替出现的波动变化（图 1.4）。从地理分布上看，近几十年中，中国降水呈增长趋势和呈下降趋势的测站数量基本相当。其中，大范围明显的降水增长趋势主要发生在中国西部地区，尤其以西北地区更为显著。中国东部季风区降水变化趋势的区域性差异较大，长江流域降水趋于增多，东北东部、华北地区到四川盆地东部降水趋于减少，特别是近 40

多年来中国出现的南涝北旱形势更为严重。在 1979 年前后，中国东部地区及长江流域的夏季降水发生了明显的变化，从少雨时段转变为多雨时段。不同时段的资料分析显示中国东部地区夏季雨带的南移趋势，有北部降水偏少、长江中下游及南部地区偏多的倾向。

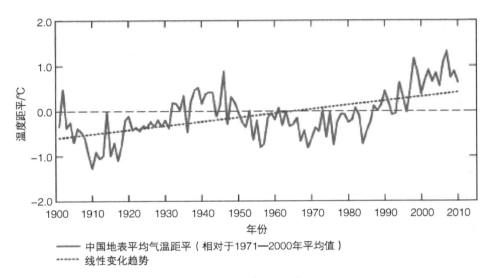

图 1.3 近百年中国地表温度变化趋势

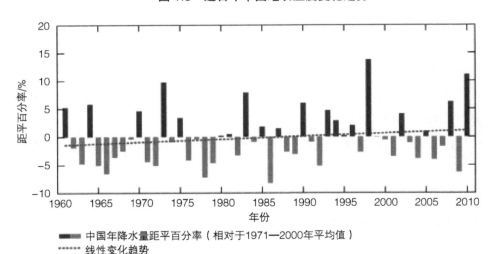

图 1.4 中国近百年降水变化趋势

1.3 近百年极端天气气候事件变化的基本特征

极端天气气候事件简称极端事件。极端事件常常直接或间接导致某种自然灾害发生，从而影响人类社会和生态环境（丁裕国 等，2010）。它一般具有以下特征：①事件发生的频率相对较低；②事件的强度相对较大（或较小）；③事件导致了严重的社会经济损失。必须注意的是，对于某一具体的极端天气气候事件，往往并不同时具备以上 3 个方面的特征。例如，干旱区的极端降水，强度并不会很大，而且可能对社会经济还是有利的。

1.3.1 近百年极端天气气候事件概况

在全球变暖的大背景下，各极端温度指数在全球尺度上呈现出明显的变暖趋势，其中基于日最低气温的极端指数的变化趋势要强于基于日最高气温的极端指数的变化趋势。近 60 年内，冷夜日数在东亚、北非及南美洲部分地区的减小趋势强于其他地区，达 –3 天 /10 年；暖夜日数在非洲中部的增大趋势较为明显，达 3 天 /10 年以上；而热浪持续时间在印度地区增大趋势尤为突出。极端温度的季节变化也越来越受到关注，研究指出暖昼日数在夏季的增长趋势弱于其他季节，并且在夏季也有相对较少的地区呈现出暖昼日数增长的趋势。对冷夜日数的季节变化而言，亚洲在夏季的减少趋势较其他季节弱，相反欧洲在夏季的减少趋势较其他季节强（Donat 等，2013）。

与极端温度事件相比，极端降水事件的变化特征较为复杂，空间差异较大。在 20 世纪上半世纪，北美洲和中美洲的强降水事件增多（DeGaetano，2009；Pryor 等，2009），而在南美洲强降水事件的空间分布不均匀。在过去 40 年里，欧洲国家的极端降水强度在增强，极端降水频次在增多。非洲的极端降水事件并未呈现出显著的变化趋势。就全球平均而言，在过去 60 年中雨日数、强降水量及降水强度均呈现出增长的趋势，而洪涝和干旱未呈现出显著的变化趋势。此外，针对极端降水事件的季节变化也有了初步的研究，Donat 等（2013）指出，北美东部、欧洲大部及亚洲的最大 5 日降水量（RX5day）

在秋冬季的增加趋势更为显著。南美洲及东南亚的一些热带区域的极端降水在 12 月至次年 5 月的增强趋势更加明显。

中国大陆地区极端偏暖事件有所增多，而极端偏冷事件明显减少，气象干旱事件频率和影响范围增加。近 60 年，中国北方和东部大部分地区冬季的寒潮事件频率显著减少。全国平均暴雨日数呈微弱的增多趋势，其中南方暴雨日数呈较明显上升趋势，而北方呈减少趋势。近 60 年，中国大陆的气象干旱面积百分率出现增加趋势，其中北方的辽河流域、海河流域、淮河流域北部和黄河流域大部分地区气象干旱发生频率增加趋势较明显。20 世纪 50—60 年代，登陆中国的热带气旋频次较多，1991—2008 年则是登陆热带气旋频次最少的时期，但近 10 年呈现一定程度的增加，最近的半个多世纪由热带气旋或台风导致的中国夏秋季降水量呈下降趋势。

1.3.2　影响中国的重大极端事件概况

伴随着 20 世纪中期以来的大尺度气候变暖，中国与气温有关的极端事件发生了显著变化。自 20 世纪 50 年代开始，中国的平均极端最低温度呈明显上升趋势，与低温相关的极端事件强度和发生频率明显减弱。就全国平均而言，小寒、大寒天气减少（钱诚 等，2012）。1961—2010 年，中国平均寒潮频次呈明显减少趋势，霜冻日数也显著减少。近几十年来，区域性极端低温事件的发生频次有明显的逐年下降趋势，其线性变化趋势是 –1.99 次 /10 年，1960—1980 年平均每年发生 13.9 次；而在 20 世纪 80 年代后期存在显著的转折，1990—2008 年下降到平均每年发生 8.2 次，90 年代后期变化逐渐趋于平缓，尤其是新疆和东部沿海地区，事件以每年 0.75 次下降（Zhang 等，2011）。另外，极端低温事件的强度和最大覆盖面积等呈现一致减弱趋势（王晓娟 等，2012）。从区域上来看，高强度持续性低温事件主要发生在西北北部（新疆）、长江流域及其以南地区。

知识窗1

2008年低温雨雪冰冻事件

2008 年 1 月 10 日—2 月初，中国南方发生了罕见的大范围持续性低温雨雪冰冻事件，该事件影响了贵州、湖南、湖北、安徽、江西等 20 个省（区、市）。这次事件主要是由 4 次连续的冷空气活动过程所造成的，发生的时间段分别为 1 月 10—16 日、1 月 18—22 日、1 月 25—29 日和 1 月 31 日—2 月 2 日。该事件 4 次连续的冷空气活动过程使得中国南方持续维持近 1 个月的大范围持续性低温雨雪冰冻灾害。该事件持续期间，长江中下游及贵州雨雪日数为 1954 年以来历史同期最大值；贵州 43 个县（市）的冻雨天气持续时间突破了历史记录；江淮等地出现了 30 ～ 50 cm 的积雪，部分地区雪深创近 50 年极值。

这次持续低温雨雪冰冻天气给我国南方地区造成重大灾害，特别是对交通运输、能源供应、电力传输、通信设施、农业生产、群众生活造成严重影响和损失，受灾人口达 1 亿多人，直接经济损失达 400 多亿元。

研究表明，持续性组合式的环流异常型（欧亚大陆中高纬度上空高度场西高东低、西太平洋副热带高压偏强偏北、青藏高原南缘的南支槽异常稳定活跃）是此次事件发生的直接原因，2007 年 8 月发生的拉尼娜事件也起到了推波助澜的作用。

从长期变化趋势来看，1950—1990 年，极端最高温度没有呈现明显的变化趋势，20 世纪 90 年代以来，增长趋势明显。与极端最高温度有关的持续性高温热浪出现次数也出现了明显年代际变化，20 世纪 90 年代中期以来，高温热浪频繁发生。研究表明，20 世纪 90 年代前中国区域持续性高温事件发生频次、强度和影响面积在略呈减少趋势，90 年代后呈现显著增加趋势，各指标在 90 年代末至 21 世纪初发生突变，高温事件增加趋势更为显著。区域持续性高温事件发生强度和频次较多的地区主要位于中国西北（西北西部和内蒙古西部）和东南地区（黄淮南部、江淮、江汉、江南和华南南部等地），而中国东北和西南地区为少发区（王艳姣 等，2013）。

近几十年，中国极端强降水日数、极端降水平均强度和极端降水值都有增强趋势，极端降水事件趋多，尤其在 20 世纪 90 年代，极端降水量比例趋于增大。中国年极端降水事件存在明显的区域差异。年极端强降水日数表现为东北和华北及四川盆地为减小趋势；西部地区和长江中下游一直到华南地区则表现出增加趋势。冬季降水总量和极端降水量在全国也普遍增加，尤其是在西北、东北北部和长江中下游地区。李娟等（2012）指出，1980—1996年，中国东部的极端降水日数在北部地区较多，而南部地区较少，1997 年之后产生反向变化。有研究发现（孙建奇 等，2013），中国区域温度升高对应的降水和极端降水在冷季和暖季都是增加的，但是在增温更加显著的冷季，降水和极端降水对于增暖的敏感性更高。定量分析结果表明，中国区域冬季气温每增加 1℃，降水和极端降水的增加百分率分别达到 9.7% 和 22.6%。

在全球变暖的大背景下，气温升高会带来蒸发的加剧，同时降水频率减少，干旱发生的频率趋于增多，干旱面积也趋于增大（Ren 等，2011）。在过去 50 年，东北、华北及西北东部地区的干旱加剧，其中近 20 多年干旱发生得更频繁（邹旭恺 等，2008；黄荣辉 等，2010），且持续时间最长的干旱事件多发生于 1980 年之后。在过去的十几年间，中国多省遭遇了严重的干旱灾害。2006 年重庆发生百年一遇的旱灾；2004 年和 2007 年秋季，四川和湖南地区出现严重的干旱，造成水资源匮乏；2011 年春季，长江中下游地区出现了严重的旱情。2009 年 9 月—2010 年 4 月中旬、2011 年主汛期及 2012 年春季，云南连续 3 年经历大旱（王劲松 等，2012），其中，2009 年秋季至 2010 年春季的干旱还危及贵州、广西、四川及重庆等地，成为西南地区有气象记录以来最严重的气象干旱事件。

知识窗2

2009—2010年西南大旱

2009年9月—2010年4月中旬，云南全省平均降水量为历史同期最少、气温为历史同期最高；贵州全省平均降水量为历史同期最少、气温为历史同期第三高值。雨少温高导致西南地区出现罕见旱灾，重灾区为云南大部、贵州西部和广西西北部。此次干旱事件表现出持续时间长、影响范围广、灾害程度重的特点，成为西南地区有气象记录以来最严重的气象干旱事件。严重的旱情导致云南、贵州、广西、重庆、四川5省市6130多万人受灾，农作物绝收面积110多万公顷，直接经济损失超360亿元。

此外，其他极端事件，如大风、热带气旋、冰雹、雾和霾及沙尘暴等均呈现出明显的变化趋势。任国玉等（2010）选取全国平均高温日数、低温日数、强降水日数、沙尘天气日数、大风日数、干旱面积百分率和登陆热带气旋频数7个极端气候指标，依据等值权重构建了一个综合指数，并对其进行了趋势分析。结果表明，1956—2008年，该综合指数呈现出明显的下降趋势。西北地区是沙尘暴频繁发生的地区，研究表明，近40年来西北东部沙尘暴日数呈现减小的趋势，且在20世纪80年代出现明显的由多到少的突变（郑广芬 等，2010；陈楠 等，2008）。最近几年低温严寒和暴风雪等时常发生，2008年初我国出现大范围的持续低温雨雪冰冻天气，有20个省不同程度地受灾（Ding 等，2008；杨贵名 等，2008）。近50多年来，登陆我国的热带气旋年频数减少，但登陆时达台风强度的年频数无明显变化（杨玉华 等，2009）。其中，台湾东部沿海、福建至雷州半岛沿海和海南东部沿海是热带气旋登陆最为频繁的地区，台湾东部沿海和浙江沿海部分地区是热带气旋登陆平均强度最大的地区（任福民 等，2008）。近年来，随着工业的发展和人类活动的加剧，空气质量不断恶化，雾霾天气增多。大多数地区的重浓雾天气在 20 世纪 70 年代有增多的突变（陈潇潇 等，2008）。中国东部大部分地区的霾日主要呈现出增加的趋势，而西部和东北大部分地区以减少趋势为主（宋连春 等，2013；高歌，2008）。2013 年初，京津、河北、河南和江苏等地都笼罩在雾霾中，能见度低，污染程度高，对人体危害极大，雾霾天气日益引起各界学者的关注。

1.4 气候变化归因

气候变化可能归因于自然的内部过程或外部强迫，如太阳活动周期的改变、火山喷发，以及人类活动对大气成分或土地利用的持续改变。联合国气候变化框架公约（UNFCCC）第 1 条将"气候变化"定义为"直接或间接地归因于人类活动的气候变化，而人类活动改变了全球大气成分，这种气候变化是同期观测到的自然气候变率之外的变化"。因此，UNFCCC 明确区分了可归因于人类活动改变大气成分后的气候变化和可归因于自然原因的气候变化。

自工业化时代以来，人为温室气体的排放量已经上升，这主要是由于经济和人口的增长所致。2000—2010 年的排放量达历史最高水平。历史排放量已推动 CO_2、CH_4 和 N_2O 的大气浓度达到至少过去 80 万年来前所未有的水平，从而导致气候系统的能量吸收。

1.4.1 自然强迫因子在地球气候演变中的作用

影响全球气候变化的自然强迫因子主要包括太阳活动和火山活动。太阳的影响主要来自两个方面：一是地球轨道参数的变化，即地球绕太阳公转轨道的几何形状变化，会影响地球接收太阳辐射的分布格局，主要影响万年以上的气候演变；二是太阳内部活动的变化，如黑子变化，最显著的太阳黑子变化周期约为 11 年。历史气候研究表明，太阳黑子数多时地球偏暖，少时地球偏冷。著名的 Maunder Minimum 发生于 17 世纪中后期，是已知的历史上太阳黑子最少期，对应持续数百年的小冰期的一个极冷阶段。然而，近百年来太阳黑子并无显著增长趋势，难以成为现在全球气候变暖的原因。

太阳活动影响地球气候的物理机制可从 3 个方面来概括，即太阳的总辐照度（Total Solar Irradiance，TSI）或称太阳常数、紫外线（UV）及银河宇宙射线（Galactic Cosmic Rays，GCR）的变化（Carslaw 等，2002）。卫星观测资料表明，自 1978 年以来 3 个太阳活动极小期的 TSI 辐射强迫有所下降，为（−0.04 ± 0.02）W/m^2（Kopp、Lean，2011）。对于太阳活动 11 年周期中 UV 的变化，存在不同的估计，最大估计从太阳活动 11 年周期极大年（M 年）到极小年（m 年）可变化 7%。UV 变化通过引起臭氧变化，间接地引起大气环流变化（Shindell 等，2006；Gray 等，2010）。平流层温度和纬向风的 11 年准周期变化可归因于 UV 变化（Frame 等，2010）。与 TSI 相比，UV 对气候变化可能有更重要的影响。GCR 主要影响大气低云的变化。随着太阳活动 11 年周期，GCR 可变化 15%，低云量可变化 1.7%。然而，太阳活动影响地球气候的这些机制都还有待于进一步研究。

火山喷发后，火山灰可扩散到整个半球。平流层下层（15 ～ 20 km）的火山灰粒子的寿命一般是 3 ～ 7 年，长的可达 15 年。火山活动频繁时，灰尘幕的累计效应能持续上百年。分布在大气中的火山灰会影响大气的透明度，减弱到达地面的太阳辐射，增加大气散射辐射。对于地球来说得到的总的太阳辐射减少，引起全球性降温。越到高纬地区，由于太阳照射高度角小，降温的趋势就越明显。火山喷发后，进入大气的气溶胶颗粒物增加，有利于降水的形成、增多。一次较大的火山喷发，如 Pinatubo 火山喷发，可导致年际尺度上全球降温 0.2 ～ 0.5 ℃。然而，对年代尺度以上的较长期全球气温变化来讲，火山活动的影响远没有那么大。目前尚无证据显示火山活动对近百年全球增暖有影响。

1.4.2 人类活动影响气候变化的主要依据

20 世纪 80 年代以后，温室气体 CO_2、CH_4 等在大气中浓度的改变引起了全球变暖，并对全球环境变化产生了严重影响，这个问题引起了世界上许多国家科学家的关注（Houghton，1998）。

在 1750—2010 年人为 CO_2 累计排放量中大约有一半是在最后 40 年间产生的（高信度）。1750—2011 年，进入大气的人为 CO_2 的排放量累计（2040±310）Gt。自 1970 年以来，源于化石燃料的燃烧、水泥生产和空烧的 CO_2 累积排放量增加了 2 倍，而来自森林和其他土地利用（AFOLU）的 CO_2 累积排放量增加了约 40%。2011 年，源于化石燃料的燃烧、水泥生产和空烧的 CO_2 排放量年均为（34.8±2.9）Gt。2002—2011 年，来自 AFOLU 的 CO_2 年均排放量为（3.3±2.9）Gt。

自 1750 年以来，这些人为 CO_2 排放中约 40%，即（880±35）Gt 保留在大气中。其余的被碳会从大气中移除或储存在自然碳循环库中。剩余的累积 CO_2 排放储存在海洋和带土壤的植被中，二者所占的比例大致相当。海洋吸收了约 30% 的人为排放 CO_2，造成了海洋酸化。总年度人为 GHG 排放在 1970—2010 年持续增加，而 2000—2010 年的绝对增长量更高（高信度）。尽管气候变化减缓政策的数量出现了上升，但从 2000—2010 年，年度 GHG 排放量还是每年平均增加 1 Gt CO_2-eq（2.2%），而 1970—2000 年每年平均增加 0.4 Gt CO_2-eq（1.3%）。2000—2010 年的总人为 GHG 排放量在人类历史上是最高的，在 2010 年达到了年均（49±4.5）Gt CO_2-eq。2007—2008 年的全球经济危机只是暂时减少了排放量。1970—2010 年化石燃料燃烧和工业过程中的 CO_2 排放量约占 GHG 总排放增量的 78%，与 2000—2010 年增量的百分比贡献率相近（高信度）。2010 年，化石能源相关的 CO_2 排放量每年达到（32±2.7）Gt，并在 2010—2011 年继续增长了约 3%，在 2011—2012 年增长了 1%～2%。CO_2 仍是主要的人为 GHG，占 2010 年人为 GHG 排放总量的 76%。GHG 排放总量当中，16% 来自 CH_4、6.2% 来自 N_2O、2% 来自含氟气体（F-gases）。1970 年来，人为 GHG 年排放量中约有 25% 为非 CO_2 气体。

2000—2010 年，年度人为 GHG 排放总量增长了约 10 Gt CO_2-eq。这一增量直接源于能源（47%）、工业（30%）、交通（11%）和建筑（3%）行业（中等信度）。建筑业和工业对间接排放的贡献有所提升（高信度）。2000

年以来，除农业、林业和其他土地利用（AFOLU）外，全部行业的 GHG 排放量都在增长。2010 年，能源行业的 GHG 排放量占总量的 35%、AFOLU（净排放量）占 24%、工业占 21%、交通占 14%、建筑业占 6%。当电、热生产的排放是来自使用最终能源的行业时（即间接排放），工业和建筑业在全球 GHG 排放量中的占比分别增至 31% 和 19%。不同行业的贡献量部分，依据的是 100 年全球变暖潜势（GWP100）外的其他计量标准。从全球来看，经济发展和人口增长仍然是推动因化石燃料燃烧造成 CO_2 排放增加的两个最重要因素。2000—2010 年，人口增长的贡献率仍然保持与之前 30 年大致相同的水平，但经济发展的贡献率急剧上升（高信度）。2000—2010 年，两大驱动因素的发展速度都超过了降低国内生产总值（GDP）中能耗强度以实现减排的速度。较之其他能源，煤炭用量的增加逆转了世界能源供应中逐渐实现脱碳（即降低能源碳强度）的长期趋势（图 1.5）。

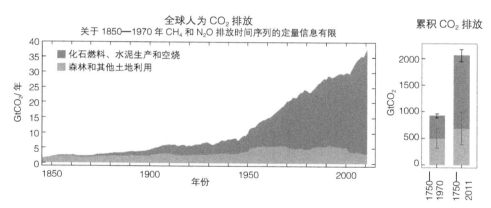

图 1.5　近百年全球人为排放温室气体浓度及温度、海平面变化

中国区域气候变暖更甚于全球平均增暖。最新发表的首套均一化的百年器测气温序列表明：1909—2011 年区域平均增暖达 1.5℃ 左右（Cao 等，2013），大于以往研究结果。近百年大洋（特别是印度洋）气候持续增暖及影响中国的冬季寒潮发源地西伯利亚急剧增暖，是造成中国气候增暖远甚于全球平均增暖的直接原因（Zhao 等，2014）。最新的全球耦合模式（Coupled

Model Intercomparison Project phase 5，CMIP5）考虑了人为和自然强迫的模拟结果表明：1906—2005 年该区域平均增暖（0.77±0.45）℃（郭彦 等，2013）。模拟的增暖过程和上述最新观测分析结果十分接近，但模拟的增暖幅度较小，说明现有模式对于区域气候变化的模拟能力尚有不足。大尺度变暖及气溶胶排放的影响，可能导致了中国区域小雨显著减少（Qian 等，2007；Qian 等，2009），在城市群区尤为明显（Fu 等，2014）。模拟分析还表明：大气温室效应增强有助于加强亚洲夏季风，而近几十年观测的夏季风减弱则可能是由于人为排放气溶胶的影响所致（陆波，2013）。

近 30 年我国区域土地覆盖的主要变化方式是城市化。1979 年以来我国东部长三角、京津冀、珠三角等城市群的快速发展对当地观测的增暖趋势有不小贡献（Ren 等，2008；Wu 等，2013）。但从全国平均来看，以往研究对此贡献的估算结果有小至不到 10% 者也有大至 20% 以上者（Li 等，2004；Jones 等，2008；Hua 等，2008；Wang、Ge 等，2012）。其中，长三角地区城市化效应主要体现在夏季最高温的增高，其趋势为（0.13～0.25）℃/10 年，由于该区域总的增暖趋势本身较小，城市化的增温贡献率可达 36%～68%；京津冀地区城市化效应则主要体现在冬季最低温的增高，其趋势为（0.10～0.21）℃/10 年，占当地观测的总增温趋势的 12%～24%（Wu 等，2013）。近年研究表明，以往研究或许高估了一些局地增暖记录中的城市化贡献。部分原因在于没有充分校订局地气象序列中的非均一性，也有部分原因在于城、乡站观测的划分有失偏颇（严中伟 等，2014）。基于均一化的观测资料及改进的分析方法判断，北京地区近 30 年快速城市化进程中城市站点的气温序列中的增暖趋势，平均约 10% 可归于城市化的影响，较严重者如北京观象台的记录中城市化的贡献约为 20%（Wang 等，2013）。而较早的一些研究没有完全利用均一化观测资料，曾认为北京观象台记录的增暖趋势可能有 40%（Yan 等，2010）乃至 80%（Ren 等，2007）来自于城市化。考虑到北京地区城市化快于全国平均水平，可推论中国区域增暖记录中的城市化效应的贡献，平均而言很难超过 10%（个别增暖趋势较小的区域除外）。最近一些间接分析，如考虑人口因素的趋势估计不确定性等（Zhao 等，2014），也表明中国区域气温观测序列中的城市化效应最多可达约 20%。多年来一些研究利用所谓的"观测资料减再分析资料"（OMR）方法评估城市化效应，结果往往较大。最新研究表明：由于再分析资料在多年代际气候变率上存在系统性偏差，OMR 方法的结果在不同时期可以大相径庭。过去发表的结果偏大，正是由于作者们只发表那些显著的结果而忽视了相反的信号。基于校订后的再分析资料所估计的中国区域城市化效应，更接近上述基于均一化资料的分析结果（Wang 等，2013）。

最近，关于中国极端温度变化的检测归因取得了新进展。利用加拿大第二代地球系统模式的模拟结果和最优指纹法开展的归因研究表明：大气温室气体浓度增长是观测到的中国极端气温上升的主要原因；土地利用变化也是该区域夏季日最高气温上升的重要驱动因子（Wen 等，2013）。利用最新的全球气候模拟结果，专门就 2013 年华东超级热浪开展的归因研究结果表明：近百年人为强迫导致的全球变暖对此类事件的发生有重要作用（Zhou 等，2014；Sun 等，2014）。

1.5 未来气候预估

1.5.1 气候系统模式概况

对过去和现在全球和区域气候变化的认识和理解及对未来气候变化的预估是科学家和公众及决策者共同关心的问题，与各个国家和地区制定长远社会经济发展计划息息相关。气候系统模式的模拟应用发挥了非常重要的作用。在 IPCC 第 5 次评估报告（AR5）中，有 40 多个耦合模式参与 CMIP 5 耦合模式比较计划（Taylor 等，2012），其中我国有 4 个单位共 6 个模式参与，为气候变化研究提供了大量的数值模拟试验数据。参与 AR5 的模式绝大多数仍然是大气—海洋耦合的全球环流模式（AOGCM），大多采用大气环流模式、海洋环流模式、陆面过程模式、海冰动力热力学模式相互耦合，因此人们通常称这类模式为气候系统模式。相比于 AR4 的耦合模式，AR5 增加了少数"地球系统模式（ESM）"。所谓 ESM 是在 AOGCM 基础上增加了全球碳循环和地球生物化学过程，有的还增加了大气化学和气溶胶过程等。因此，相比于 AOGCM，ESM 增加了能够模拟和预估人类活动碳排放对气候变化的影响。

我国近几年在气候系统模式研发方面开展了大量的工作，这次 IPCC 第 5 次评估报告（AR5）中有中国气象局国家气候中心 BCC_CSM 1.1 和 BCC_CSM 1.1m 两个模式、中科院大气物理研究所的 FGOALS-s 2 和 FGOALS-g 2 两个模式、北京师范大学的 BNU-ESM 和国家海洋局海洋第一研究所 FIO-ESM 模式参与了 CMIP 5 模式比较计划（Taylor，2009）。这 6 个气候系统模式都完成了自 1850 年以来 150 多年的长气候和气候变化的模拟及对未来 100 ～ 300 年不同典型浓度情景（包括 RCP 2.6、RCP 4.5 和 RCP 8.5 试验）的气候变化预估，而且还开展了对季节到年代际尺度的气候预测等主要的数值试验，并提供数据下载。

BCC_CSM 1.1 和 BCC_CSM 1.1m 是由中国气象局国家气候中心研发的北京气候中心气候系统模式的两个不同版本（Wu 等，2013；吴统文等，2013），完成了大量的数值模拟试验（Xin 等，2013b）。其中，大气分量模式分别为 BCC_AGCM 2.1 和 BCC_AGCM 2.2 全球大气环流谱模式（Wu 等，2010），水平分辨率分别为全球 T42 波（全球 $2.8125^{o} \times 2.8125^{o}$）和 T106 波（全球 $1.125^{o} \times 1.125^{o}$），垂直 26 层；陆面模式分量为基于 AVIM 大气植被相互作用模式（Ji，1995）发展的 BCC_AVIM 1.0，包含了陆面动态植被和碳循环过程；海洋分量模式是基于 MOM4p0 发展的 MOM4_L40 全球海洋环流模式；海冰分量模式是 GFDL 研发的 SIS 海冰动力热力学模式。BCC_CSM 1.1 和 BCC_CSM 1.1m 均能模拟人类活动碳排放引起大气 CO_2 浓度变化及其对全球气候的影响，对 20 世纪全球碳循环（Wu 等，2013）及其对气候的反馈（Arora 等，2013）具有较好的模拟性能。

FGOALS-s 2 和 FGOALS-g 2 是中国科学院大气物理研究所大气科学

和地球流体力学数值模拟国家重点实验室发展的全球海洋—大气—陆面气候系统模式的两个不同版本。其中，FGOALS-g 2 的大气分量模式是一个格点大气环路模式（Li 等，2013），FGOALS-s 2 的大气分量模式是谱模式（Bao 等，2013）；两耦合模式采用了同样的海洋分量模式 LICOM 2（张学洪 等，2003；Liu 等，2012）；陆面分量模式都采用 NCAR 发展的 CLM 3；CICE 4_LASG 是 FGOALS-g 2 中的基于美国 Los Alamos 国家实验室发展的 CICE 4 海冰模式基础上的改进模式。FGOALS-s 2 中的海冰模式为 NCAR 的 CISM 5（Briegleb 等，2004）。与 FGOALS 的早期版本相比，FGOALS-s 2 和 FGOALS-g 2 在很多方面都有明显改进（Zhou 等，2013）。例如，两个版本都能更好地模拟出大尺度三维海洋环流结构，并且在环流强度方面也有一定的改善。在热带东太平洋季节变化和年际变化的模拟方面也有显著改进（Yu 等，2013）。

　　BNU-ESM 是在 NCAR 发展的全球大气环流模式 CAM 3.5 和海冰模式 CICE 4.0，Dai 等（2003）发展的通用陆面模式 CoLM 3.0，GFDL 的 MOM4p1 基础上实现耦合的气候系统模式（College of Global Change and Earth System Science，2012）。国家海洋局第一海洋研究所发展的地球系统模式 FIO-ESM v1.0（Qiao 等，2013）是采用 NCAR 发展的耦合器 Coupler 6 将大气模式（CAM 3）、陆面模式（CLM 3.5）、海冰模式（CICE 4）、海洋模式（POP 2）及海浪模式（MASNUM）封装起来，通过非破碎海浪混合方案实现海浪模式与气候系统的耦合，数值实验表明，非破碎海浪混合可以显著改进如热带偏差等气候模式的共性问题。

　　从 IPCC 第 5 次评估报告（AR5）中可以看出，从 AR4 到 AR5，参与 CMIP 5 的气候模式对模拟历史气候的能力在多个方面得到改进。例如，模式对大陆尺度及全球尺度地面气温的模拟可信度很高，对近 50 年的全球尺度地面温度的增加趋势的模拟可信度非常高，对降水的大尺度空间分布的模拟自 AR4 以来得到了提高，但明显不如对温度的模拟。模式正确模拟了在全球增暖条件下，在湿润地区降水增加而在干旱地区降水减少的现象。很明显，对区域尺度的温度和降水的模拟能力明显要低于全球尺度的模拟。尽管如此，对区域尺度地面气温的模拟相较于 AR4 仍有一些改进。

1.5.2　近百年气候模拟评估

1.5.2.1　全球和中国地区温度的模拟

CMIP 5 模式对全球平均地表气温变化有很高的再现能力，能较好模拟出 20 世纪的变暖趋势，尤其是 20 世纪后 50 年的显著增暖（Flato 等，2013）。多模式集合平均在一定程度上减小了模式误差，相对于单个模式能更好地代表模式的模拟水平（Zhou 等，2006）。26 个 CMIP 5 多模式集合平均结果的整体变化形式与观测有较好的一致性，两者的相关系数达到 0.89。中国参与比较计划的 5 个模式（BCC–CSM 1.1、BCC–CSM 1.1m、BNU–ESM、FGOALS–g 2 和 FGOALS–s 2）与观测的相关系数均超过了 0.80，并处于 CMIP 5 多模式模拟范围内。因此，就全球平均温度年际变化而言，这 5 个中国的模式已经达到了较好的模拟效果。

与对 IPCC AR4 模式的评估结果类似（Zhou 等，2006），模式对中国区域表面温度变化的再现能力低于全球平均结果。相对于全球平均而言，中国平均地表气温模拟序列间的离散度更大；模式对 20 世纪二三十年代中国地区的增暖基本没有模拟能力。也就是说，当今模式对 20 世纪中国地区地表温度变化的模拟能力仍亟待提高。

需要指出的是，模式模拟的 1951—2000 年的全球及中国区域平均增暖幅度均偏强（表 1.2）。中国参与比较计划的 5 个模式中 FGOALS–g 2 的模拟结果与观测最为接近，FGOALS–s 2 的模拟增暖趋势最强。

表 1.2　参与 CMIP 5 的我国 5 个模式对 1951—2000 年年平均表面温度趋势的模拟结果，和 26 个 CMIP5 模式模拟的集合及观测值的比较

	全球平均趋势[℃/100年]	中国平均趋势[℃/100年]
观测	1.00	1.00

	全球平均趋势[℃/100年]	中国平均趋势[℃/100年]
26个CMIP 5模式模拟的集合	1.19	1.51
BCC-CSM1.1	1.84	2.20
BCC-CSM1.1(m)	1.36	2.32
BNU-ESM	1.60	2.15
FGOALS-g 2	1.15	1.67
FGOALS-s 2	2.02	3.91

1.5.2.2 全球和中国地区降水的模拟

由于目前对与降水有关的一些重要过程的理解并不完善，模式中只能采用参数化的方式进行表达，模式对降水的模拟能力相对弱于对地表气温的模拟。同时，鉴于降水观测资料的不确定性，对降水的评估也相对复杂。多模式集合平均结果能大致描述出降水的空间分布特征，例如，赤道以北中东太平洋地区的 ITCZ 降水大值区、副热带大洋东部地区的降水小值区及北非地区的干旱区等（Dai，2006）。但降水模拟偏差也不容忽视，例如，赤道西太平洋地区降水的负偏差及赤道以南东太平洋和大西洋过分发展的热带降水辐合带。低纬地区是模拟结果间差别最大的区域，即模拟结果不确定性最大的区域。

参数化方案的选取对区域降水的模拟情况有很大影响，同时空间分辨率及次网格尺度的提高能显著改进一些模式对降水的模拟结果（Flato 等，2013）。相对于 CMIP 3 模式，CMIP 5 版本模式改进了对东亚夏季风的气候平均态、年循环、年际变率及季节内变率等特征的模拟（Sperber 等，2012）。但需要注意的是，不同模式对东亚夏季风的模拟能力存在较大差异（姜大膀 等，2013）。CMIP 5 版本模式同时提高了对中国春季持续性降水的模拟能力，但仍然存在高估降水中心区域平均降水及主雨带位置偏北的现象（Zhang 等，2013）。

1.5.2.3　模式敏感度分析

气候 / 地球系统模式的敏感度定义为两倍工业革命前 CO_2 浓度强迫下，系统达到新的平衡态时全球平均地表气温的变化（Randall 等，2007）。敏感度是表征模式性能的一个重要参数，敏感度的高低，将直接影响到未来温室气体排放情景下气候变化的预估结果（Meehl 等，2007）。我国参加 CMIP 5 计划的 4 个模式 FGOALS-g 2、FGOALS-s 2、BCC-CSM 1.1 和 BNU-ESM 均完成了 CMIP 5 设计的 150 年敏感度基准试验（瞬间 4 倍 CO_2 浓度强迫试验，Taylor 等，2012）。陈晓龙等（2013）利用该试验、采用 Gregory 回归法估计了此 4 个模式的敏感度，并比较了 CO_2 的辐射强迫，以及相关的晴空 / 云、长波 / 短波辐射反馈分量（Gregory 等，2008）。全球地表气温对 CO_2 辐射强迫的响应可以分为快响应（头 20 年）和慢响应（21～130 年）两个阶段，前者用来估计 CO_2 辐射强迫，后者用来估计敏感度（Chen 等，2013）。4 个模式的敏感度由大到小分别为：4.5 K（FGOALS-s 2）、4.0 K（BNU-ESM）、3.7 K（FGOALS-g 2）、3.0 K（BCC-CSM 1.1）。由于 4 个模式中 CO_2 辐射强迫相近，快、慢响应阶段的辐射反馈决定了敏感度估值，且由快响应阶段的净辐射反馈主导。快响应阶段，FGOALS-s 2 与 BNU-ESM（FGOALS-g 2 与 BCC-CSM 1.1）的净负反馈较弱（较强），对应较高（低）的敏感度。慢响应阶段，FGOALS-s 2 的正反馈增强，BNU-ESM 的负反馈增强。因此，FGOALS-s 2 的敏感度高于 BNU-ESM；FGOALS-g 2 与 BCC-CSM 1.1 的正反馈均增强，但前者显著大于后者，前者的敏感度高于后者。从辐射反馈的各分量来看，晴空辐射的长波（水汽）和短波（反照率）反馈主导了快响应阶段的辐射反馈，模式间云辐射的长波和短波反馈在慢响应阶段则有较大的不确定性。

1.5.3　中国区域气候变化预估

1.5.3.1　温度预估

利用多个 CMIP 5 全球气候模式在 3 种典型浓度路径（RCPs）温室气体排放情景下的模拟结果，经过插值降尺度计算将其统一到同一分辨率下，利用简单平均方法进行多模式集合，分析了中国地区 21 世纪温度变化预估结果，所有未来预估结果都是相对于 1986—2005 年的气候平均值。

通过对上述多个全球气候模式模拟结果的分析，结果表明，在 3 种典型浓度路径（RCPs）情景下，中国区域平均温度将持续上升，2030 年前增温幅度、变化趋势差异较小，2030 年以后不同 RCPs 情景表现出不同的变化特征。2011—2100 年在 RCP 2.6、RCP 4.5、RCP 8.5 情景下的增温趋势分别为 0.08 ℃ /10 年、0.26 ℃ /10 年、0.61 ℃ /10 年。

在 RCP 2.6 情景下，2050 年以前温度持续上升，2050 年以后温度增加趋势不明显，表现出一定的下降趋势。在 RCP 4.5 情景下，2070 年以前温度持续上升，2070 年以后温度增加趋势变缓慢。在 RCP 8.5 情景下温度将持续上升。相对于 1986—2005 年，到 21 世纪末（2081—2100 年平均），在 RCP 8.5 情景下，中国区域平均气温增加 5.0 ℃。在 RCP 4.5 和 RCP 2.6 情景下，中国区域平均气温将分别增加 2.6 ℃ 和 1.3 ℃。

与此同时，不同 RCPs 情景下，我国各地区年均温度都表现为增加趋势，增温幅度具有一定区域性特征。在 RCPs 情景下，我国年均温度增幅总体上从东南向西北逐渐变大，北方地区增温幅度大于南方地区，青藏高原地区、新疆北部及东北部分地区增温较为明显。

1.5.3.2 降水预估

在 RCPs 情景下，中国区域平均年降水将持续增加，2060 年前增加幅度、变化趋势差异较小，2060 年以后不同在 RCP 情景将表现出不同的变化特征。2011—2100 年在 RCP 2.6、RCP 4.5、RCP 8.5 情景下增加趋势分别为 0.6%/10 年、1.1%/10 年、1.6%/10 年。中国区域平均降水的增加幅度明显大于全球，在 RCP 2.6 和 RCP 8.5 情景下，到 2100 年分别增加约 5% 和 14%。

就其空间分布而言，各时期内中国大部分地区降水都表现为增加，西北地区、华北地区、东北地区降水增加幅度相对较大。值得注意的是在 21 世纪初中国南方地区降水可能会减少，特别是在 RCP 8.5 情景下。

1.5.3.3　预计未来 50 ～ 100 年冰冻圈的变化

未来 50 ～ 100 年我国冰川、冻土、积雪、海冰和河湖冰五大要素变化的预估结果如下。

（1）冰川变化预估

目前，能清晰阐述冰川未来将如何变化的研究仍然不多，已有的研究结果亦具很强的不确定性。特别是气候变化预估的不确定性、黑炭、冰碛物等因素的综合影响，对未来冰川变化及其影响评估不确定性问题将仍然十分严重。

利用 CRU 格点气候数据和 CMIP 5 多模式数据驱动改进的基于冰川物质平衡对气温变化敏感性的物质平衡模型，预估到 21 世纪末，全球除冰盖外的冰川将进一步处于物质平衡减少状态。在 RCP 2.6 情景下全球冰川的物质平衡为海平面上升相当量（148±35）mm，RCP 4.5 下（166±42）mm，RCP 6.0 下（175±40）mm，和 RCP 8.5 下的（217±47）mm。

对未来我国冰川变化影响的预测表明，诸多受冰川融水补给河流的径流量在 21 世纪将有显著变化。例如，天山南坡台兰河流域，在 21 世纪中期和末期，径流较基准期（1981—2000 年）都将呈增加趋势，预估增幅为 28.9% 和 41.5%（姚晓军 等，2012）。

在 SRES A1B、A2、B1 情景下，叶尔羌河年径流量到 2050 年持续增加，2011—2050 年平均值高出 1961—2006 年的平均值 13% ～ 35%；而北大河年径流量将在 2011—2030 年达到顶峰。季节特征也会有所改变，叶尔羌河夏季流量将显著增加，5 月和 10 月的冰川融水量有少量增加，北大河晚春和初夏流量将显著增加，7 月和夏末冰川径流将显著减少。到 2050 年长江源区的冰川面积将在 1999—2002 年的基础上减小 8%，冰储量将减少 11% 左右，而源区冰川径流相对于 1961—1990 年均值增加 25% ～ 30%（Liu 等，2009）。流域尺度上，预估在 SERES A1B 情景下，长江中上游流域 2046—2065 十年均值在 2000—2007 年均值基础上下降 5.2%，雅鲁藏布江减少达 19.6%（Immerzeel 等，2010）。假定温度增加 0.17 ℃/10 年，降水维持不变，2040 年以前乌鲁木齐河源 1 号冰川将缓慢退缩，2040 年以后退缩加速。中国冰川数量

5% 的大型冰川面积占全国冰川总面积的 55% 以上。

（2）冻土变化预估

若气温以 0.058 ℃ / 年速率升高（A1B 气候变化情景下），到 2050 年，青藏高原冻土面积将减少 39%，21 世纪末将减少 81%，平均年退化速率高达约 $1.0 \times 10^4 \text{ km}^2$；到 2030—2050 年，0.5 ～ 1.5 m（现在）的活动层将增厚到 1.5 ～ 2.0 m，2080—2100 年到 2.0 ～ 3.5 m（Guo 等，2012）。若气温以 0.044 ℃ / 年速率从 1981 年升高到 2100 年，活动层将以 1.5 cm/ 年的速率增厚，季节冻深以 3.4 cm/ 年的速率减少；活动层和季节冻土 1 m 深度的冻结时间分别缩短 9.7 天和 8.6 天，冻结始日分别滞后 3.8 天和 4.0 天，冻结末日分别提前 5.9 天和 4.6 天（Guo 等，2013）。

在东北地区，若未来气温以 0.048 ℃ / 年的速率递增，目前地表温度 +0.5 ℃ 和 –0.5 ℃ 的区域，50 年和 100 年后，冻土面积将由现在的 $25.7 \times 10^4 \text{ km}^2$ 分别减至 18.4 和 $12.9 \times 10^4 \text{ km}^2$。稳定型（年均地温 ≤ –1℃）冻土面积由现在的 $10.7 \times 10^4 \text{ km}^2$ 分别减少至 $8.8 \times 10^4 \text{ km}^2$ 和 $5.6 \times 10^4 \text{ km}^2$；不稳定型（>–1 ℃）多年冻土和季节冻土面积将增加；东部退化幅度强于西部。冻土的南界将显著北移，岛状冻土南界将接近现今岛状融区不连续冻土南界；在后者，冻土分布进一步离散化，变为岛状不连续冻土区；大片连续冻土区将变为岛状融区或岛状不连续冻土区（Jin 等，2011）。

在 21 世纪，中、西部山区冻土下界将升高 100 ～ 200 m 或更多，较低山区（如五台山、秦岭等）多年冻土或将消失。其中，海洋性气候区的冻土退化将更强烈、更快速，但这方面研究仍处于空白。冻土退化导致地下冰消减、土壤水下渗，寒区表面径流减少、地下径流可能增加。

（3）积雪变化预估

预计 2050 年前，新疆北部地区除天山附近外的积雪深度总体上呈减少趋势（王澄海 等，2010）。到 2050 年，除东北—内蒙古区最南部及新疆伊犁河谷 3 月下旬积雪有可能减少或提前消失外，其他地区积雪缓慢增加的趋势还将继续，其中青藏高原和新疆地区累积日积雪深度将继续分别以每年 2.3%

和 0.2% 的速度增加；同时积雪深度年增幅将继续增大，丰雪年和枯雪年的出现将更为频繁（丁永建 等，2009）。21 世纪末（2071—2100 年）在 IPCC 第 4 次评估报告中的 SRES A2 温室气体排放情景下，相对于当前气候平均积雪状况，冬季中国东北、西北及青藏高原大部分地区积雪日数和雪水当量均将减少，其中青藏高原地区积雪量减少幅度高达 76.9%（石英 等，2010）。但同样在 SRES A2 情景下，21 世纪末中国南方地区的最大雪水当量和最大连续积雪日数则因降雪强度和强降雪时间都有所增加而增加，尤其在江西东部局部地区（宋瑞艳 等，2008）。

多模式集合预估结果表明，未来几十年北半球 3—4 月积雪将继续减少并且集中发生在欧亚大陆中西部地区。温室气体排放将会对未来北半球积雪的变化产生显著影响（朱献 等，2013）。未来近百年，青藏高原积雪呈减少趋势，平均深度在 RCP 2.6 和 RCP 4.5 下差别不大，减少约 0.8 mm/ 年；在 RCP 8.5 下减少约 1.1 mm/ 年（韦志刚 等，2013）。采用 CMIP 3 在 A1B 情景下和 B1 情景下，中国地区未来 10 年雪水当量年际变化均呈减少趋势；青藏高原地区、华北平原地区、长江中游地区及东北北部地区的雪水当量均呈减少趋势，其中在昆仑山西段帕米尔高原地区减少最为显著，其次为喜马拉雅山区和巴颜喀拉山东段地区；在内蒙古高原地区、云贵高原等部分地区的雪水当量则有所增加。总体上，2021—2050 年雪水当量的减少更为明显，在青藏高原减少显著；对于季节变化来说，在秋冬季积雪的累积期，雪水当量可能增加，尤其在 10—12 月，而在积雪消融的春夏季（2—6 月）有所减少（王芝兰 等，2012）。到 21 世纪末中国大部分地区积雪减少，春季融雪径流将减少或消失，积雪对河川径流的调节能力将显著减弱，春旱将日趋严重，生态环境将进一步恶化。

（4）海冰变化预估

伴随着近年来北极海冰的快速融化，许多数值模拟结果表明，在未来的 20 ～ 40 年后北极海冰将会出现夏季无冰的情景，这意味着未来北极夏季很可能出现无冰的气候变化"临界点"（Tipping Point）状态（Lenton 等，2012），其对未来气候带来什么样的影响，将引起更多的关注。研究表明，遥远的北极海冰异常影响中国的气候变化，主要是通过影响北极涛动（AO）和西伯利亚高压进而影响东亚冬季风来实现的，但随着未来北极海冰的快速减退，北极海冰与 AO 之间出现"退耦"关系，可导致近年来北半球极端降雪和严寒频发。随着未来北极海冰继续减少，很可能会在冬季经历更多的降雪（特别是强降雪过程）和严寒天气，造成冬季中国出现异常寒潮和极端低温（樊婷婷 等，2012；朱晨玉 等，2014）。因此，未来中国渤海和黄海地区冬季海冰的冰情并不一定会随着全球变暖而继续减轻或消失，而是出现强烈的年际变化，很有可能在某些年仍然会出现重冰情况。特别是由于海岸工程设施会改变原水动力环境，大量淡水和污水入海降低海水盐度，这都会对海冰形成、分布等造成影响，加重局部冰情，尤其是渤海南部的莱州湾和江苏北岸地区，加强海冰的减灾防灾工作更为重要。

（5）河湖冰变化预估

根据河流封冻、解冻、冰封季节长度三者与温度变化敏感性推算，预期到 2050 年，如果我国东北、华北和西北地区增温 1.5 ～ 2℃，将使我国北部地区河流冰封期缩短 15 ～ 20 天，冰盖对渠道护坡、水库大坝的破坏等河冰灾害将变轻（施雅风 等，1996）。国内有关气候变化下河冰情景预测河冰模拟以统计模型为主，需要发展基于物理过程的河冰模式，强河冰冰情的观测，以进一步评估气候变化下河冰变化引起的冰灾演变、河流系统的物理、化学及生态过程的变化。

国际上利用 CGCM 3 模式的 A2 排放情景、ERA-40 再分析数据及 MYLAKE 湖冰模型预估 40° ～ 75°N 纬度带的湖冰冰情结果表明，随着气候变暖，在 2040—2079 年 40° ～ 53° 33′N 湖冰的冻结日期推迟 5 ～ 20 天，解冻日期提前 10 ～ 20 天，湖泊冰封期减少 15 ～ 40 天（图 1.6）。但国内在湖冰对未来气候变化的响应方面缺乏系统研究。

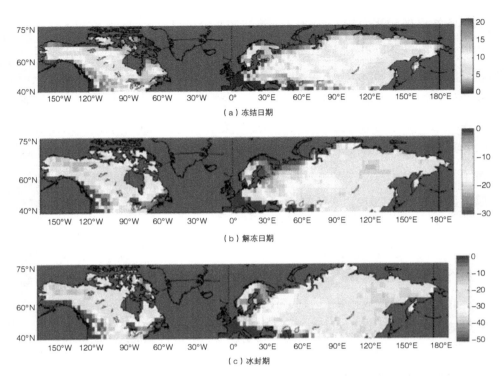

（a）冻结日期

（b）解冻日期

（c）冰封期

图 1.6　在 CGCM 3 模式的 A2 情景下 40°～75°N 纬度带内湖泊冻结日期、解冻日期、冰封期在 2040—2079 年时段的预测值相对于基准期（1960—1999 年）的变化

知识窗3

气候变化预估——人体健康

采用区域气候模型 PRECIS 模拟的 A2、B2 两种温室气体排放情景下，相对于 2005 年时段（1991—2005 年），2050 年时段（2046—2050 年）和 2070 年时段（2066—2070 年）A2、B2 情景下血吸虫病分布范围的北界线出现北移，在中国东部尤其是江苏省和安徽省境内北移明显。2050 年时段，A2、B2 情景下的血吸虫病潜在北界线分布相似。长江、洞庭湖及鄱阳湖周围的血吸虫病传播指数明显上升，洞庭湖周围与湖北省内的长江沿线区域上升更加明

显。2070 年时段，A2 情景下血吸虫病潜在北界线的北移趋势明显大于 B2 情景，进入到山东省境内。血吸虫传播指数进一步增加，A2 情景增加的幅度明显大于 B2 情景。总之，在未考虑将来的适应措施与其他环境因素对血吸虫病传播影响的前提下，A2、B2 情景下的血吸虫病的流行区分布和传播指数都将发生明显变化，其中 A2 情景对我国血吸虫病流行的影响程度大于 B2 情景（杨坤等，2010）。按 GCM（General Circulation Model）模型预测，到 2100 年全球平均气温将升高 3～5 ℃，疟疾病人数在热带地区增加 2 倍，而温带超过 10 倍。估计疟疾病例每年增加 5000 万～8000 万。

参考文献

[1] 陈晓龙，周天军，邹立维. 夏季亚洲—太平洋涛动的耦合模式模拟 [J]. 气象学报，2013，71（1）：23–37.

[2] 陈楠，赵光平，陈豫英，等. 西北地区东部沙尘暴转型对气候和生态环境变化的响应 [J]. 中国沙漠，2008，28（4）：717–723.

[3] 陈潇潇，郭品文，罗勇. 中国不同等级雾日的气候特征 [J]. 气候变化研究进展，2008，4（2）：106–110.

[4] 丁永建，秦大河. 冰冻圈变化与全球变暖：我国面临的影响与挑战 [J]. 中国基础研究，2009，11（3）：4–10.

[5] 丁裕国，江志红. 极端气候研究方法导论(诊断及模拟与预测)[M]. 北京：气象出版社，2009：16–19.

[6] 丁裕国，江志红. 极端气候研究方法导论 [M]. 北京：气象出版社，2010.

[7] 樊婷婷，黄菲，苏洁. 北半球中高纬度大气主模态的季节演变及其与北极海冰变化的联系 [J]. 中国海洋大学学报：自然科学版，2012，42（z2）：19–25.

[8] 高歌. 1961—2005 年中国霾日气候特征及变化分析 [J]. 地理学报，2008，63（7）：761–768.

[9] 黄荣辉，杜振彩.全球变暖背景下中国旱涝气候灾害的演变特征及趋势[J].自然杂志，2010，32（4）：187–195.

[10] 姜大膀，田芝平.21世纪东亚季风变化：CMIP 3和CMIP 5模式预估结果[J].科学通报，2013（8）：707–716.

[11] 李娟，董文杰，严中伟.中国东部1960—2008年夏季极端温度与极端降水的变化及其环流背景[J].科学通报，2012，57（8）：641–646.

[12] 陆波.温室气体和气溶胶对全球季风和东亚季风变化的影响[D].北京：北京大学，2013.

[13] 钱诚，严中伟，符淙斌.1960—2008年中国二十四节气气候变化[J].科学通报，2012，56（35）：3011–3020.

[14] 任国玉，陈峪，邹旭恺，等.综合极端气候指数的定义和趋势分析[J].气候与环境研究，2010，15（4）：354–364.

[15] 任福民，王小玲，陈联寿，等.登陆中国大陆、海南和台湾的热带气旋及其相互关系[J].气象学报，2008，66（2）：224–235.

[16] 任国玉，陈峪，邹旭恺，等.综合极端气候指数的定义和趋势分析[J].气候与环境研究，2010，15（4）：354–364.

[17] 孙建奇，敖娟.中国冬季降水和极端降水对变暖的响应[J].科学通报，2013，58（8）：674–679.

[18] 石英，高学杰，吴佳.全球变暖对中国区域积雪变化影响的数值模拟[J].冰川冻土，2010，32（2）：215–222.

[19] 宋连春，高荣，李莹，等.2012年中国冬半年霾日数的变化特征及气候成因分析[J].气候变化研究进展，2013，9（5）：313–318.

[20] 王澄海，王芝兰，沈永平.新疆北部地区积雪深度变化特征及未来50 a的预估[J].冰川冻土，2010，32（6）：1059–1065.

[21] 王劲松，李耀辉，王润元，等.我国气象干旱研究进展评述[J].干旱气象，2012，30（4）：497–508.

[22] 王晓娟，龚志强，任福民，等.1960—2009年中国冬季区域性极端低温事件的时空

特征 [J]. 气候变化研究进展，2012，8（1）：8-15.

[23] 王艳姣，任福民，闫峰.中国区域持续性高温事件时空变化特征研究 [J]. 地理科学，2013，33（3）：314-321.

[24] 王芝兰，王澄海.IPCC AR4多模式对中国地区未来40a雪水当量的预估[J].冰川冻土，2012，34（6）：1273-1283.

[25] 韦志刚，董文杰.CMIP5 模式对青藏高原积雪的模拟评估和预估 [C]// 中国气象学会动力气象学委员会，中国科学院大气物理研究所季风系统研究中心，山西省气象局.第八次全国动力气象学术会议论文摘要.2013.

[26] 吴浩，侯威，钱忠华，等.基于气候变化综合指数的中国近50年来气候变化敏感性研究 [J].物理学报，2012，61（14）：562-571.

[27] 杨贵名，孔期，毛冬艳，等.2008 年初"低温雨雪冰冻"灾害天气的持续性原因分析 [J].气象学报，2008，66（5）：836-849.

[28] 杨坤，潘婕，杨国静，等.不同气候变化情景下中国血吸虫病传播的范围与强度预估 [J].气候变化研究进展，2010，6（4）：248-253.

[29] 杨玉华，应明，陈葆德.近58年来登陆中国热带气旋气候变化特征 [J].气象学报，2009，67（5）：689-696.

[30] 姚晓军，刘时银，郭万钦，等.近50年来中国阿尔泰山冰川变化：基于中国第二次冰川编目成果 [J].自然资源学报，2012，27（10）：1734-1745.

[31] 严中伟，王君，李珍，等.基于均一化观测序列评估城市化的气候效应 [J].气象科技进展，2014，4（3）：41-48.

[32] 张学洪，俞永强，刘海龙，海洋环流模式的发展和应用I. 全球海洋环流模式 [J]. 大气科学，2003，27（4）：607-617.

[33] 郑广芬，冯建民，赵光平，等.中国西北地区东部沙尘暴区划研究 [J]. 自然资源学报，2010，25（10）：1676-1688.

[34] 朱晨玉，黄菲，石运昊，等.中国近50年寒潮冷空气的时空特征及其与北极海冰的关系 [J].中国海洋大学学报，2014，44（12）：12-20.

[35] 朱献，董文杰.CMIP5 耦合模式对北半球3—4月积雪面积的历史模拟和未来预估 [J].

气候变化研究进展，2013，9（3）：173-180.

[36]　邹旭恺，张强. 近半个世纪我国干旱变化的初步研究 [J]. 应用气象学报，2008，19（6）：679-687.

[37]　V Arora，G Boer，P Friedlingstein，et al. Carbon-concentration and carbon-climate feedbacks in CMIP5 Earth system models[J]. Journal of Climate，2013，26（15）：5289-5314.

[38]　L Dong，T Zhou. Indian Ocean Warming During 1950—2005 Determined by Flexible Global Ocean Atmosphere Land System Model（FGOALS）[M]. Berlin：Springer，2014：259-266.

[39]　B P Briegleb，C M Bitz，E C Hunke，et al. Scientific description of the sea ice component in the community climate system model，Version Three[M].2004：77.

[40]　Carslaw K，Harrison R，Kirkby J. Cosmic rays，clouds，and climate[J]. Science，2002，298（5599）：1732-1737.

[41]　Cao L J，Zhao P，Yan Z W，et al. Instrumental temperature series in eastern and central China back to the 19th century[J]. Journal of Geophysical Research Atmospheres，2013，118（15）：8197-8207.

[42]　Chen X，Zhou T，Guo Z. Climate sensitivities of two versions of FGOALS model to idealized radiative forcing[J]. 中国科学：地球科学，2014，57（6）：1363-1373.

[43]　Dai Y，X Zeng，R E Dickinson，et al. The common land model[J]. Bulletin of the American Meteorological Society，2003，84（8）：1013-1023.

[44]　Dai A. Precipitation characteristics in eighteen coupled climate models[J]. Journal of Climate，2006，19（18）：4605-4630.

[45]　Dibike Y，Prowse T，Saloranta T，et al. Response of Northern Hemisphere lake-ice cover and lake-water thermal structure patterns to a changing climate[J]. Hydrological Processes，2011，25（19）：2942-2953.

[46]　Ding Y，Wang Z，Sun Y，et al. Causes of the unprecedented freezing disaster in January 2008 and its possible association with global warming [J]. Acta Meteorologica Sinica，

2008，22（4），538–558.

[47] DeGaetano A T. Time–Dependent Changes in Extreme–Precipitation Return–Period Amounts in the Continental United States[J]. Journal of Applied Meteorology and Climatology，2009，48（10）：2086–2099.

[48] Frame T H，Gray L J. The 11–yr solar cycle in ERA–40 data：An update to 2008[J]. Journal of Climate，2010，23（8）：2213–2222.

[49] Gray L J，Beer J，Geller M，et al. Solar influences on climate[J]. Reviews of Geophysics，2010，48（4）：1032–1047.

[50] Gregory J M，Ingram W J，Palmer M A，et al. A new method for diagnosing radiative forcing and climate sensitivity[J]. Geophysical Research Letters，2004，31（3）：195–196.

[51] Gregory J，Webb M. Tropospheric adjustment induces a cloud component in CO_2 forcing[J]. Journal of Climate，2008（21）：58–71.

[52] Guo D，Wang H，Li D. A projection of permafrost degradation on the Tibetan Plateau during the 21st century[J]. Journal of Geophysical Research–Atmospheres，2012，117（D5）：5106.

[53] Guo D，Wang H. Simulation of permafrost and seasonally frozen ground conditions on the Tibetan Plateau，1981—2010[J]. Journal of Geophysical Research Atmospheres，2013，118（11）：5216–5230.

[54] W W Immerzeel，L P H van Beek，M F P Bierkens. Climate Change Will Affect the Asian Water Towers[J]. Science 2010，328（5984）：1382–1385.

[55] Jin H J，Luo D L，Wang S L，et al. Spatiotemporal variability of permafrost degradation on the Qinghai– Tibet Plateau[J]. Sciences in cold and Arid Regions，2010，3（4）：0281–0305.

[56] Kopp G，Lean J L. A new，lower value of total solar irradiance：Evidence and climate significance[J]. Geophysical Research Letters，2011，38（1）：541–551.

[57] Li Juan，Lin Pengfei，Yu Yongqiang，et al. The Flexible Global Ocean–Atmosphere–Land

System Model：Version g 2：FGOALS–g2[M]. Berlin：Springer，2014：39–43.

[58] Liu Shiyin，Zhang Yong，Zhang Yingsong，et al. Estimation of glacier runoff and future trends in the Yangtze River source region, China[J]. Journal of Glaciology，2009，55（190）：353–362.

[59] Liu Hailong，Lin Pengfei，Yu Yongqiang，et al. The baseline evaluation of LASG/IAP Climate system Ocean Model（LICOM）version 2.0[J]. 气象学报：英文版，2012，26（3）：318–329.

[60] Meehl G A，Stocker T F，Collins W D，et al. Global Climate Projections. In：Climate Change 2007：The Physical Science Basis[M]. Cambridge：Cambridge University Press，2007：747–845.

[61] Michele B，Baettig，Martin Wild，et al. A climate change index：Where climate change may be most prominent in the 21st century[J].Geophysical Research Letters，2007，34（17）：155–170.

[62] S C Pryor，R J Barthelmie，DT Young，et al. Wind speed trends over the contiguous United States[J]. Journal of Geophysical Research Atmospheres，2009，114（D14）：14105.

[63] Qian W，Fu J，Yan Z. Decrease of light rain events in summer associated with a warming environment in China during 1961—2005[J]. Geophysical Research Letters，2007，34（11）：224–238.

[64] Qian Y，Gong D，Fan J，et al. Heavy pollution suppresses light rain in China：Observations and modeling[J]. Journal of Geophysical Research Atmospheres，2009，114（D7）：1–2.

[65] Li Qiaofang，Song Zhenya，Ying Bao，et al. Description and evaluation of an earth system model with surface gravity wave[J]. Journal of Geophysical Research：Oceans，2013，118（9）：4514—4524.

[66] G Ren，Y Zhou，Z Chu，et al. Urbanization effect on observed surface air temperature trend in North China[J]. Journal of Climate，2008，21（6）：1333–1348.

[67] Ren G Y, Chu Z Y, Chen Z H, et al. Implications of temporal change in urban heat island intensity observed at Beijing and Wuhan stations[J]. Geophysical Research Letters, 2007, 34（5）: 89-103.

[68] Ren G, Chen Y, Zou X K, et al. Change in climatic extremes over mainland China based on an integrated extreme climate index[J]. Climate Research, 2011, 50（2）: 113-124.

[69] Shindell D T, Faluvegi G, Miller R L, et al. Solar and anthropogenic forcing of tropical hydrology[J]. Geophysical Research Letters, 2006, 33（24）: 194-199.

[70] Sperber K R, H Annamalai, I S Kang, et al. The Asian summer monsoon: an intercomparison of CMIP 5 vs. CMIP 3 simulations of the late 20th century[J]. Climate Dynamics, 2013, 41（9）: 2711-2744.

[71] Sun Y, Zhang X B, Zwiers F W, et al. Rapid increase in the risk of extreme summer heat in Eastern China[J]. Nature Climate Change, 2014, 4（12）: 1082-1085.

[72] Taylor K E, Stouffer R J, Meehl G A. An overview of CMIP 5 and the experiment design[J]. Bulletin of the American Meteorological Society, 2011, 93（4）: 485-498.

[73] Yan Z, Li Z, Li Q, et al. Effects of site-change and urbanisation in the Beijing temperature series 1977—2006[J]. International Journal of Climatology, 2010, 30（8）: 1226-1234.

[74] Yu Yongqiang, He Jie, W Zheng, et al. Annual Cycle and Interannual Variability in the Tropical Pacific by three versions of FGOALS[J]. Advances in Atmospheric Sciences, 2013, 30（3）: 621-637.

[75] Wang J, Yan Z, Jones P D, et al. On "Observation minus Reanalysis" method: a view from multi-decadal variability[J]. Journal of Geophysical Research Atmospheres, 2013, 118（14）: 7450-7458.

[76] B Wu, D Handorf, K Dethloff, et al. Winter weather patterns over northern Eurasia and Arctic sea ice loss[J]. Monthly Weather Review, 2013, 141（11）: 3786-3800.

[77] Wu T, W Li, J Ji, et al. Global carbon budgets simulated by the Beijing Climate Center Climate System Model for the last century[J]. Journal of Geophysical Research Atmospheres,

2013（118）: 1-22.

[78] Wu Tongwen, Rucong Yu, Fang Zhang, et al. The Beijing Climate Center atmospheric general circulation model: description and its performance for the present-day climate[J]. Climate Dynamics, 2010, 34（1）: 123-147.

[79] Xin X G, T W Wu, J Zhang. Introduction of CMIP5 experiments carried out with the climate system models of Beijing climate center[J]. Advances in Climate Change Research, 2013, 4（1）: 41-49.

[80] Zhang J, L Li, T J Zhou, et al. Evalution of the Spring Persistent Rainfall over East Asia in CMIP3/CMIP5 atmospheric GCM simulations[J]. Advances in Atmospheric Sciences, 2013, 30（6）: 1587-1600.

[81] Zhang Z J, Qian W H. Databases on Regional Extreme Low Temperature Events in China[J]. Advance in Atmosphere Science, 2011, 28（2）: 338-351.

[82] Zhao P, P D Jones, L J Cao, et al. Trend of surface air temperature in eastern China and associated large-scale climate variability over the last 100 years[J]. Journal of Climate, 2014, 27（12）: 4693-4703.

[83] Zhou Y Q, Ren G Y. Change in extreme temperature events frequency over mainland China during 1961—2008[J]. Climate Research, 2012, 50（12）: 125-139.

[84] Zhou T, Ma S, Zou L. Understanding a hot summer in central eastern China: Summer 2013 in context of multi-model trend analysis[J]. Bulletin of the American Meteorological Society, 2014, 95（9）: S54-S57.

[85] Zhou T J, F F Song, X L Chen. Historical evolution of global and regional surface air temperature simulated by FGOALS-s 2 and FGOALS-g 2: How reliable are the model results [J]. Advances in Atmospheric Sciences, 2013, 30（3）: 638-657.

[86] Zhou T J, R C Yu. Twentieth Century Surface Air Temperature over China and the Globe Simulated by Coupled Climate Models[J]. Journal of Climate, 2006, 19（22）: 5843-5858.

第二章 气候变化对自然生态系统及社会生活的影响

内容提要

本章主要阐述了气候变化对自然生态和社会生活的影响，着重分析和评估了以下几个方面：气候变化对农业、畜牧业和渔业的影响；气候变化对水资源的影响及水资源系统脆弱性；气候变化对海岸带资源环境的影响；气候变化对自然生态系统的影响；气候变化对社会经济和生活的影响。

2.1　气候变化对农业、畜牧业和渔业的影响

农业是一个涉及社会、经济、自然资源与环境等多方面的复杂系统，对气候环境的依赖性很强。农业是对气候变化较为敏感的生产事业，气候是农业生产的重要环境，更是不可或缺的主要物质资源之一（丁一汇 等，2003）。气候变化将直接或间接地影响与农业生产有关的要素而对农业生产产生多方面的影响。气候变化已经对中国的农业产生了重要影响，气候变化也对畜牧业和水产业的生产环境、产量和品质、布局和结构、生产成本等产生了影响。

2.1.1　气候变化对农业的影响

2.1.1.1　农业对气候变化的敏感性和脆弱性

农业对气候变化的敏感性是指农业生产（种植制度、布局、产量、品质

等）对假定气候情境的响应程度。在相同的气候情境下，响应的程度越大则敏感性越高。农业对气候变化的脆弱性是敏感性和适应能力的综合体现，并随其地理位置、时间及社会经济和环境条件而变化。农业种植和养殖在长期栽培和驯化过程中对气候变化的适应能力远远低于野生动植物，农作物和家畜家禽对气候要素变化的适应力更为脆弱。由于中国幅员辽阔，气候差异显著，农业对气候变化敏感性区域特征明显，很多地方极易受到气候变化特别是气候灾害的不利影响。

目前，对气候变化影响的脆弱性研究还很不全面，结论也是区域性的。例如，长江流域的大部分系统气候变化脆弱性较低，但极端事件对其影响较大（徐明 等，2009）；江西省水稻生产对气候变化处于中度脆弱和高度脆弱状态（朱红根 等，2010）；西北干旱区由于热害与冷害等极端事件增加、水资源缺乏且分布不均，农业对气候变化的脆弱性较高（孙杨 等，2010）。对比水稻产量随平均温度上升1℃、日较差升高1℃、辐射下降10%发生的相应变化，发现辐射导致的水稻脆弱区范围最大，其次是日较差（熊伟 等，2010；Tao 等，2013）。当前，农业对气候变化脆弱性评价的框架性定义比较明确，但具体的指标体系和研究手段，尚无统一的标准规范，在全国尺度或主要作物主产区水平的脆弱性评价还亟待加强。

2.1.1.2 气候变化对作物产量和品质的影响

（1）气候变化对作物产量的影响

气候变化对我国作物产量的影响，在一些地区是正效应，在另一些地区是负效应。对产量的影响可能主要来自于极端气候事件频率的变化，而不是平均气候状况的变化（丁一汇 等，2003）。研究结果表明，过去20多年的气候变暖对东北地区粮食总产量增加有明显的促进作用，但是对华北、西北和西南地区的粮食总产量增加有一定抑制作用，而对华东和中南地区的粮食产量的影响不明显（刘颖杰 等，2007）。由于中国粮食产量的2/3以上来自灌溉，而灌溉的作物主要是水稻、小麦。据估算，水分减少1%，灌溉面积将减少1%以上，粮食产量减少75亿千克，对于旱地作物而言，降水减少造成的产量损失将更大（郑斯中，1993）。利用县级尺度和国家站点尺度的作物产量调查数据分析表明，我国水稻、小麦、玉米、大豆对观测到的气候及主要气候变量（气温、降雨、辐射）变化趋势的敏感性正负并存（Tao 等，2012）。国家农业气象站点的作物产量数据统计分析表明，1981—2009 年，气候变暖和太阳辐射变化使长江中下游地区早稻的产量变化在 -0.59% ～ 2.4%，平均温度上升对北方中部地区的小麦和东北东部的玉米具有显著的正效应（Zhang T Y 等，2013）。中国超过一半的耕地易受到增暖趋势的不利影响，但在大部分粮食主产区中，由于较好的农艺管理措施（含适应），作物产量实际表现为增加或不显著变化（Xiong 等，2014）。来自野外环境控制试验和模型模拟的研究结果均表明，随着 CO_2 浓度的增加，作物产量呈增加趋势（Tubiello F N 等，2007）。

（2）气候变化影响作物的品质

作物品质的形成是品种遗传特性和环境条件综合作用的结果，在一定遗传基础上，环境作用至关重要。水稻、小麦、玉米等作物一般从籽粒灌浆到蜡熟期，环境因子的差异（包括 CO_2 浓度、温度、水分等）对籽粒品质影响最大（Wu D X 等，2004）。目前环境因素与作物品质关系的研究多集中在温度、光照、水分和肥力等因子上，并取得了相应的进展。气候变暖与 CO_2 浓度升高对品质影响因作物种类及品种而异（王友华 等，2011）。CO_2 浓度升高将使作物吸收碳增加氮减少，作物体内的碳氮比升高，蛋白质含量降低，从而使作物品质降低（高素华 等，1994），但高 CO_2 浓度会提高纤维长度，将使棉花等以纤维为产品的作物品质有所提高（王友华 等，2011）。小麦生长后期若发生高温干燥天气将造成严重的干热风危害，影响籽粒灌浆，造成粒秕粒小，容重降低，品质变劣（李永庚 等，2003）。水分过多和严重干旱都将不利于营养成分的转移和积累，妨碍小麦籽粒品质的改善，因此未来旱涝灾害频发将严重影响小麦籽粒的品质（许振柱 等，2003a 和 2003b；范雪梅 等，2004；Xu 等，2006）。玉米虽然具有较强的耐高温特点，但生育后期的高温将使玉米植株早衰，或促其早熟，灌浆缩短，使千粒重和容重下降，品质显著变劣（陈朝辉 等，2008）。

气候变化对我国农业生产的影响

农业可能是对气候变化反应最为敏感的生产事业。气候是农业生产的重要环境，更是不可缺少的主要物质资源之一。我国是农业大国，气候变化将使我国未来农业生产的不稳定性增加，产量波动大。

华北是我国主要的冬小麦生产地区，占据了我国一半以上的种植面积和产量。然而限制华北地区小麦生产的最主要因素是水源匮乏。研究表明，小麦生长所需要的灌溉水量占据整个农业用水量的80%。尤其是雨养小麦，随着降水量的增加，产量也将增加。在长江中下游降雨量和热量充足的地区，虽然会受到未来温度升高的影响，但得益于降水量充沛的先天优势，小麦依然会呈现出增产的趋势。在我国西北、东北、西南这些干旱缺水、自然条件恶劣的地区，气候变化使小麦产量下降。西北、东北以种植春小麦为主，当前的管理模式已经不能适应气候的变化。以后冬小麦的种植边界线可能会北移，东北地区可以改种春小麦为冬小麦或者推迟冬小麦的播种期，降低产量损失。西南地区温度偏高，该地冬小麦春性较强，降水量的增多会导致小麦减产。在未来的气候变化影响下，如果不改变相应区域的小麦品种，全国的冬小麦、春小麦产量将呈现下降趋势。

研究表明，气候变暖后，灌溉和雨养春小麦的产量将分别减少17.7%和31.4%。气候变暖后，不考虑水分的影响，早稻、晚稻、单季稻均呈现出不同幅度的减产，其中早稻减产幅度较小（3.7%），晚稻和单季稻减产幅度较大（10.5%）。气候变暖后，我国玉米总产量平均减产3%～6%，其中春玉米平均减产2%～7%，夏玉米减产5%～7%；灌溉玉米减产2%～6%，无灌溉玉米减产7%左右。

大气中CO_2浓度增加时，温度升高、作物发育速度加快和生育期缩短是作物产量下降的主要原因。据估算，到 2030 年，我国种植业产量在总体上因全球变暖可能会减少 5% ～ 10%，其中小麦、水稻和玉米三大作物均以减产为主。但气候变暖对不同地区和不同种类作物的产量影响不同，我国水稻、小麦及玉米品种多，品种间差异也很大，因此要有意识地调整农业种植制度、选育抗逆性强的品种和选择适当的生产措施等，使之适应气候变化。

2.1.1.3　气候变化对农作物种植的影响

气候变化对农业生产布局与结构调整的影响主要表现在种植制度的变化上。种植制度指一个地区作物种类选择和相互搭配组合的总体安排（韩茂莉，2006）。某一地区多年所形成的种植制度是当地的气候、土壤等自然条件和经济文化、种植习惯等一系列社会经济条件综合平衡的结果，其中气候条件的影响最为明显，而气候条件中又以温度的影响最为显著。温度升高对种植业的影响主要表现在春季土壤解冻期提前，冻结期推迟，作物生长季热量增加，从而使得复种面积扩大，复种指数提高，多熟制向北、向高海拔地区推进，中晚熟品种种植面积不断扩大。

气候变化使中国农业生产区的热量资源普遍增加，作物生长季延长，农业气候带北移，导致熟制边界北移，作物的种植范围扩大（王宗明 等，2006；杨晓光 等，2010；李祎君 等，2010）。与 1951—1980 年相比，1981—2007 年中国一年两熟种植北界在山西省、河北省、陕西省平均北移26 km，一年三熟种植北界在湖南省、湖北省、安徽省、江苏省和浙江省北移西扩趋势明显（杨晓光 等，2010）；西北地区带状种植、间作套种面积逐年扩大（刘明春 等，2009）；喜温作物和越冬作物及冷凉气候区的作物可种植面积扩大（邓振镛 等，2010）。

作物品种更替向生育期长、抗寒性弱和耐高温的趋势发展。东北地区玉米中、晚熟品种可种植区域逐渐扩大（王培娟 等，2011；纪瑞鹏 等，2012；赵俊芳 等，2009）；西北石羊河流域中、晚熟玉米品种种植高度提高了 100 ～ 200 m（刘明春 等，2009）；1981—2010 年，不同冬春性冬小麦的可种植区域均北移，冬性、强冬性冬小麦可种植区域逐渐被春性和弱冬性冬小麦品种取代，其中春性和弱冬性品种可种植面积达 80 km² 以上（李克南 等，2013）。

2.1.1.4　气候变化对农业生产成本的影响

温度升高使中高纬度地区热量资源增加，农作物生长季延长，农业种植界线向北移动，气候变化对农作物种植的影响将进一步增加农业生产成本（秦大河，2003）。气候变化尤其是气温升高将使土壤有机质的微生物分解加快，化肥释放周期缩短，在高 CO_2 浓度下，虽然光合作用的增强能够促进根生物量增加，在一定程度上补偿了土壤有机质的减少，但土壤一旦受旱，根生物量的积累和分解都将受到限制（杜华明，2005）。这意味着需要施用更多的肥料以满足作物的需要，而施肥量的增加不仅使农民投入增加，而且挥发、分解、淋溶流失的增加对土壤和环境也十分有害。

气候变化也将使得农药用量增加。气温升高，作物生长季延长，可能导致农业病虫害增加，害虫繁殖代数增加，且冬季温度较高也有利于幼虫安全越冬，温度高还为各种杂草的生长提供了优越的条件。因此，气候变暖将会加剧病虫害的流行和杂草蔓延（叶彩玲 等，2002）。气候变暖使各种病虫出现的范围也可能扩大并向高纬地区延伸，目前局限在热带的病原和寄生组织将会蔓延到亚热带甚至温带地区（亢艳莉，2007）。这些意味着气候变化使得作物受害程度加重，进而使得农药和除草剂的用量增加，增大了农业生产成本。

此外，气候变暖还影响了水循环过程，使蒸发相应加大，改变了降水分布格局和降水量，加剧了水资源的不稳定性和供需矛盾，使农业灌溉成本提高，进行土壤改良和水土保持的费用增大（杜华明，2005）。据预测研究分析得出，未来气候变化情景下几大玉米种植区将会加大对肥水的投入（熊伟 等，2008）。这意味着气候变化使得农业的投资增大，从而提高了农业成本。

总体看来，随着气候变暖，化肥、农药施用量及有效灌溉成本增加，主要粮食作物（水稻、玉米、小麦）生产成本增加趋势比较明显，然而气候变化也带来了一些正效益。例如，在某些春小麦种植地区改种冬小麦可以减少播种量，提高产量，做到节约成本、增产增收（丁永建 等，2012）。

2.1.2　气候变化对畜牧业的影响

畜牧区大多分布在干旱半干旱地区或高寒、高纬度地区，对气候变化较为敏感。气候变化对畜牧业的影响既是多途径的，也是多方面的。草地畜牧业是受气候变化影响最大的产业之一，也是最为脆弱的产业之一。气候变化对畜牧业的影响主要通过草地资源变化而影响草地畜牧业的生产能力及其产品质量，通过气候变化中环境条件变化影响设施畜牧业，同时气候变化对农作物产量和品质的影响也间接影响着设施养殖业的产量和品质（潘根兴 等，2011）。一方面，温度升高将改变生态系统中如蒸散、分解和光合作用过程等，同时协同降水变化和高 CO_2 浓度影响生物群落的生产力；另一方面，温度和降水可以调控不同类型草地的空间分布，改变植物区系组成（牛建明，2001）。因此，气候变化对我国草地畜牧业的影响利弊并存。一般认为，西北地区草地饲草生物量将增加，尤其对于高寒草地而言，短期内由于延长了生长季而提高了生物量，因而利可能大于弊，但对于温带草地而言，则可能弊大于利（潘根兴 等，2011）。冬春季气温升高，枯草更加干燥，含水率减小，草原火灾发生概率增大。一旦发生大面积火灾，牧草生命力减弱，极易遭受病虫害；火灾使草地土壤表面有机质损失，草地土壤表面无机物变得可溶于水，易被雨水冲走，土壤结构遭受破坏；火灾还使草原生态系统中生物链遭到破坏，造成生态失衡（丁永建 等，2012）。

气候变暖，尤其是冬春季气温升高，降雪减少，使得牧区雪灾趋于减少，这对牲畜越冬有利，牲畜死损率降低（张秀云 等，2007）。但气候变暖也会造成牧草产量下降，草场载畜量减少，牧区病虫害加重，牧畜疫情增多等（丁永建 等，2012）。高温还导致多种畜禽的生产力下降，对家畜的繁殖也有重要影响。例如，高温会使高产奶牛的产奶量下降 20% ～ 30%，盛夏高温可能产生配种受胎率大幅度下降的现象（李晓锋 等，2008）。气候变化带来种植业减产和生产成本的增加，导致用于畜禽养殖的饲料成本增加，使畜牧养殖业的利润空间受限，经济效益下降。气候变化中日益增加的气候变率使极端性气象灾害增多，如洪涝、干旱、极端高温、低温等，可能成为设施养殖业安全生产的严重挑战，如不采取合理的应对措施，其对畜牧业造成的损失可能难以预计（潘根兴 等，2011）。

2.1.3 气候变化对渔业的影响

渔业资源的种类、数量与人类活动和自然条件的变化密切相关，所以气候变化对渔业的影响显而易见（刘允芬，2000）。无论是全球变暖所引起的海平面上升、水体溶氧量降低，还是厄尔尼诺—南方涛动等自然灾害的频繁发生，都对世界渔业资源产生极大的影响。全球气候变化是世界渔业资源产量和分布变化的重要原因之一。中国是渔业大国，渔业产量占世界的2/5，随着全球气候变化的加剧，其对世界渔业资源波动的影响也更加明显，需要更加关注气候变化对渔业资源波动的影响（方海 等，2008；王亚民 等，2009）。气候变化造成中国渤海、黄海、东海和南海四大海区主要经济鱼种的产量和渔获量都有不同程度的变化（刘允芬，2000；邓可洪 等，2006）。研究表明，渔获量受海表面温度、热带气旋、季风、降雨等影响（王跃中 等，2013）。

气候变化会破坏海洋生态系统的稳定结构，减少生物多样性。气候变化对渔业的影响主要是通过影响海洋物理和生物环境条件来实现的。气候变化所引发的海水温度变化已经对鱼类的分布造成了影响，导致温水物种的分布向两极扩张，而冷水物种的分布向两极收缩；气候变化所引发的海水盐分变化会使鱼类的生理发生改变，进而影响到鱼类的种群和数量；气候变化所引发的海水酸碱度变化对许多珊瑚礁及含钙的海洋生物都构成了威胁。尽管目前全球气候变化对海洋生物的影响存在很大的区域性差异，但总体而言，全球的渔业和水产养殖业都将因为气候变化的影响发生明显变化（杨子江，2008）。在中国北方沿海的冬季海面结冰面积逐年减少，分布在中国辽宁、山东沿海的国家二级保护水生野生动物斑海豹无法找到合适的产仔场，从而影响其正常的生产和哺育，使其濒危状态雪上加霜（王亚民 等，2009）。

气候变化还影响鱼类的生长发育和繁殖，使鱼群大小和结构发生变化，也可能导致渔场消失或渔业功能消失（王亚民 等，2009）。气候变化会直接或间接影响渔场的位置变动、鱼群的洄游迁徙路线及鱼汛的时间早晚等。例如，舟山渔场是我国最重要的四大渔场之一，在沿海渔业中占据很重要的地位，而温度持续升高，将导致舟山渔业环境遭受破坏，适宜的栖息地减少，最后促使舟山渔场的各种经济鱼类将向温度较低的外海或高纬度地区迁移，这样舟山渔场将消失或部分丧失渔业功能与价值。再如，世界上最大的洄游鱼类——鲸鲨，每年都在中国南海沿海自南向北向日本方向洄游，一部分种群最后到达山东沿海，由于气候变暖，鲸鲨在中国沿海洄游时间已经明显推后近 1 个月，且在山东沿海滞留时间延长。由于山东和浙江沿海渔业捕捞强度远大于南海，导致这一全球濒危的大型鱼类的非法捕捞量近年急剧上升，中国沿海鲸的种群数量受到严重影响（王亚民 等，2009）。气候变化对鱼类生理、生态、生殖活动 等，特别是对鱼类补充群体（仔稚幼鱼）的影响更为明显，还有很多方面有待进一步研究（方海 等，2008）。

气候变化可能对大洋性、近海、港湾渔业资源的时空分布影响也非常显著。另外，气候变化对于滩涂养殖业的影响也很大。例如，2008 年冬季发生的拉尼娜现象使得中国南方海水养殖渔业遭受重创，而针对此方面的研究还很少，需要加强关注研究（方海 等，2008）。

2.2　气候变化对水资源的影响及水资源系统的脆弱性

2.2.1　气候变化对水资源的影响

2.2.1.1　气候变化对水资源影响的几个阶段

气候变化通过改变大气环流、降水、蒸发、地表径流和地下水等一系列因素，改变了全球的水循环，从而改变全球水资源的时空分配，并进一步影响到生态系统、社会经济发展和人类健康。

20 世纪 40—70 年代，气候变化对水资源的影响逐渐形成，美国 Lang-

bein 等（1949）第一次评估了气候和径流的关系，形成了降水—径流曲线，Schwarz（1977）分析了极热 / 极冷、极湿 / 极干条件下的水文响应。

气候变化对水资源影响的研究真正起步于 20 世纪 80 年代中期。1987 年，国际水文科学协会（IAHS）召开了 "气候变化和气候波动对水文水资源的影响" 研讨会，WMO 同时发布了水资源受气候变化影响的报告，并出版了水文水资源对气候变化敏感性的报告，总结了未来气候变化对水资源影响的问题。在水资源的研究方法方面，各种方法初步涌现，包括采用统计手段分析历史时期径流、气温和降水的关系及极热 / 极冷、极湿 / 极干条件下的水文响应，采用水量平衡方法评估未来总蒸散发变化，采用 GCMs 使大气 CO_2 浓度加倍，直接评估区域的大气和水文特征。

20 世纪 90 年代以来，涉及气候变化对水资源影响的研究迅猛增加，并受到各国政府的高度重视。1990 年，Waggoner 编写了《气候变化与美国水资源》一书。第 20 届 IUGG 大会于 1991 年召开，以探讨大气、土壤间的相互作用的水文过程为主题。IPCC 于 1995 年发布的第 2 次评估报告，全面阐述了气候变化对水资源的研究进展，明确了供水和需水研究的重要性，其中包括了气候变化对极端气候频率的影响、水质受气候变化的影响、气候变化对供水设施安全性的影响、气候变化对区域水供给的影响、气候变化与灌溉用水量的关系、气候变化对流域水量平衡的影响。

自 21 世纪起，气候变化对水资源影响的研究达到新的高峰，IPCC 第 3 次、第 4 次、第 5 次评估报告，围绕不同角度综述了气候变化对水资源的影响。IPCC 第 3 次评估报告指出气候变化不太可能对工业和城市需水造成明显的影响，但会显著增加灌溉需水，采用 A2 和 B2 排放情景模拟灌区最佳生长期发生变化，发展中国家 2030 年灌溉取水增加 14%，生活和工业用水增加相对较小。IPCC 第 4 次评估报告重点探讨了气候因素和非气候因素对水资源的影响，以及未来气候变化导致水系统脆弱性的变化。IPCC 第 5 次评估报告围绕重点水系统的稳定性问题、蒸发悖论问题、干旱等极值问题展开讨论。

2.2.1.2 气候变化对水资源的影响研究

基于 IPCC 第 4 次评估报告中分析使用的 23 个全球气候模式的输出产品结果显示，A1B、A2 和 B1 三种典型排放情景下长江流域未来 100 年气温呈显著的增温趋势；降水量在 2020 年前以减小为主，2020—2040 年降水量开始增加，2060 年后降水量呈明显增大趋势。长江流域未来前 30 年的径流量变化不明显但呈略微减小趋势，2060 年后流域径流量呈显著增大趋势（金兴平 等，2009）。

根据英国 Hadley 气候中心 GCMS 发展的区域气候模式 RCM-PRECIS，王国庆、张建云等（2007）采用 VIC 模型分析了 A1B、A2、B2 三种气候情景下 2021—2050 年较基准期（1961—1990 年）的年径流量及汛期径流量的可能变化（表 2.1）。

表 2.1 RCM-PRECIS 模式不同气候情景下中国及各流域径流量变化
（2021—2050 年与 1961—1990 年系列相比）

流域	年径流量变化/%			汛期径流量变化（6—9 月）/%		
	A2	B2	A1B	A2	B2	A1B
松花江	−4.0	−10.8	1.1	−5.5	−11.7	1.4
辽河	2.6	−6.4	20.8	1.5	−7.4	21.4
海河	5.2	−3.3	11.3	3.3	−7.7	10.3
黄河	−4.1	−6.4	−2.1	−7.7	−10.8	−4.2
淮河	6.0	−1.2	12.9	6.1	−3.1	10.5
长江	6.6	0.7	8.2	8.2	3.1	4.2
东南诸河	9.1	8.3	13.2	11.4	12	12.3
珠江	0.9	−3.0	11.8	0.5	1.1	10.1
西南诸河	0.8	0.3	3.6	0.7	−0.4	4.6
西北诸河	0.2	2.4	2.6	−0.9	2.4	0.6
全国	2.9	−0.7	11.3	3.4	0.9	9.1

结果表明，A1B 情景下，中国径流量增加最多，为 11.3%。其中黄河流域略减，减少 2.1%；辽河流域增加最多，为 20.8%。A2 情景下，全国径流量变化趋势与 A1B 情景类似，各流域径流量以增加为主，全国增加 2.9%，仅松花江和黄河流域略减 4% 左右。B2 情景下，全国径流量略减，北方多数流域径流量减少，其中松花江流域减少最多，为 10.8%。关于汛期径流量（6—9 月），A1B 情景下，除黄河流域减少外，其他流域均有所增加；A2 情景下，松花江、黄河、西北诸河 3 个流域径流量减少，其中黄河流域减少最多，为 7.7%，而其他流域径流量均有所增加，其中东南诸河增加最多，为 11.4%。就全国而言，除 B2 情景下径流量略减 0.7% 外，A2 和 A1B 情景下径流量分别增加 2.9% 和 11.3%，汛期径流量分别增加 3.4% 和 9.1%。

水资源变化主要依赖于气候变化。由于当前对气候变化预估仍存在较大的不确定性，因此，对未来水资源变化预估也存在较大不确定性。具体而言：①气候变化的不确定性带入到水文模型的输入项，直接造成预估结果的不确定性；②中国气候年代际转型出现的时间和强度存在不确定性。在东部主要表现为雨带的年代际南北向带状转移，在西部主要是季风和西风带的强度和配置变化；③西部内陆干旱区河流极大地依赖于冰雪融水，其水资源变化预估还受制于冰冻圈（冰川、冻土、积雪）变化的不确定性；④未来人类活动，尤其是对水资源开发利用的强度存在不确定性，也会影响到对江河径流总量及其时空变化的预估。

综上所述，气候变化将可能进一步增加我国洪涝和干旱灾害发生的概率，加剧我国北旱南涝的现状。特别是海河、黄河流域所面临的水资源短缺问题及浙闽地区、长江中下游地区和珠江流域的洪涝问题难以从气候变化的角度得以缓解，这将给水资源的管理提出更加严峻的挑战。无可否认，目前对未来水资源情景评估尚存在较大的不确定性，其主要来源于未来气候变化情景的不确定性及由所采用的评价模式结构和参数引起的不确定性，相对而言，未来气候变化情景对水资源影响评价的不确定性更大（王国庆等，2011）。适应气候变化必须从目前最不利的情景着手。

知识窗2

气候变化给钱塘江流域水资源带来的威胁

钱塘江流域地处浙江省西部，为浙江省面积最大的流域，共分为南北两源，都起源于安徽省的休宁县，北源新安江经薄安到建德和兰江进行汇合，东北流进到钱塘江，便是钱塘江正源。钱塘江干流河长达到 668 km，流域面积合计共 55 558 km²，当中位于浙江省境内的面积便占了 48 080 km²，占浙江省全省陆域面积的 47%。

钱塘江流域地形十分复杂，山地、丘陵约占了总流域面积的 70%，其他均是平原与盆地。钱塘江流域纬度较低的地方属于中亚热带地区，近海洋季风活动比较频繁。冬季偏北风盛行，受到蒙古高压控制，天气较为干冷，温度偏低，雨水不多，历史的最低气温达到了 −7 ℃；夏季则受到太平洋副热带高压的控制，东南风盛行，温度相对偏高，最高气温可达到 41 ℃。流域降雨年际呈现出分布不均的特点，丰水年与枯水年之间的变差幅度比较大，最大年降水和最小年降水之间的比值可以达到 2～3。流域的降水量在年内分布同样是不均衡的，最大的时候连续 4 个月降水量高达全年降水总量的 50%～60%，最大月份的降水量发生在 5 月或 6 月，6 月下旬—7 月上旬主要以连绵阴雨为主，同时经常出现暴雨，容易导致流域性洪水灾害。

研究表明，金华钱塘江流域水资源量将会伴随气候变暖而呈降低趋势，区域升温幅度越大，区域水资源量的降低幅度也越大。在气候变化对经济生活用水量的影响上，年均气温每提高 1 ℃，人年均生活用水量大约将会提升 1.885 m³。在气候变化对钱塘江流域水资源承载力的影响上，水资源承载力均是在严重超载的情况下，属于不可持续发展的状态。未来升温情景的差异同样会对区域水资源承载力形成一定的影响，升温幅度越大，区域当中的可利用水资源量越少，其相应状况下水资源承载力也就更低。然而对于金华钱塘江流域来说，尽管将来是低升温情景，其可利用水资源量还是很难支撑预期的人口经济规模，因而，大力"开源"，同时努力实施节水增效，对于实现区域社会的经济、发展规划都是相当必要的。

2.2.2 气候变化背景下水资源系统的脆弱性

2.2.2.1 水资源系统脆弱性概念概述

水资源是一种非常重要的自然资源，关于水资源脆弱性的研究起步较晚、研究较少，学术界对其理解尚未完全达成共识。一般认为，水资源脆弱性的概念起源于20世纪60年代末，1968年，Margat首先提出了"地下水脆弱性"这一术语，Margat与Albinet先后通过图件来描述地下水对污染的脆弱程度，以此唤醒人类对地下水污染问题危险性的认识。随后，众多学者从不同角度对水资源脆弱性的概念进行了研究。1982年，Hashimoto等在评估供水风险时，提出用脆弱性来描述水资源供给不足对系统造成的损失。1987年，"土壤与地下水脆弱性国际会议"提出，地下水脆弱性要考虑人类活动与污染源的影响；1993年，美国国家科学研究委员会提出，地下水脆弱性是污染物达到最上层含水层之上某特定位置的倾向性和可能性，并将其分为本质脆弱性（Intrinsic Vulnerability）和特殊脆弱性（Specific Vulnerability）。1996年，IPCC将水资源的脆弱性与气候变化联系起来，认为脆弱性是气候变化可能对水资源系统造成的损害或不利影响的程度，刘绿柳等（2002）扩展了水资源脆弱性的研究范围，认为水资源脆弱性是水资源系统易受到人类活动、自然灾害威胁和损失的性质和状态，受损后难以恢复到原来状态和功能的性质；邹君等（2007）结合南方地表水资源系统的特点，提出了地表水资源脆弱性的概念，认为地表水资源包括水质和水量两个方面；2011年IPCC报告中将脆弱性与暴露度结合起来，认为脆弱性是人员、生计、环境服务和各种资源、基础设施，以及经济、社会或文化资产受到不利影响的可能性和趋势。

综上所述，气候变化背景下水资源的脆弱性是指气候变化对水资源造成的不利影响的程度，它不仅包括陆地水循环相关的水资源系统在自然变化条件下表现出的敏感性，也包括气候变化导致水资源脆弱性变化的部分，是水资源系统对所处气候的变化特征、幅度、速率及其敏感性、适应能力的函数。

2.2.2.2 气候变化背景下水资源脆弱性的评价

气候变化背景下脆弱性评价是水资源脆弱性研究中的重要内容。

从评价方法来看，既包括对影响水资源变化因子进行讨论的定性分析，还包括采用数学物理方法等手段衡量水资源脆弱性程度的定量研究。对于水资源的定性分析中，唐国平等（2000）在研究气候变化对水资源的影响时，提出可操作性、可靠性、综合性、通用性这4个标准，并认为水资源脆弱性的评估包括选择方案、利用模型、需求评估、脆弱性评估这四大步骤。对于定量研究，学术界提出了不少方法，目前运用较为广泛的是综合指数法，通过分析导致水资源脆弱性的主要因素，构造相应的指标体系，利用数理统计方法综合成脆弱性指数，具体应用中常使用层次分析法（AHP）、模糊综合评价法等。也有研究为了避免综合指数法的缺点，探索各种不同的评价方法来对水资源系统的脆弱性展开评价，如叠置指数法、过程数学模拟法和统计方法等。

从评价内容来看，水资源脆弱性评价不仅包括供需水矛盾导致的脆弱性评价，还包括自身脆弱引起社会经济和生态系统的脆弱性评价。Vorosmarty等（2000）利用气候模式输出的气候情景与水量平衡模型WBM预估2025年全球的水资源脆弱性变化，结果显示水资源脆弱区域差异明显，未来将更加脆弱。水资源丰富区域同样存在水资源脆弱性的问题，Sharma指出部门水资源丰富区域因人类干扰加强正变得越来越脆弱。Delpla等（2009）指出气候变化下水质下降导致潜在健康风险增强，但对气候变化的政策选择将直接影响淡水的水质。未来气候变化下，我国北方部分江河径流量可能减少，南方径流量可能增加，各流域蒸发量可能增大，旱涝等灾害的出现频率可能增加，这将进一步加剧水资源的脆弱性和供需矛盾。另外，我国跨境水资源也存在脆弱性。未来气候变化对淡水系统的负面影响，预计会超过正面影响。

IPCC 报告指出，气候变化对淡水系统的不利影响会加重其他胁迫的影响，如人口增长、经济活动改变、土地利用变化等。Bower 等（1993）指出，气候变化背景下，区域收支和产值会下降 1% ～ 2%，最大的经济影响来源于农业和用水部门。降水减少等变化还通过环境和社会经济问题影响整个水资源计划及规划工作。

2.2.2.3　水资源对气候变化的适应性

对未来气候的预测存在不确定性，加上水资源管理的复杂程度增加和不确定因素的存在，需要减少水资源系统的脆弱性，以降低各种不确定性产生的风险（OKI，2006；佟金萍 等，2006）。IPCC 指出，要在合理评估气候变化对水循环的影响的基础上，提出人类响应气候变化的策略，Loucks 和 Gladwell 认为，对于未来不确定性的影响，要在水资源开发、管理、使用等方面，利用适应性战略，才能实现可持续发展。

水资源对气候变化适应性的研究中，主要从管理理论、管理方法、管理机制等方面展开讨论。

第一，实现供水管理向蓄水管理的转变。IPCC 报告指出了水管理行为可能不足以应对气候变化的影响，而现行的管理政策多以供水管理为主。Frederick 通过研究水资源平衡供需的关系，认为进行需水管理是至关重要的。

第二，整合多种管理手段，优化水资源的配置效率。例如，加拿大在减少水资源脆弱性方面，采取了一些措施，包括持续执行小尺度水资源工程和通过雨雪管理增加水存储，整合现有水资源系统、推进农业用水实践、水价和水计量措施；为应对气候变化的影响，加拿大水利部门提出需要优先考虑安大略湖格兰德河流域的城市水供给、南亚伯达省灌溉用水和五大湖的商业航行。

第三，考虑未来规划，构建风险防范与适应性管理机制。在应对气候变化下水资源脆弱性的问题上，应该考虑在未来规划、预报预警能力、风险管理及防范水平基础上构建适应性机制。Dessai 等提出了应对气候变化适应性措施的评价框架，应用于英格兰东部 25 年水资源服务规划。跨境水资源脆弱性应对上，Feng 等认为加强科学交流、构建分享机制、建立早期预警和完善协商机制将能减少脆弱性。Smit 等认为不仅要在应对已存在的风险问题上关注适应性措施，在未来项目或管理中同样要强化风险防范与适应性管理机制。适应性能力还显著受到政府、公民、政治和文化的影响，适应性机制的构建需要因地、因时制宜，提高适应性。

2.3 气候变化对海岸带资源环境的影响

2.3.1 海岸脆弱性评估

海岸带作为水圈、岩石圈、生物圈和大气圈相互作用的交集地带，具有丰富的资源，历来都是社会、经济和文化发展最先进的地域，也是人类社会最具发展潜力的地区。海岸带对于人类社会和经济发展至关重要，全球经济财富大部分产生于海岸带地区（Turner R K 等，1995）。全球气候变化和海平面上升作为一种客观的、不确定的灾害事件，影响着海岸带的自然演变过程，继而改变着海岸人居环境和经济社会发展的风险状况。

我国是海洋大国，拥有 18 000 km 的大陆岸线和 14 000 km 的岛屿岸线，超过 70% 的大城市和 50% 的人口集中在东部及南部沿海地区。我国海岸线区域人口密集，经济发达，海岸线在我国经济战略布局中占据着极为重要的地位，维持海岸带资源与环境的可持续发展是国家未来发展的重大战略需求。受气候变化和人类活动的双重影响，我国海岸线的脆弱性凸显。气候变化影响下海岸带脆弱性评估研究既是国家的重大需求，也是国际的前沿科学问题。

海岸带作为海陆过渡地带，在促淤造陆、调蓄洪水、生物多样性保护、降解污染物和为人类提供生产、生活资源等方面发挥着重要作用（Delgado 等，2013）。气候变化所引起的海温升高、海平面上升、海水入侵、海岸带侵蚀和风暴潮等将会对海岸带形成巨大影响。21 世纪海平面加速上升，对海岸带环境和生态的影响将进一步加剧。

2.3.1.1 海岸带脆弱性研究概况

海平面上升海岸脆弱性的评估研究始于 20 世纪 80 年代末，最先开始于美国、荷兰等一些发达国家。1992 年，IPCC 海岸带管理小组提出了用于评估海平面上升对海岸影响的方法。1994 年，IPCC 出版了《气候变化脆弱性评估技术指引》一书，用于气候变化影响和适应对策评估。1998 年，联合国环境规划署推出了适用范围更广的《气候变化影响评估和适应对策方法手册》，旨在为气候变化潜在影响评估和适应策略选择提供具体指导和方法选择。

海平面上升海岸脆弱性评估过去的焦点常在因海平面上升引起的海岸侵蚀与土地丧失，新近的评估方法中考虑了更大范围的气候变化与非气候因素的影响变量，这些变量对决定海岸脆弱性有密切关系。评估的内涵也随之扩展，如受影响人口、风险人口、资本价值流失、保护与适用费用等。近年来，随着对海岸过程和相关研究的不断深入，一些新的研究成果不断出现。

2.3.1.2 国际海岸脆弱性评估方法

自 20 世纪 80 年代末开展气候变化和海平面上升海岸脆弱性评估研究以来，国际上先后出现了多个脆弱性评估框架。1992 年，IPCC CZMS（Coastal Zone Management Subgroup）报告提出了全球第 1 个脆弱性评估框架，将脆弱性分为低度、中度、高度、极端脆弱 4 个等级。该框架有利于进行不同区域的横向比较，但在大多数环境下评估的目标很难达到，其最显著的不足是操作层次上的缺陷及大多数国家对相关政策理解的不足。在 IPCC 气候变化第 2 次评估报告中，仅仅有 23 个根据该框架得出的结果被采用。UNEP 在 IPCC 工作的基础上，强化了脆弱性评估的框架指导，但未能得到广泛的检验。基于对海岸系统动力过程的复杂性、脆弱类型的多样性、发展的不确定性的研究和认识，Klein 和 Nicholls 围绕脆弱性概念提出了海岸脆弱性评估概念框架，全面考虑了海岸系统的特征，包括自然和社会系统的感知力、恢复力或抗力、系统的自适应和规划适应能力及其相互关系，并提出了 3 个逐级复杂的评估层次：筛选评估、脆弱性评估和规划评估。近年来，欧盟国家尝试性地提出了动态交互式脆弱性评估框架。

综合评估方法是非常常用的海岸脆弱性评估方法。综合评估是指对海平面上升海岸脆弱性的各方面进行全面评估并得到定量或非定量化的结果。主要评估方法有多判据决策分析法、指数法、决策矩阵法、分布式过程模型法、三角洲综合行为概念模型法、数值模型法、模糊决策分析法等。最早的方法是基于 Gornitz 于 1991 年提出的海岸脆弱性指数和风险等级的概念，已应用于美国太平洋和大西洋海岸的评估中。多判据决策分析方法最早用于环境、经济和资源管理评估，后被引入海岸脆弱性评估中。Frithy 提出海岸脆弱性评估判别标准应包括地形垂变、相对海平面上升、土地类型、泻湖沙坝宽度、滩面坡度、被抬高的要素（如沙坝）、岸线侵蚀与淤积、岸线保护工程等。El-Raey 等根据 IPCC 通用方法，采用多标准、决策矩阵方法和问卷调查，对尼罗河三角洲海岸地区进行了详细定量评估。Bryan 等提出分布式过程模型，选取高程、方位、地貌和坡度 4 个自然环境参数，评估海平面上升海岸脆弱性。Sanchez-Arcilla 等结合淤长、沉积、土壤构成、海岸边缘区响应等方法，提出三角洲综合行为概念模型，进行三角洲海岸脆弱性评估。

2.3.1.3　我国海岸脆弱性评估方法

我国占陆域土地面积 13% 的沿海经济带，承载着全国 42% 的人口，创造了全国国内生产总值（GDP）60% 以上（张利权 等，2012；王宁 等，2012）。

1991 年，任美锷参照地面沉降率、风暴潮频率和强度、海岸侵蚀及海岸防护工程状况，首次对我国主要的大河三角洲进行了海平面上升影响评估。1993 年，中国科学院地学部组织对珠江、长江、黄河和天津地区进行了海平面上升影响调研，并出版了调研报告。按照 IPCC CZMS 方法，我国学者应用遥感影响和地理信息技术，根据土地利用类型、海岸蚀积动态、地形变等的对照分析，预测海平面上升对环境和社会经济的影响，或采用机理分析、趋势分析等多种研究方法相结合对海岸带进行系统研究，避免孤立分析某一影响类型或采用单一方法分析的局限性。我国学者尝试了 IPCC 方法，研究中兼顾了最高水位和有无防潮堤等两种因素，针对面积广阔、微地貌条件复杂且有海堤保护的大河三角洲和滨海平原，发展了海岸环境变化易损范围确定和易损性的评估方法。

张伟强等建立了海平面灾害综合评估因子指标体系，引入了抗灾能力指数和影响时效概念，提出了综合灾害评估模型。施雅风等选取相对海平面上升量、地面高程、沿海平均潮差、潮滩淤积速率、潮滩损失率、海堤增加高度、人口密度、产值密度 8 个评价因子，各评价因子分为 5 个等级，计算海平面上升影响指数，进行海平面上升影响分区划分。

2.3.2　气候变化对海岸生态系统和海岸体系的影响

红树林—珊瑚礁—海岸防护林等海洋生态系统及完整的海岸系统，虽然不能阻挡海啸和风暴潮的侵袭，但可以发挥明显的缓冲作用，使其到达岸上的能量减弱，对减轻海啸和风暴潮等自然灾害的破坏力有着明显的作用。

气候变化对珊瑚礁的影响。气候变化正在导致海水变暖，而海温的升高加速了海水中的 CO_2 变成碳酸的化学过程，造成海水酸度的增加，这将减缓石灰化——珊瑚礁形成的速度。同时，当海水变热时，珊瑚会释放出体内的海藻，这将导致珊瑚虫大量死亡，致使珊瑚礁退化。研究显示，全球 20% 的珊瑚礁已经遭到无法逆转的严重破坏，另外 50% 的珊瑚礁也接近崩溃边缘。如果不采取必要的措施，全球变暖产生的酸化效应将导致全球珊瑚礁的最终死亡。

气候变化对红树林生态系统的影响。红树林是海岸带重要的植被类型之一，是生长在热带、亚热带沿海潮间带滩涂上的木本植物群落，是陆地向海洋过渡的特殊生态系统，对海平面上升尤为敏感（Ellison，2014）。海平面上升导致红树林栖息地淹水时间和淹水频率增加，是红树林生态系统面临的最严峻的环境胁迫（Lovelock 等，2007；Ellison，2014）。受潮汐、高程的影响，自海向陆大致分为低潮间带、中潮间带和高潮间带，潮间带每一个潮位对应特定的潮沙浸淹和暴露时间。海岸带潮间带红树林的生长与生存需要潮水周期性浸淹和周期性暴露相互交替作用，不同种类的红树植物根据其最适宜的浸淹时间，在潮间带分布形成高程梯度，使红树林呈现出与海岸带平行的块状或带状分布现象，体现了红树林对潮水浸淹程度的适应（Ellison，2010）。海平面上升导致潮沙淹水时间延长，红树林栖息地生境改变，红树植物被淹没，生长受到抑制，生态系统结构改变，甚至导致红树林生境丧失。

红树林生态系统通过沉积物累积，增加栖息地地表高程，维持适宜的淹水时间，抵消海平面上升的影响（Ellison，2012；Ellison，2014）。当海平面上升速率等于红树林沉积物累积速率时，红树林栖息地相对海平面不变，潮间带淹没周期、深度、频率等基本维持稳定，红树林生长、分布不受影响；当海平面上升速率小于红树林沉积物累积速率，红树林栖息地相对海平面降低，适宜红树林生长的栖息地范围扩大，红树林逐渐向海一侧延伸；当海平面上升速率大于红树林沉积物累积速率，红树林栖息地相对海平面升高，潮间带淹没周期变长、频率增加、深度变深，潮间带生境改变，不适合红树林生长。此外，潮间带水动力作用加强，红树林栖息地受到侵蚀，适宜红树林生长的滩涂高程改变，海水将淹没红树林，红树林生长、分布受到影响。红树林为保持适宜的掩水时间，被迫向陆地迁移，可能扩散到高程更高的位点。然而我国大部分红树林沿岸都筑有海堤，切断了红树林向陆地迁移的路线，导致红树林向海一侧面积逐渐减少，而向陆地一侧无法迁移，最终导致红树林分布面积逐渐减少，潮间带生境范围缩小甚至丧失。

红树林海岸带人口密度较大，人类活动频繁，沿岸城市建筑、重大工程等造成地基土体发生缓慢变形，以及人类长期地下水、地热等资源的过度开采等造成了地面沉降，加剧了相对于海平面的上升速度，红树林面临更严峻的海平面上升影响。此外，随着沿海经济的发展，城市建设、海岸工程建设、海产养殖等对红树林进行大规模围垦（王文卿 等，2007；Ellison，2012），红树林面积大量减少，加剧了海平面上升对现有红树林的影响。由此可见，红树林面积对海平面上升和人类活动的双重胁迫，红树林生态系统脆弱性更加凸显，海岸带社会经济、安全也面临着更大的威胁。因此，研究海平面上升影响下红树林生态系统脆弱性，是为海岸带红树林生态系统应对海平面上升影响及制定减缓和应对措施提供科学依据，是保障海岸带红树林生态系统安全的重要前提。

2.3.3　气候变化对海平面上升的影响

气候变暖直接导致海平面的进一步升高。现有观测数据表明，20世纪全球海平面上升速度是近300年来最快的。从1900年至今，全球海平面高度平均上升了10～20 cm，预测到2100年将比1900年高出9～88 cm。近50年来中国近海海平面平均上升了约13 cm，且上升速率逐渐加快。预估结果表明，到2050年，中国沿海海平面将上升12～50 cm，大于全球平均海平面上升幅度，其中珠江三角洲、长江三角洲和环渤海湾地区等重要沿海经济带附近的海平面上升50～100 cm。中国沿海地区的面积占全国的17%，人口占全国的42%，而GDP占全国的73%，其中沿海低洼地区约占整个海岸地区的30%，约有70%以上的大城市、50%以上的人口和60%的国民经济集中在该地区。海平面上升必将对这些地区的社会、经济产生重大影响。主要表现在许多沿海低洼地区将被海水淹没，现有海防设施的防御能力将大大降低，沿海地区的人居环境和经济建设将面临更大的风险，且遭受海啸、风暴潮影响的程度和严重性将加大，特别是珠江三角洲、长江三角洲和环渤海湾地区等经济相对发达地区。近年来，热带气旋对中国沿海地区造成的损失已经非常严重，而且随着中国经济的迅猛发展，损失将有可能更加严重。

2.3.4　对近海风暴潮的影响

对于未来气候变化所导致的近海风暴潮活动影响的研究一直是目前大气与海洋学领域的研究热点之一。其中，Nicholls等（1995）较早对未来气候变化对沿海百万人以上大都市附近海区的影响进行了研究，其结果表明，气候变化在不同地区表现出非常明显的局地特征，因此，有必要对不同区域内气候变化的影响进行分别评估。Hayden等（1999）对美国1885—1996年的飓风活动进行了研究，结果表明温室气体增加将会导致比较明显的飓风活动的区域变化；Flather 等（2000）对未来气候变化对欧洲西北部区域风暴潮活动的影响进行了研究，同时考虑了海平面上升对水深的影响；Scavia 等（2002）对气候变化在美国沿海风暴潮及海洋生态系统的影响进行了研究；Lowe 等（2005）指出未来风暴活动的增加及海平面的上升可能导致英国近海区域风暴潮灾害的加剧，与此同时也指出对未来温室气体浓度预测误差及模式自身误差都将会削弱模式模拟结果的可信度。Woth 等（2006）基于 4 个不同模式的模拟结果采用集合平均的方法对北海附近海区风暴潮活动的变化进行了研究，并指出 German-Bight 附近区域由于海平面上升风暴潮潮高的百分位值 P99 可能增加 60 ～ 70 cm。Lechebusch 等（2004）和 Rauthe 等（2004）指出不同的 IPCC 构想可能对风暴潮变化的模拟结果存在着不同程度的影响。Wang 等（2008）基于动力降尺度技术与 ROMS 模型，指出未来气候变化可能导致爱尔兰附近海区风暴潮潮高存在着不同程度的升高；Kirshen 等（2008）对美国东北部海区风暴潮变化的研究指出美国东海岸地区风暴潮潮高在温室气体增加的背景下存在不同程度的增加，其中尤其以波士顿、麻省及大西洋城附近增幅最为显著。

2.4 气候变化对自然生态系统的影响

2.4.1 气候变化对冰冻圈及自然地带的影响

2.4.1.1 冰冻圈

冰冻圈是指水分以冻结状态（雪和冰）存在的地球表层的一部分，它由积雪、冰盖、冰川、多年冻土及浮冰（海冰、湖冰和河冰）组成。积雪是冰冻圈的最大组成部分，覆盖着地球陆地表面近 33% 的面积，约 98% 的季节性积雪分布于北半球。冰川覆盖着近 10% 的地球陆地表面，是由长期的积雪聚集、压实而形成的可移动的较大范围的厚层冰体。多年冻土覆盖着北半球近 24% 的陆地面积，主要存在于环北极陆面、青藏高原及中低纬度的高山地区。浮冰主要包括海冰、湖冰和河冰。冬季北冰洋有 $14 \times 10^6 \sim 16 \times 10^6 \, km^2$ 的海面被海冰覆盖。冰冻圈是寒冷对水体影响的产物，故其变化与气候和水资源的变化有着密切的关系。冰冻圈变化不仅直接影响全球气候和海平面、湖水位和河流径流的变化，同时还会对生态与环境及人类活动产生影响。

2.4.1.2 中国近几十年冰冻圈变化事实

中国是世界中低纬度地区冰冻圈最为发育的国家，冰冻圈的变化不仅对长江流域的旱涝、西部干旱区的水资源短缺、青藏高原的植被变化等区域性的自然生态系统产生影响，也对海平面上升等全球性的环境变化有着重要的作用（何勇 等，2013）。中国冰冻圈分布广泛，主要包括冰川、冻土（含季节冻土）、积雪、海冰、湖冰和河冰。积雪和季节冻土分布范围最大，积雪面积约 $9 \times 10^6 \, km^2$，其中不稳定积雪（持续日数 $\leqslant$ 20 天）面积约 $4.8 \times 10^6 \, km^2$。稳定积雪（持续日数 $\geqslant$ 60 天）主要分布于青藏高原、新疆和内蒙古—东北三大区域，面积分别约 $2.3 \times 10^6 \, km^2$、$0.5 \times 10^6 \, km^2$ 和 $1.4 \times 10^6 \, km^2$。季节冻土面积达 $5.28 \times 10^6 \, km^2$，大致位于秦岭—淮河以北，以及青藏高原南界以北地区（周幼吾 等, 2000）。冰川和多年冻土面积分别为 $6 \times 10^4 \, km^2$ 和 $1.6 \times 10^6 \, km^2$，冰川主要分布于西部海拔 3000 m 以上的高大山系和高原，多年冻土分布于东北 – 内蒙古东部、西部高山和高原等地区。中国北方的一些大河和湖泊、渤海、莱州湾和东海北部在寒冷冬季有一定程度的结冰现象。

（1）冰川变化事实

中国冰川主要分布在青藏高原、帕米尔高原东部、天山地区，阿尔泰山也有少部分冰川。20 世纪 50 年代后期以来，大部分冰川面积减小，厚度变薄，区域分异明显；2000 年以来，呈加剧变化态势。

自全球变暖以来，中国的冰川面积有不同程度的萎缩变小。从图 2.1 可以看出，自 1956—2011 年，西部所监测的近 30 000 km² 冰川的面积年变化率表现出显著的空间差异，其中阿尔泰山的冰川面积年萎缩速率最大，达 0.94%（姚晓军 等，2012）；其次为祁连山东段的冷龙岭、喜马拉雅山中段和扎日南木错流域区，平均年萎缩速率 0.64% ～ 0.74%；博格达峰地

区、阿尼玛卿山地区、阿尔金山和色林错流域区的冰川面积年萎缩速率为
0.43% ～ 0.56%（刘时银 等，2006）；天山东段、祁连山的大雪山、团结峰、
北大河、纳木那尼峰、贡嘎山、开都河和念青唐古拉山西段等地区冰川面积
年萎缩速率为 0.20% ～ 0.38%；克里亚河、西昆仑山、长江源等地区变化速
率最小，每年不足 0.2%（王媛 等，2013）。

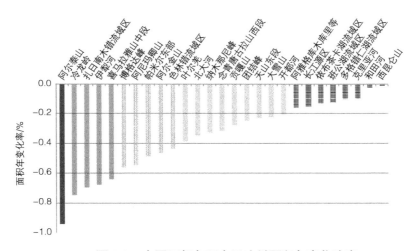

图 2.1　中国西部各研究区冰川面积年变化速率

同时，冰川厚度总体减薄，物质负平衡加剧。喜马拉雅山和天山山区减
薄最快，青藏高原东部居中，青藏高原内部、西部及帕米尔地区趋于平衡状
态。2000 年以后，冰川负平衡加剧，如乌鲁木齐河源 1 号冰川 1997—2008
年年均物质亏损量是 1959—2009 年的 2.65 倍，七一冰川、小冬克玛底冰川、
抗物热冰川 2000—2010 年年均物质负平衡分别是之前的 2.9 倍、3.0 倍和 1.4
倍（图 2.2）。

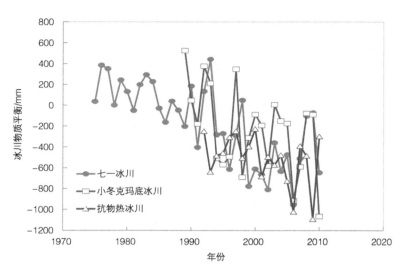

图 2.2　典型冰川观测的物质平衡变化过程

（2）冻土变化事实

中国的多年冻土主要分布在青藏高原（105×10^4 km²）、东北北部（24×10^4 km²）和西北高山区（30×10^4 km²）；季节冻土（536×10^4 km²）在北方和中西部分布广泛，约占国土面积的 55%；短时冻土（171×10^4 km²）主要位于亚热带季风气候区，面积不足国土面积的 20%（Ran 等，2012）。

中国现存多年冻土总体上处于退化中（Zhao 等，2013）。冻土地温高、厚度小、热稳定性差，对气候变化敏感性强（Wu 等，2007）。目前冻土正处在加速退化阶段，并呈现出强烈的时空差异（Jin 等，2011）。冻土退化表现为冻土升温、减薄、范围缩小或消失，以及冻土上限下降、下限抬升等（Yang 等，2010；Zhao 等，2010）。

21 世纪以来，冻土地温年升温率为 0.016 ～ 0.070 ℃，已转为区域性加速退化阶段。在高温冻土区内多处出现不衔接冻土；气候变暖已影响到低温（<-1℃）冻土层 60 m 深处。

近 30 年来冻土上限一般加深了 25 ～ 50 cm，个别高温少冰冻土类地段可达 70 ～ 80 cm（金会军 等，2006）。冻土大面积退化，在多年冻土边缘地

带增厚更大。高原冻土下界普遍升高 40～80 m，青藏公路岛状冻土南下界
北移 12 km、北下界南移 3 km；高原东部玛多县城附近岛状冻土界线西移
15 km，高原冻土总面积逐渐缩减。兴安岭高纬度冻土也呈现出升温、减薄趋
势，个别地段冻土消失。综合各类数据表明，我国冻土退化显著（表 2.2）。

表 2.2　中国多年冻土变化

类型	1960—2010年年平均升温趋势/℃			多年冻土面积/万km²		
	气温	地表温度	浅层（<20 m）地温	周幼吾等（2000）	寒旱所（2006）	Ran 等（2012）
高纬	0.038	0.049	0.02～0.06	39	29	24
高原	0.025	0.030	0.02～0.05	150	126	105
高山			0.03～0.05	26	20	30
总计				215	175	159

注：该表为不同时期不同研究者统计的结果；冻土面积计算方法不同，不能直接
用于面积变化的对比分析。

东北多年冻土区是我国乃至全球范围内，受气候变暖和人为活动影响最
显著的冻土区之一。过去 40 年来该区冻土显著退化，主要表现在：冻土总面
积减小、空间分布破碎化；活动层加深，融区扩大，局地冻土岛消失；冻土
温度升高、厚度减薄、热稳定性降低等（何瑞霞 等，2009）。由于全球气候
变暖，大兴安岭多年冻土正在由南向北逐步退化，尤其近 30～40 年来，冻
土退化速度明显加快，最大季节融化深度增大、冻土厚度减薄、地温升高、
融区扩大及多年冻土岛消失等（孙菊 等，2009）。

自 20 世纪 80 年代以来，黄河源区气温每年以 0.02 ℃增温率持续上升，
人类经济活动日益增强，导致冻土呈区域性退化。多年冻土下界普遍升高
50～80 m，最大季节冻深平均减少了 0.12 m，浅层地下水温度上升了 0.5～
0.7 ℃。冻土退化总体趋势是由大片状分布逐渐变为岛状、斑状分布，多年冻
土层变薄，冻土面积缩小，融区范围扩大；部分多年冻土岛完全消失变为季

节冻土（张森琦 等，2004）。

（3）积雪变化事实

积雪对大气和海洋的变化反应极为迅速和灵敏。作为一种重要的陆面强迫因子，积雪的增加必然对气候变化特别是区域气候产生重要影响。1957—2009 年中国及各区域年平均雪深和雪水当量均表现为不显著波动增加趋势；内蒙古东部、东北北部、新疆西北部和青藏高原东北部地区空间分布上雪深、雪水当量呈显著增加趋势（马丽娟 等，2012）。近 30 ～ 50 年新疆北部地区、东北和内蒙古东北部地区积雪有显著性增加趋势（希爽 等，2013），而青藏高原冰雪区自 20 世纪 90 年代以来呈全面、加速退缩趋势（巴桑 等，2012）。青藏高原积雪可对我国天气气候产生重要影响。

以海拔 3000 米廓线（除去青藏高原外，还包括了新疆天山山脉）作为高原主体，积雪分布主要以西部兴都库什山脉、天山山脉和南部喜马拉雅山脉为主，在高原中部唐古拉山脉、昆仑山脉和东部巴颜喀拉山脉的积雪相对较少，但是积雪的年际变化大（韦志刚 等，2013）。高原冬季积雪鼎盛时期积雪分布特点是高原腹地藏北高原和柴达木盆地、藏南谷地为少雪区，高原四周特别是天山、昆仑山、唐古拉山、喜马拉雅山为多雪区，高原东侧多雪区以念青唐古拉山和唐古拉山东段为中心（李培基，1993）。高原冬春积雪年际变化以高原中东部最强烈（韦志刚 等，2013；李培基，1993）。具体来讲，从唐古拉山东段以北到巴颜喀拉山和阿尼玛卿山地区是高原雪深波动最大的地区。青藏高原东部（90° ～ 100° E）也是欧亚大陆积雪年际变化最显著的地区，且以隆冬季节（12 月至次年 2 月）为集中表现。

在全球变暖的背景下，北半球陆地积雪在减少，而一个值得关注的现象是，青藏高原积雪却在增加。青藏高原冬季积雪有明显的年代际变化，即 1961—2006 年积雪呈现出"少雪—多雪—少雪"的变化趋势（宋燕 等，2011）。20 世纪 60 年代—70 年代中期高原冬季积雪较少，而 70 年代末—90 年代初为明显的多雪时期，20 世纪末期，高原积雪又呈现出减少趋势，这很可能意味着新的年代际变化的开始（图 2.3）。青藏高原冬季积雪在 70 年代中后期（1976 年附近）发生了一次突变，突变之后又进入了一个明显增多的时期，并一直持续到 20 世纪末（宋燕 等，2011）。冬半年青藏高原积雪以增加为主，仅在祁连山地区出现减小趋势（牛涛 等，2005）。

新疆乌兰乌苏地区初霜和终霜均推迟，无霜期缩短；初雪和初次积雪提前，终雪推迟，冬季雪日增长；积雪开始融化提前，完全融化推迟，融化时间增长；土壤表面开始解冻日期趋势提前，开始冻结日期推迟（徐腊梅 等，2007）。

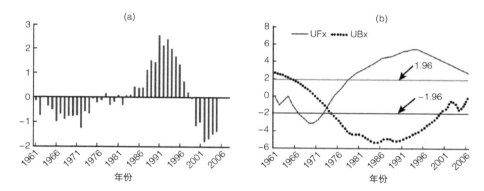

图 2.3　高原冬季雪深标准化序列（a）和 Mann-Kendall 突变检验（b）

知识窗3

暖湿气候正爬上 "世界屋脊"

西藏自治区气候中心和西藏自治区遥感应用研究中心日前联合发布了《2016 年西藏汛期气候变化与生态环境监测公报》。多项监测数据显示，受全球气候变暖影响，暖湿气候正爬上 "世界屋脊"。

公报显示，1981—2016 年，西藏汛期平均气温呈显著上升趋势，平均每 10 年升高 0.3 ℃；降水总量也呈增加趋势，平均每 10 年增加 10.1 mm。

公报还指出，通过对西藏全区 38 个气象监测站采集数据的统计分析，

2016 年，西藏汛期（5—9 月）平均气温为 11.9 ℃，较常年值偏高 0.44 ℃；平均降水量为 445.1 mm，较常年值偏多 62.4 mm。西藏自治区气候中心负责人表示，在全球气候变暖的大背景下，被称为"亚洲水塔"和"第三极"的青藏高原牵动着世界的神经。而多项研究表明，青藏高原正成为对全球气候变暖最为敏感的地区之一，暖湿气候正逐年爬上"世界屋脊"。

多种迹象表明，暖湿气候爬上雪域高原，而这背后的"推手"就是全球气候变暖。过去拉萨往往半夜下雨白天晴，现在则是连日细雨绵绵；过去湖泊萎缩，近年来却急剧扩张以至淹没草场；过去寒彻骨髓的凛冽已不多见，暖冬现象越来越明显。

专家指出，高纬度和高海拔地区更易受全球气候变暖因素影响。短期看，西藏气温上升、降水量增加，会使植被增多、空气更湿润，能提高人体的舒适度，高原景观的视觉效果也会更好，对农牧业生产也较有利。但同时也会导致冰川退化、冻土消融等一系列恶果。

（选摘自：2016 年 12 月 11 日新华网）

知识窗4

气候变暖致青海"神山"阿尼玛卿10年冰崩3次

阿尼玛卿雪山位于青海省果洛藏族自治州玛沁县西北部，距青海省省会西宁 521 km，主峰玛卿岗日海拔 6282 m，是中国目前对外开放的十大雪山之一。

青海省地质环境监测总站副总工程师周保接受采访时表示，"受全球性气候变暖影响，阿尼玛卿雪山雪线上升、冰川退缩，10 年来发生了 3 次大规模冰崩灾害。"周保介绍说，10 月 6 日凌晨，青海省果洛州玛沁县下大武乡东南侧的阿尼玛卿雪山玛卿岗日现代冰川西缘发生冰崩灾害，是继 2004 年、2007 年后发生的又一次冰崩灾害事件。此次冰崩自海拔高程 5900 m 的冰川顶部顺势而下，裹挟着底部炭质页岩及泥质板岩，运动过程中转化为碎屑流，堆积于海拔高程 4300 m 的玛卿岗日冰川西侧晓玛沟沟口及青龙沟上游河谷区，并堵塞青龙沟形成堰塞湖。

据青海省地质环境监测总站监测，2004 年、2007 年冰崩发生后，冰川前缘和侧部形成了巨大的临空面，受冰崩牵引作用影响和冰川自重作用下产生下错裂缝，冰川完整性明显降低，为此次冰崩碎屑流提供了便利条件。未来随着气候进一步变暖，雪线继续上升，玛卿岗日冰川及其周边地带仍有再次发生冰崩的可能，对居住于下游的牧民构成直接威胁。

（选摘自：2016 年 10 月 15 日中国新闻网）

（4）海冰变化事实

我国渤海和黄海北部位于 40°N 左右，每年冬季都有不同程度的结冰现象。冰期为 3 ~ 4 个月，其中以辽东湾冰期最长，黄海北部和渤海湾次之，莱州湾冰期最短。渤海及黄海北部各个海域冬季最大海冰范围的逐年变化表明（唐茂宁 等，2012），20 世纪 50—90 年代渤海及黄海北部冰情总体呈缓解趋势，其中 50—60 年代冰情最严重，90 年代冰情最轻，海冰偏轻年数逐年代增加，同时海冰平均等级也逐渐降低，是对全球气候变暖的响应。但是，由于近 10 多年来全球变暖停滞（Kosaka 等，2013），2000 年以来渤海和黄海冰情较 20 世纪 90 年代增强，年际变化大，其中莱州湾冰情增强趋势最显著（唐茂宁 等，2012），特别是 2010 年冬季渤海冰情较为严重。相对于辽东湾纬度位置更为偏南的莱州湾，海冰警报级别最高，浮冰最大外缘线接近同期 20 年来极值，最大离岸距离最远，冰情重于辽东湾，造成了重大的海冰灾害（李彦青 等，2013）。

（5）河湖冰变化事实

随着气候变暖，我国地处高纬的东北地区、黄河内蒙古段、新疆西北部等地河流表现出冰封期缩短、封冻期推迟、解冻期提前的特点，总体上凌情变化趋势趋向于缓和。极端高温事件的增加使黄河宁夏河段 2001—2010 年的凌情呈现出新特点：封河开河变得更加不稳定，出现多次封、开河的现象（刘吉峰 等，2012）。河冰的变化影响了凌汛等水文极端事件的发生频率。历史资料显示东北地区、黄河下游的冰坝凌汛及新疆地区的冰凌洪水的发生频率均有所减少（万金泰 等，2007）。但由于气温的冷暖异常波动及冰凌的复杂性，北方河流凌汛的危险依然存在，凌汛的演变规律及对气候变化响应的研究需要引起足够重视。

纳木错和白马纳木错湖冰动态变化在近些年也受到了关注。2006—2011年，纳木错湖的完全冻结日期集中在 1 月，完全解冻日期在 5 月中旬，封冻期减少了 16 天；面积较小的白马纳木错湖冰情的年际波动较大，与气温风速的变化有密切关系（曲斌 等，2012）。湖冰的时空分布变化对生态环境的影响有重要作用。随着气候变暖，湖冰的持续天数减少，湖泊吸收的太阳辐射增加，导致湖泊的温度增加，进一步引起水生生态系统的改变（Prowse 等，2010）。

2.4.2 气候变化对陆地生态系统的影响

2.4.2.1 陆地生态系统概况

陆地生态系统是地球陆地表面由陆生生物与其所处环境相互作用构成的统一体。这一系统占地球表面总面积的 1/3，以大气和土壤为介质，生境复杂，类型众多。按生境特点和植物群落生长类型可分为森林生态系统、草原生态系统、荒漠生态系统、湿地生态系统及受人工干预的农田生态系统。该系统的第一性生产者主要是各种草本或木本植物，消费者为各种类型的草食或肉食动物。在陆地的自然生态系统中，森林生态系统的结构最复杂，生物种类最多，生产力最高，而荒漠生态系统的生产力最低。

在中国，近几十年因土地利用变化所引起的大尺度陆地生态系统变化的范围和强度都显著增加，大规模造林、退耕还林还草和城市化等最具代表性，然而我们对这些陆地生态系统变化的区域气候效应的认识还具有很大的不确定性。

2.4.2.2　中国陆地自然生态系统对气候变化的响应

（1）森林

林业主体森林生态系统的产品及其生态服务受气候变化的影响显著
（IUFRO，2009）。气候变化对森林生态系统的影响取决于具体生态因子及其
相互作用，气候变化影响生态系统过程，进而影响生态系统生产力与生态系
统服务功能（谢晨 等，2010）。气候变化对我国森林分布的影响主要体现在
黑龙江省于 1961—2003 年因气候变化造成分布在大兴安岭的兴安落叶松、
小兴安岭及东部山地的云杉、冷杉和红杉等树种的可能分布范围和最适分
布范围均发生北移（刘丹 等，2007）。自 20 世纪 60 年代—20 世纪末，亚热
带湿森林及寒温带湿森林对气候变化最为敏感，平均中心分别移动超过了
1200 km 和 977 km（Yue 等，2005）。

①气候变化对林线的影响。高山林线对气候变化敏感，容易捕捉到全球
气候变化的早期信号。全球 130 个地区高山 / 北方林线对气候变暖的响应表
现为升高（占 52%）、不变（占 47%）或降低（占 1%）等截然不同的趋势。
青藏高原东南部具有北半球最高海拔的湿润高山林线，藏东南急尖长苞冷杉
和川西云杉树线位置过去 200 年来并没有出现显著的变化，但是种群密度呈
持续增加的趋势；相对于林内较稳定的温度环境，气候变暖普遍导致林线以
上无林地带的生长季早期极端低温事件和表层土壤温度日振幅显著增加，限
制了林外幼苗的生长和存活，进而限制了阴坡冷杉林线的上移及其在阳坡的
分布（Liu 等，2011）。在气候变暖背景下，冬季积雪减少引起地表极端低
温和土壤干旱，幼苗密度反而明显减少，导致林线位置出现不变甚至下降趋
势。因此，极端气候事件在控制树线位置变化方面发挥着更重要的作用。相
对于成年树木，幼苗对环境因子的变化更为敏感，尤其是基于种子繁殖的幼
苗具有更大的脆弱性。

②气候变化对森林物候的影响。受气温升高的影响，我国大、小兴安岭
地区落叶阔叶林生长季开始提前、结束时间推后而导致生长期延长（Chen 等，
2005）。气候变化对森林生态系统结构的影响：1978—2013 年的气候变化（增

温和干旱）导致我国亚热带季风常绿阔叶林不同径级、不同功能群之间直径生长率、种群更替率和死亡的失衡，并由此改变种群结构，驱动当前的顶级群落向更多小型个体和更多矮树及灌木种类占优势的群落转变。这种转变将影响季风常绿阔叶林所提供的碳汇和生物多样性保护等生态系统服务（Zhou等，2013）。

1963—2006 年长白山北坡森林在 43 年中优势树种组成未变，但幼树、灌木和草本植物组成变化较大。针阔混交林更新树种组成均匀，未来树种组成均一化程度增加；高海拔的桦树林下层植被低海拔的针叶林区系成分入侵，这些趋势都会对森林植物多样性造成潜在威胁（Bai 等，2011）。

③气候变化对森林生态系统功能的影响。我国东北各类型森林 NPP 在 1981—2002 年呈现出年际间的增加趋势，并且在吸收 CO_2 方面发挥着积极作用，但在此期间其碳吸收能力却逐渐下降（zhao 等，2012b）。1981—2010 年气候变化导致长白山阔叶红松林和云冷杉林碳汇量减少，而岳桦林碳汇量增加（Dai 等，2013）。

我国森林植被总体上表现为碳汇，而且表现出逐年增加的趋势，1984–2003 年年均增加 51 TgC。碳汇主要分布于亚热带和温带地区，海南省、横断山脉、长白山地区和大兴安岭南部及西北部的碳汇量最高；碳源主要分布于中国东北到西南地区，最高值主要集中在云南省南部、中川盆地中部和大兴安岭北部。回归模型显示我国东北、北方、西北和南方地区碳汇变化的 80% 以上是由 NPP 的增加引起的（Ren 等，2011；Liu 等，2012）。

知识窗5

持续干旱对西双版纳热带雨林土壤呼吸的影响

土壤呼吸是森林生态系统碳循环的重要组成部分之一，气候变化会对其产生潜在影响。若干旱导致土壤碳排放减少，则会在一定程度上减缓全球变暖；相反，若干旱导致土壤呼吸增加，则会加剧全球变暖。因此，明确持续干旱对森林生态系统土壤碳排放产生何种影响，对于降低预测未来全球变化背景下碳循环响应的不确定性具有重要意义。

为探究长期干旱对西双版纳热带雨林土壤呼吸及碳循环的影响，中科院西双版纳热带植物园的研究人员，基于设置在版纳植物园沟谷林内的热带雨林生态系统水分控制实验，对热带雨林在降雨持续减少情景下土壤呼吸速率的响应及其与土壤温湿关系的变化进行了研究。

研究表明，持续干旱条件下，土壤呼吸速率在雨季期间有显著升高，而在干季期间与对照差异不显著。相关分析指出，降水减少会改变土壤呼吸与土壤湿度的关系，且存在季节差异。与热带雨林多年平均净生态系统碳交换量相比，干旱引起的土壤呼吸年排放总量的增量十分可观，可以认为西双版纳地区发生干旱时土壤呼吸的变化可对森林生态系统碳收支产生重要影响。在全球尺度上预测土壤呼吸对干旱的响应时，土壤湿度状况及季节的影响不容忽视。

（选摘自：2015 年 6 月 11 日中科院网站）

（2）湿地

①气候变化对湿地生物多样性的影响。在气候变化影响下湖湿地生物多样性产生较大变化。气候暖干化影响到物种的分布和繁殖。2001 年以来，由于气候干旱和上游来水补给减少，导致长江中下游地区湿地面积萎缩和减少，引起湿地植被退化。在气温升高、水位降低的趋势下，湿地植被由沉水植被逐渐向浮水和挺水植被演替，水生植被向沼泽化和草甸化方向演替（刘俊威 等，2012）。对海北高寒湿地区域监测表明，在 1957—2002 年，海北高寒湿地气候呈干暖化趋势，高寒湿地植被在气候干暖化趋势加剧的影响下，植被群落组成发生变异，物种多样性、生态优势度均比湿地原生植被的物种有增多的趋势。原生适应寒冷、潮湿生境的藏嵩草为主的草甸植被类型逐渐退化，有些物种甚至消失，而被那些寒冷湿中生为主的典型草甸类所替代，组成植物群落的湿中生种类减少，中生种类（如线叶嵩）大量增加，群落盖

度相对降低，群落生产量大幅度下降（李英年 等，2004）。

气候变化将导致湿地植物物候及生理特性发生改变。受气候变化影响，辽宁盘锦地区芦苇的萌动总体趋势提前，芦苇展叶期提前。展叶期主要受到 4 月平均气温和降水量的影响，开花期也受到气温的影响（李荣平 等，2006），翅碱蓬自 2000 年开始显著退化（董艳 等，2008）。实验表明，连续升温情况下，长期生长在温度升高环境下芦苇光合过程受到抑制，不利于芦苇的生长，使其更易倒伏。短期的温度升高能够促进芦苇地上生物量的累积，但是随着升温时间的延长，升温则不利于芦苇植株地上部分生物量的积累（祁秋艳，2012）。

气候变化通过影响湿地植物生长进而导致湿地生境改变。若尔盖湿地在 1957—2004 年，气温上升，降雨量减少，湿地优势植物生长期内干旱累积天数上升，导致湿地植被盖度减少，地表生物总量下降（汪靖华，2012）。

气候变化对动物的影响主要是通过温度和降水的变化产生的，主要包括物种的物候、物种迁移、生物入侵等方面。据统计平均 1 ℃的增温将导致大多数物种的分布区域扩大 300 m 范围左右，且许多昆虫的幼虫仅仅能在比较窄的温度变化范围内发育，升温 1 ℃间显著影响其生命过程（Gopal，2013）。气候变暖导致水温升高，将增加喜温生物的数量而减少低温生物的数量，以致群落优势种发生演替，并改变整个食物链和食物网的结构，从而引起水生生态系统的变化（刘俊威 等，2012）。

湿地是大多数鸟类栖息及迁移停歇地。气候变化导致湿地中物种结构及面积的变化，影响了候鸟栖息、觅食、繁殖及迁移（肖胜生 等，2011）。2006 年鄱阳湖水面面积严重萎缩，在湖区越冬栖息的候鸟只有 40 多万只，比 2005 年同期减少了 43.6%（王禹石 等，2010）。目前大多数物种的分布状况与 20 世纪 70 年代有很大差异，分布范围变小，具有向北迁移的迹象（Cao 等，2010）。

②气候变化对湿地碳库功能的影响。湿地作为重要的碳库，生态系统的生产力及碳储量与气候变化之间的关系及反馈作用一直受到关注。在气候变化背景下，高寒湿地地表植被生物量、盖度和高度均随着土壤水分增加而显

著增加，但是物种丰富度在减少。土壤有机碳（SOC）、全氮（TN）、有效氮、全磷（TP）和有效磷均随着土壤水分增加而显著增加，但是土壤pH、全钾（TK）和可利用钾显著减少。同时，物种丰富度与地表生物量、盖度和高度呈显著的正相关关系，地表生物量、植被盖度和高度均同土壤SOC、TN、TP、有效氮、有效磷呈显著正相关，而同TK呈显著负相关。土壤水分可能对高寒湿地植被群落地表和地下生物量具有潜在的副作用（Wu等，2011）。

七星河湿地生态系统NPP与气温及降水显著相关，当湿地生长季平均气温每升高1 ℃、湿地年降水量每增加1 mm，$NPP_{总}$和$NPP_{地上}$分别增加了1.522 00 DMt/（$hm^2 \cdot a$）和0.400 06 DMt/（$hm^2 \cdot a$）。在水资源较为充足的七星河湿地，气温适度升高、降水量略呈减少，气候相对较干燥的气候条件有利于形成季节性积水的沼泽化湿地，提高植被光合作用率，促进七星河湿地自然植被NPP的增加。1961—2008年七星河湿地自然植被约为2.2072×10^6 t，年平均固碳量为0.8829×10^6 t（王芳等，2011）。

③气候变化对湿地面积的影响。湿地面积一般与气温和降水量分别呈负相关和正相关关系，然而在不同的地区，受湿地水源补给方式的不同，气候变化对不同地区湿地面积的消长影响迥异。干旱半干旱地区的湿地对全球变暖极为敏感。例如，在扎龙湿地，1979—2006年沼泽湿地面积收缩，是对气候向暖干方向发展的响应（沃晓棠，2010）。我国松嫩平原嫩江下游地区的莫莫格湿地，由于1999—2001年连续3年的干旱，加上上游水库的修建和不合理抽取地下水，湿地地表已经完全干涸，地下水位从3～5 m下降到目前的12 m左右，大片的芦苇、苔草湿地退化为碱蓬地甚至盐碱光板地（李刚，2009）。类似的情况也出现在柴达木盆地，中西部湿地萎缩，而边缘地区湿地面积略微增加（张继承等，2007）。

受气候变化并耦合人类活动影响，鄱阳湖地区1961—2005年鄱阳湖水域面积总体呈下降趋势，气候因素对流域降水的变化起主要作用，进入2000年以来，鄱阳湖水域面积相比90年代减少了11%左右，水面萎缩主要是由变化引起的，并导致湖床沙化。除了距水体10 m以内的湖滩还保持湿地特征之外，稍远的湖滩迅速沙化变硬，基本上失去了湿地的生态功能（肖胜生 等，2011）。

1990—2000 年，在新疆、西藏和青海地区，新增加了 13 000 km² 湿地。中国西部地区湿地面积的增加主要是由于气候变化的贡献（Gong 等，2010）；1990—2004 年长江源头沼泽湿地呈现持续增加的态势，增加了451.95 km²，湖泊型湿地增加了 69.87 km²，然而河流型湿地面积减少了189.16 km²，与湿地总面积消长关联度最大的自然因子为年蒸发量。自 1990年以来，长江源地区呈现出气温升高，降水量增加和蒸发量减少的暖湿化趋势，对于湿地总面积的增加具有明显的驱动作用（李凤霞 等，2011）。

气候变化对湿地面积呈现出"正效应"与"负效应"两种截然不同的效果，其最终影响取决于湿地所处地理位置、水源补给及湿地类型等状况。一般而言，沼泽湿地与湖泊湿地对降水量与蒸发量两项因子变化敏感，而河流湿地则对气温变化过程敏感。对于绝大多数地处干旱半干旱地区的沼泽湿地，过去 50 年的气候变化显著减少了湿地面积，而对于地处寒带、高原寒温带及部分温带地区的湿地而言，由于气温升高导致的冻土层、冰川及积雪的融化，气候变化将不同程度促进湿地面积增加，其中主要贡献为湖泊湿地的扩张，而同时伴随沼泽湿地的退化，这一点在青藏高原地区表现得尤为突出。

知识窗6

气候变化对沼泽湿地碳累积影响

有泥炭累积的沼泽湿地是陆地生态系统中的重要碳库，在碳循环过程中有着举足轻重的作用。随着全球气候变化的加剧，沼泽湿地碳累积动态变化及其对气候变化的响应研究倍受关注。

目前，气候变化对沼泽湿地碳累积动态变化的影响还存在较大争议。中科院东北地理与农业生态所与英国埃克塞特大学和中科院南京地理与湖泊所合作，以东北地区沼泽湿地为研究对象，探讨了东北地区过去 2000 年以来气候变化对沼泽湿地碳累积的影响。

研究发现，东北地区沼泽湿地过去 2000 年来碳累积速率与生长季的有效光合辐射（PAR）呈显著的线性相关关系，而 PAR 直接影响沼泽湿地植被净初级生产力。这也验证了净初级生产力是影响沼泽湿地碳累积最重要的驱动力的假设。研究结果为深入理解全新世以来北半球沼泽湿地碳累积变化提供了重要的证明。相关成果发表在《第四纪科学评论》杂志。

（选摘自：2015 年 9 月 8 日中科院东北地理与农业生态所）

（3）草原

①气候变化对草原植物光合生理特征的影响。中国北方草原典型植物羊草和大针茅的生物量、光合性能和气孔导度对水分状况的响应呈现出一个共同的特征：随着水分条件的改善而快速增加，水分条件改善到一定水平时，其增加的幅度降低甚至停止，显示了北方草原在叶片、个体和生态系统乃至区域尺度对水分变化响应的相似性（张新时 等，1997）。植物的生长和生理活性存在一个最适温度或最适区间，温度过低过高都限制了植物的代谢活性。研究表明，32 ℃高温对羊草的光合性能和氮素合成代谢活性存在抑制作用。

②气候变化对草原植被生产力的影响。气候变化导致草原植被生产力显著降低，生物多样性丧失，植被类型发生不可逆的改变、生态系统稳定性降低，严重限制了我国北方草原的生态服务功能，进而威胁到其生态安全。

2.4.2.3 气候变化对中国陆地自然生态系统预计的影响

（1）森林

①未来气候变化对森林分布的影响。气候变化可通过影响森林更新、生长、死亡率、生理过程（如光合、呼吸）及生态过程（如分解和土壤有机质）而影响森林的结构和分布。气候变化将导致北方落叶林大幅度减少（Zhao 等，2012a）。当温度增加 1 ℃时，大兴安岭北部的落叶松林面积将缩小，落叶针叶林南部边缘北移一个纬度到达 50.5°N。温度升高 2 ℃，大兴安岭落叶松林继续北移，落叶松林面积减小，南部边缘到达 51°N；阔叶林、常绿针叶混

交林或温带落叶阔叶林面积扩大，将代替针叶林。当温度升高 3℃时，落叶针叶林消失，全部被阔叶林所代替。假定温度升高 1℃、2℃、3℃，降水减少 10%，与降水增加 10% 的结果是一致的，森林南部边缘都有不同程度的北移（钟秀丽 等，2000）。气候变化后中国主要造林树种兴安落叶松、油松、红松、马尾松和珍稀濒危树种珙桐、秃杉等的适生面积将缩小 9% 以上（卫林 等，1995）。

②未来气候变化对森林生态系统结构的影响。气候变化将导致森林中树种组成结构发生变化。阔叶红松林中红松的优势度将下降而水曲柳优势度升高（Dai 等，2013）。贡嘎山冰川消退形成的湿地上发展的顶级群落——原始冷杉纯林将转变成麦吊云杉、长苞铁杉和高山松混交林（Huo 等，2010）。黑龙江省红松林与兴安落叶松林交错区内森林树种组成将发生明显变化，蒙古栎在林分组成中的比例下降，红松比例大幅增加，而兴安落叶松在森林演替中逐渐消失，以蒙古栎为主的阔叶混交林将演替为以红松为主的阔叶红松林（宋新强，2002）。

③未来气候变化对森林生态系统功能的影响。气候变化将引起栓皮栎、雪岭云杉、中国东北北方林和温带森林 NPP 的增加（范敏锐 等，2010）。气候变化和 CO_2 施肥作用导致东北北方林和温带森林 NPP 到 21 世纪 30 年代（短期，30 ～ 40 年）增加 10% ～ 20%，到 21 世纪 90 年代（长期，90 ～ 100 年）增加 28% ～ 37%（Peng 等，2009）。温度升高、降水增加条件下，峨眉冷杉林土壤 CO_2、N_2O 和 NO 等温室气体排放量显著增加。

在自然生长状况下，到 2050 年，中国现有森林生物量碳库将由 1999—2003 年的 5.86 PgC 增加到 2050 年的 10.23 PgC，碳汇量为 4.37 PgC。新造森林将增加碳汇 2.86 PgC。2000—2050 年中国现有森林与新造林的生物量碳汇合计为 7.23 PgC，平均年碳汇量为 0.14 PgC。中国森林的平均碳密度在未来 50 年中将持续增长，2020 年将超过 50 MgC/hm²，2050 年将达到 57.7 MgC/hm²，这表明中国森林在未来 50 年具有较大的碳汇潜力（徐冰 等，2010）。

④未来气候变化对森林各种灾害的影响。我国北方林所有火灾发生密度的变化都和温度、降水变化的程度呈正相关。未来无论在哪种气候变化及 CO_2 排放情景下，我国北方林火灾发生的次数和火烧面积均将增加，而且在21世纪80年代达到高峰，防火期明显延长。

知识窗7

未来气候变化对我国南方森林的影响

全球气候变暖对陆地生态系统尤其是森林生态系统有着重要的影响，气温升高、辐射强迫的增强将显著改变森林生态系统的结构和功能。南方红壤丘陵区作为我国森林尤其是人工林的重要组成部分，对气候变化的响应日益强烈。

中科院地理科学与资源所的研究人员采用最新的3种典型浓度排放路径气候情景预估数据（RCP 2.6、RCP 4.5及RCP 8.5）和1个控制情景数据，应用生态系统过程模型PnET-Ⅱ和森林景观动态模型LANDIS-Ⅱ模拟了2010—2100年江西省泰和县森林分布及森林地上生物量变化，探究树种、森林类型和森林景观对未来气候变化的响应差异。

研究发现未来气候变化将显著影响泰和县森林空间分布格局，其中常绿阔叶林面积将逐渐增大，在未来演替过程中将侵占人工杉木林。同时，在未来气候情景下森林地上生物量呈现先增加后降低的变化趋势，到2100年森林总地上生物量在RCP 4.5情景下达到最高值，表明该情景下的气候条件可能更有益于该区域树种的生长与建立。尽管森林地上生物量的空间格局在各个气候情景下较为一致，但不同树种、不同森林类型之间在总量上仍存在较大差异。

研究结果表明，气候变化对研究区森林的影响体现在不同的空间尺度上（树种—森林类型—森林景观），主要表现为影响树种地表净初级生产力、树种建立可能性、森林空间分布及森林地上生物量。不同树种和森林类型对未来气候变化的响应差异主要来自于不同树种对生态因子耐受范围的差异，过度的增温将不利于针叶树种及一些落叶阔叶树种的生长与建立。在未来气候变暖的情景下，常绿阔叶林比人工针叶林显示出更强的适应能力。

（选摘自：2016 年 12 月 6 日中科院地理所网站）

（2）湿地

未来气候变化将使大兴安岭地区湿地面积趋于减少，到 2050 年约有 30% 的湿地将消失，2100 年约 60% 的湿地将消失。CGCM3-B1、CGCM3-A1B、CGCM3-A2 3 种气候情景下湿地面积将减少 62.47%、76.90% 和 85.83%。未来湿地将由南向北、由边缘向中心地消失，主要发生在较为平缓的南坡、一些北坡及山间平原。在 CGCM3-A1B 情景下，湿地消失的最为剧烈；在 CGCM3-A2 情境下，只有在北部的高山地区将存留小面积的湿地（Liu 等，2011）。

未来气候变化情景下湿地分布状况的改变将对生物尤其是鸟类栖息及迁移产生重要影响。目前台湾西部，中国东方海岸到中部内陆的零散地区、南中国海海岸、越南东北部海岸和日本海岸是黑面琵鹭主要的冬季越冬地。然而，这些越冬地到 2080 年可能大幅度减少。鸟类冬季越冬地的中心将沿着纬度方向向北迁移，在 2020 年、2050 年和 2080 年分别比现在北向迁移 240 km、450 km 和 600 km（Hu 等，2010）。

IPCC 未来排放方案 SRES B2（较低排放）情景下，未来七星河湿地自然植被 NPP 总和和固碳量呈下降趋势，2020 年、2050 年和 2100 年下降幅度分别为 5.39%、9.91% 和 13.59%（王芳 等，2011）。

（3）草原

未来气候变化将改变中国草原生态系统的分布格局和面积，导致青藏高原、天山、祁连山等高山牧场各草原界线相应上移 380～600 m，青藏高原高山草原面积明显减少，高山草甸/灌丛的面积略有增加；温带草原增幅较大，面积由 8.3 万 km² 增至 25.4 万 km²，而温带灌丛/草甸的面积也由 13.9

万 km^2 增至 31.6 万 km^2；青藏高原荒漠面积将大幅度减少、植被带向西北方向推移；全国北方型山地草原面积减少，温带地区的少量荒漠可能会转化为温带草原植被，高寒草原和草甸分别向北方和温带草原演变，而冻原植被也会演变成温带性山地草原（赵义海 等，2005）。

　　一般而言，草原生态系统生产力与温度呈反比，而与降水呈正比。未来温度增高 2 ℃，将导致中国中纬度半干旱草原年 NPP 减少约 24%，中纬度半干旱草原地上生物量减少 30%，地下生物量减少 15% 左右；而降水量增加 50%，年 NPP 增加 37%，地上生物量将改变近 30%，地下生物量增加 15% 左右（季劲钧 等，2005）。同时考虑气温和降水的变化，未来气候变化对草原生态系统的不利影响更为显著。年平均气温增加 2 ℃，年均降水量增加 20% 和年均气温增加 4 ℃，年均降水量增加 20% 情景下，不考虑草原类型的空间迁移，中国各类草原均减产，其中以荒漠草原的减产最为剧烈，达到 17.1%；若计入各类型空间分布的变化，各草原类型生产力减产约三成（牛建明，2001）。未来暖干化情景下，青藏长江源区的高寒草甸植被群落以逆行演替方式为主，群落生物量减少，高寒草原—高寒草甸过渡区表现为高山嵩草高寒草甸群落向紫花针茅草原群落的退化；受干旱气候系统控制下的高寒草原群落南向扩张，扩张速率每 10 年约 14.2 km，若降水和升温趋势继续，高寒草甸植被退化速率将加快，区内生物总量也呈下降趋势（王谋 等，2005）。

　　未来不同水热组合状况对草原生态系统生产力的影响差异较大。未来暖湿型气候对农牧交错区（盐池县）草原的干物质生产最有利，而冷干型气候对草原的干物质生产最不利；若气温升高 1 ～ 2 ℃，降水量增加 10% ～ 20%，则盐池草原的气候生产力将增加 10% ～ 20%（苏占胜 等，2007）。在三江源区兴海县，未来"暖湿型"气候对草原干物质生产有利，平均增产幅度为 2% ～ 4%，而"冷干型"气候对草原干物质生产最为不利，平均减产幅度为 3% ～ 7%（郭连云 等，2008）。在未来 CO_2 浓度倍增情景下，如果温度升高 2.7 ～ 3.9 ℃，降水增加 10%，中国东北羊草草甸草原的 NPP 和土壤有机碳均增加；如果温度升高幅度增大到 7.5 ～ 7.8 ℃，降水增加 10%，NPP 和土壤有机碳则均减少（Wang 等，2007）。

2.4.2.4 气候变化对生态系统的持续影响

气候变暖背景下的气候变化及极端气候事件已经并将持续影响生态系统。气候变化将对中国生态系统产生严重影响，但存在区域差异。在比较寒冷的地区，初期的升温对自然生态系统的温度和热量状况有益，但随着气候的继续升温，其他的气候因子也将出现变化，使得自然生态系统的生境可能发生退化。同时，气候变化将对中国生态系统的影响随着时间的推移有趋于严重的趋势；受气候变化影响严重的地区是生态系统本底比较脆弱的地区，但部分生态系统本底较好的地区也将受到严重的影响；而气候变化背景下的极端气候发生将对生态系统产生巨大的影响，严重影响到落叶阔叶林、有林草地和常绿针叶林（吴绍洪 等，2007）。

知识窗8

气候变化对中国自然生态系统迁移的影响

中国是生态环境脆弱的发展中国家。近些年来，气候变化已对中国自然生态系统产生了不同程度的影响，未来气候变化可能带来的环境风险不容忽视。中科院地理科学与资源所的研究人员通过构建多气候模式—多影响模型的环境风险评估框架，基于 IPCC AR5 的气候模拟数据，评估了气候变化下中国自然生态系统迁移的风险。

研究人员基于 5 个气候模式和 4 个全球网格化植被模型，选择综合考虑碳通量、碳储量和水通量变化的自然生态系统迁移指数为指标，评估了 4 个不同碳排放情景下中国自然生态系统的气候变化风险，并识别了对高风险的主要贡献要素。研究发现，除了低排放情景 RCP 2.6 外，中国大部分地区属于中高风险区；高风险区主要分布在青藏高原和自东北向西南的农牧交错带；碳储量的变化是高风险的主要贡献因素，其次是碳通量的变化。该研究结果可为生态环境建设领域应对气候变化的政策制定提供参考。

相关研究以"气候变化下中国自然生态系统的风险和变化因素"（Risk and contributing factors of ecosystem shifts over naturally vegetated land under climate change in China）为题发表在《科学报告》（Scientific Reports）期刊上。

（选摘自：2016 年 2 月 16 日中科院地理科学与资源所）

2.4.3 气候变化对物候的可能影响

2.4.3.1 物候变化的观测事实

（1）植物物候

已有研究表明，未来气候增暖条件下，我国物候的变化趋势大致表现为：春季物候期提前、秋季物候期推迟，木本植物休眠时间缩短。至于物候期具体的提前、推迟变化天数需要根据不同研究区的特定条件来推算。对区域气候的变化，植物适应程度不尽相同，从植物生理角度来看，如果有些植物不能及时适应当地气候的变化，将会使植物群落的整体结构发生改变，进而给周围生态环境带来较为严重的一系列连锁反应（祁如英，2006）。

近 40 年中国东部 17 个气象观测站点木本植物秋季叶全变色期变化总体表现为推迟的趋势，平均每 10 年推迟约 3.7 天。气候增暖可能是导致植物叶变色期推迟的主要原因之一（仲舒颖 等，2010）。20 世纪 80 年代以后，东北地区针叶林、针阔叶混交林、阔叶林、草甸和沼泽植被生长季开始日期提前，受春季温度升高影响显著；植被生长季结束日期受温度变化影响较小，仅草原植被生长季结束日期提前，受秋季温度降低影响显著；针阔叶混交林、草原和农田植被生长季结束日提前（国志兴 等，2010）。东北地区木本植物展叶初期主要呈提前趋势，提前幅度为 $0.23d·a^{-1}$；枯黄初期主要表现为推后趋势，平均推后 $0.19d·a^{-1}$；生长季延长，平均延长幅度为 $0.30d·a^{-1}$。东北地区广泛分布的 5 种木本植物（旱柳、杏树、小叶杨、榆树和紫丁香）物候在地理空间上存在着显著差异：纬度平均每增加 1°，展叶初期推后 3 天，枯黄初期提前 1.35 天，生长季长度缩短 4.41 天（李荣平 等，2010）。东北地区榆树展叶初期显著提前趋势占 54%，枯黄初期显著推后趋势占 38%；展叶期与 3 月、4 月平均气温呈显著的负相关关系，与平均展叶期的积温呈显著的负相关关系。以日平均气温最高日为界，枯黄期积温值可分为呈线性关系的两段，从日平均气温最高日开始，连续 10 天积温值低于固定值时，植物开始枯黄（李荣平 等，2008）。

1962—2007 年北京地区秋季物候开始日期基本保持不变，但结束日期有所推迟，推迟的幅度每年为 3.2 天，导致秋季延长了约 14 天；木本植物秋季叶始变色期均表现为推迟趋势，平均推迟幅度每年为 4.9 天；平均最低气温是影响北京地区木本植物叶始变色期早晚的主要气候因子（仲舒颖 等，2008）。1980—2002 年新疆石河子地区木本植物年休眠时间缩短、生育期延长，这与该地区气候逐渐增暖，而且冬季增暖较明显，降水量增多趋势一致（徐腊梅 等，2007）。1982—2007 年呼和浩特、武川年及春秋季平均气温增温趋势明显，两地植物物候期春季提前、秋季延迟显著、生育期延长（吕景华 等，2012）。1956—2003 年郑州物候期变化趋势表现在展叶、开花、果熟期呈提前趋势。落叶期略有推迟，绿叶期延长，20 世纪 90 年代中后期春季物候期（除垂柳外）提前 10 天左右。温度每升高 1 ℃，春季物候平均提前 6 天左右，绿叶期延长 9.5 ~ 18.6 天（柳晶等，2007）。1987—2003 年青海省小叶杨呈现出绿叶期延长的趋势；上年 9 月—当年 4 月的平均气温升高 1 ℃，小叶杨平均叶芽开放期提早 5 天，展叶普期提早 4 天，开花始期提早 4 天；上年 9 月—当年 6 月的平均气温升高 1 ℃，平均种子成熟提早 3 天左右；上年 9 月—当年 8 月的平均气温升高 1 ℃，平均叶全变色期推迟 4 ~ 5 天，树木绿叶期延长 12 天（祁如英 等，2006）。1988—2002 年西安市植物园 20 种木本植物的物候变化趋势全部表现为逐年春季物候提前，而不同物种的秋季物候的变化趋势不一致，大部分植物的秋季物候推迟，春季物候对气候变化的响应程度显著大于秋季物候（王传海 等，2006）。1985—2002 年内蒙古克氏针茅草原的气候朝着暖干趋势发展，主要植物物候的变化整体呈夏季高温前发生的返青期普遍推后，而夏季高温期间及其后发生的物候期普遍提前的趋势，其中阿尔泰狗娃花和冷蒿的部分物候期除外（张峰 等，2008）。

（2）动物物候

气候变暖对动物物候造成的影响，主要表现为温度升高引起的物候期提前，但气候变化不仅表现为温度的变化，其他气候因子也有变化，动物物候也不只受温度的影响，由此研究动物物候变化，需要综合考虑各种气候因子的影响。

近十几年的观察研究表明，我国多处地区昆虫、蛙类等动物物候均对气候变化做出了响应，但不同地区表现出的物候期变化不同。山东省惠民县1980 年以来蚱蝉、青蛙始鸣均提前，蚱蝉终鸣推迟，青蛙终鸣提前；蟋蟀始鸣、终鸣均推迟（翟贵明 等，2010）。桂北地区近 10 年来青蛙和蟋蟀始鸣日期呈提前趋势，终鸣日期稳定，始终鸣间隔期及生长繁殖季显著延长（李世忠 等，2010）。

鸟类作为生态系统的重要组成成分，对气候和环境的改变反应相当敏感，可以作为监测全球气候变化的一项重要依据。气候变暖使得许多鸟类的分布向极地或高海拔区移动，鸟类的物候包括产卵期和迁徙期都发生明显的改变，种群数量也受到气候变化的影响。我国鸟类资源丰富，气候变化对我国鸟类的分布、迁徙等也产生了一定的影响。山东省惠民县家燕始见日期提前，绝见日期推迟；四声杜鹃始鸣、终鸣日期均推迟（翟贵明 等，2010）。1980 年以来青海省各地的大杜鹃始鸣期至绝鸣期间隔日数变化每 10 年以 12 ～ 24 天的速率延长，其中共和县每 10 年以 24 天速率延长为最长，诺木洪地区大雁始鸣期至绝鸣期间隔日数每 10 年以 6 天的速率延长（祁如英，2006）。1980—2002 年新疆乌兰乌苏候鸟停留时间增长，与积温、日照时数和降水量的年变化趋势一致，除降水外，其他均存在显著正相关关系。大雁、戴胜、家燕和布谷鸟的始鸣期均呈提早趋势，且戴胜提早最多，其次是布谷鸟、家燕和大雁；4 种鸟的绝鸣期均呈偏晚趋势，且戴胜偏晚较多，其次是大雁，家燕和布谷鸟差异不大（徐腊梅 等，2007）。1982—2007 年呼和浩特豆雁始见日期提前、绝见日期延迟趋势显著，豆雁在呼和浩特停留时间延长；武川豆雁与此相反，始见日期延迟，绝见日期提前，停留时间缩短（吕景华 等，2012）。

知识窗9

气候变化下的中国动物物候变化

全球气候变化通过改变物种的空间分布格局深刻影响着生态群落。讨论气候变化通过改变物种在时间尺度上的共存格局对群落集合的影响非常有意义。理解这种时间效应是很关键的，特别是考虑到广泛记录到的物候变化及其中的多物种间的相互作用可能带来的生态后果。

中科院成都生物所进化与保育研究团队与来自中山大学、中科院大气物理所、中国气象局、美国普林斯顿大学、华盛顿大学、海南师范大学及北京师范大学的科研人员基于覆盖中国的329个气象站所提供的各动物类群在群落水平上的出现时间及时间跨度信息，分析了气候变化对1981—2009年动物物候的影响。

研究涉及11个动物类群，包含两栖类、昆虫、鸟类等。研究结果表明，气候变化与类群间的时间重叠跨度在群落水平的增加相关。研究结果表明，通过时间途径气候变化能影响群落集合，并可能已经导致比通常估计更少的物候耦合。更为重要的是即使在同步的物候变化下，类群之间时间维度重叠程度的改变可能持续。相关成果以"物候变化造成的群落类群间时间共生变化"（Community-wide changes in inter-taxonomic temporal co-occurrence resulting from phenological shifts）为题发表在《全球变化生物学》（Global Change Biology）期刊上。

（选摘自：2015年12月28日中科院成都生物所）

2.4.3.2 预计未来对物候的影响

目前，还没有具体的针对未来气候变化对物候的可能影响的研究。已有研究表明，未来气候增暖条件下，中国物候的变化趋势大致表现为：春季物候期提前、秋季物候期推迟，鸟类停留时间增长，木本植物休眠时间缩短。至于物候期具体的提前、推迟变化天数需要根据不同研究区的特定条件来推算。对于区域气候的变化，植物适应程度不尽相同，从植物生理角度来看，如果有些植物不能及时适应当地气候的变化，将会使植物群落的整体结构改变，进而给周围生态环境带来较为严重的一系列连锁反应（祁如英 等，2006）。

2.5　气候变化对社会经济和生活的影响

2.5.1　气候变化对灾害发生的影响

2.5.1.1　极端天气气候事件的概念

所谓灾害的概念，即是由致灾因子直接或间接导致人类社会正常运行发生变化，并造成损失和损害的后果。基于小概率事件阈值的概念，IPCC 第 5 次评估报告给出了极端天气气候事件的定义，即天气或气候变量值高于（或低于）该变量观测值区间的上限（或下限）端附近的某一阈值时的事件，其发生概率一般小于 10%。

极端事件是与发生地相关的，对于不同地区，极端天气的含义也有不同。某一地区的极端高温事件在另一地区可能是正常的。极端事件虽然出现概率小，但是引发的气象、水文灾害会对人类社会经济活动产生严重危害。中国地处东亚季风区，是受极端天气、气候事件影响严重的国家之一，每年受干旱、暴雨洪涝、低温冷害、高温、台风、雷暴及沙尘暴等极端天气气候事件影响的人口达 6 亿多人次，平均每年因气象灾害造成的经济损失占 GDP 的 3% ～ 6%（丁一汇，2008）。中国极端天气气候事件种类多，频次高，阶段性和季节性明显，区域差异大，影响范围广。高温热浪、低温冰冻、干旱、暴雨、洪涝、台风、沙尘暴、霜冻、大风、雾、霾、冰雹、雷电、连阴雨等各类极端天气气候事件普遍存在，频繁发生，影响广泛。极端高温高发区较集中，干旱分布广泛，极端强降水多发于南部，台风登陆时间集中，沙尘暴季节性明显，霜冻及寒潮北强南弱，大风区域性特点突出（秦大河 等，2015）。

2.5.1.2 中国近 50 年极端天气气候事件变化

（1）近 50 年极端温度事件的变化

气象上把日最高温度高于 35℃的日数称为高温日数，把最低温度低于 0 ℃作为霜冻的气候指标。伴随着 20 世纪中期以来的大尺度气候变暖，中国与气温有关的极端事件发生了显著变化。自 20 世纪 50 年代开始，中国的平均极端最低气温呈明显上升趋势，与低温相关的极端事件强度和发生频率明显减弱。近几十年来，区域性极端低温事件的发生频次年变化有明显的下降趋势，其线性变化趋势是 –1.99 次 /10 年，1960—1980 年平均每年发生 13.9 次，而在 20 世纪 80 年代后期存在显著的转折，1990—2008 年下降到平均每年发生 8.2 次，20 世纪 90 年代后期变化逐渐趋于平缓，尤其是新疆和东部沿海地区，事件以每年 0.75 次下降。另外，极端低温事件的强度和最大覆盖面积等呈一致减弱趋势（王晓娟 等，2012）。从区域上来看，高强度持续性低温事件主要发生在西北北部（新疆）、长江流域及以南地区。黄河以南也有极端低温事件发生。

从长期变化趋势来看，1950—1990 年，极端最高温度没有明显变化，20世纪 90 年代以来，增长趋势明显。其中，黄河下游、江淮流域和四川盆地出现显著下降趋势，而西北西部和青藏高原南部出现显著上升趋势，其余地区变化不明显。与极端最高气温有关的持续性高温热浪出现次数也出现了明显年代际变化，20 世纪 90 年代中期以来，高温热浪频繁发生。研究表明，中国区域持续性高温事件发生频次、强度和影响面积在 20 世纪 90 年代前略呈减少趋势，90 年代后呈现显著增加趋势，各指标在 90 年代末至 21 世纪初发生突变，高温事件增加趋势更为显著。区域持续性高温事件发生强度和频次较多的地区主要位于中国西北（西北西部和内蒙古西部）和东南地区（黄淮南部、江淮、江汉、江南和华南南部等地），而中国东北和西南地区为少发区（王艳姣 等，2013）。

（2）近50年极端暴雨洪涝事件及其变化

暴雨洪涝是指长时间降水过多或区域性的暴雨及局地性短时强降水引起江河洪水泛滥、淹没农田和城乡，或产生积水或径流淹没低洼土地，造成农业或其他财产损失和人员伤亡的一种气象灾害。利用1961—2006年全国753站逐日的降水资料对中国暴雨洪涝频率（暴雨洪涝年数占总统计年数的百分比）的分布进行了分析。

我国大部地区均遭受过暴雨洪涝灾害，其中华南大部、江南大部及湖北东部、四川盆地西部、云南南部、辽宁东部等地发生频率达30%～50%，局部地区超过50%；淮河流域大部、长江三角洲一带及辽宁大部等地发生频率有20%～30%；西南东部及湖北、山东、河北、吉林等省的部分地区有10%～20%。西北大部及西藏、内蒙古等省（区）大部暴雨洪涝发生的频率较低，在10%以下且多为局部性的；中国其余地区暴雨洪涝频率在10%～20%。

在过去几十年中，中国降水呈增长趋势的测站与呈下降趋势的测站数目大致相当。从全国平均来看，中国总的降水量变化趋势不明显，但雨日显著减少。这意味着强降水过程可能出现增加趋势，相应的干旱和洪涝频率可能增加。最近的研究指出，中国的极端降水事件趋多、趋强。极端降水平均强度和极端降水值都有增强的趋势，极端降水事件趋多，尤其在20世纪90年代，极端降水量比例趋于增大。华北地区年降水量趋于减少，虽然极端降水值和极端降水平均强度趋于减弱，极端降水事件频数显著减少，但相比之下极端降水量占总降水量的比例却有所增加。西北西部总降水量趋于增多，极端降水值和极端降水强度未发生显著变化，但极端降水事件趋于频繁。长江及长江以南地区年降水量和极端降水量都趋于增加，极端降水值和降水事件强度都有所加强，极端降水事件增多。

我国年平均暴雨日数为2.1天，1998年出现暴雨日数最多为2.7天，1978年最少为1.7天（图2.4）。近46年来，我国平均暴雨日数变化呈微弱增多趋势。

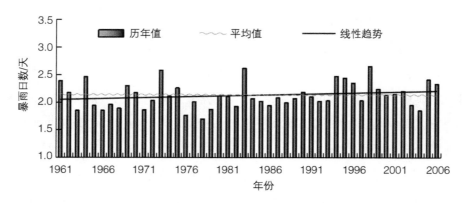

图 2.4　1961—2006 年中国平均暴雨日数历年变化

知识窗10

气候变化使城市洪水和极端降雨事件增加

5 月 9 日每日科学网站报道，发表在新一期《地球物理研究快报》杂志上的一项研究指出，气候变化不仅加剧风暴，还会使风暴在更小的地域形成更强降雨，这会对现有的雨水基础设施造成重大影响，尤其是对闪洪发生概率较高的大城市。

该研究展示了风暴加剧引发更具破坏性风暴形态的首个证据。研究人员通过分析澳大利亚 1300 个雨量站和 1700 个温度站的数据，研究了气温对风暴强度和空间结构的影响。研究发现，暖风暴中心附近的大气湿度比冷风暴中心附近的大气湿度更集中，导致这些区域的峰值降雨更强。风暴的分布空间明显缩小，而不论降雨量的大小。研究人员表示虽然数据来源是澳大利亚，但却具有全球意义。除了北极和南极，澳大利亚大陆几乎跨越了世界上所有气候区——地中海、热带、温带、亚热带，因此这些结果具有很高价值。研究人员发现这种形态一再重复，在澳大利亚和世界其他地方发生。

大多数城市中心较老的雨水基础设施专门用来应对过去的降雨形态，但目前已难以支撑。研究人员称，城市中心的风险增加尤其明显，因为那里具有缓冲功能的土壤少，不像农村地区；因此雨水经常无处可去，超出排涝能力。所以随着气温升高，水灾的发生概率也会上升。

（3）近50年干旱变化

利用中国地面606个台站1951—2007年的逐日降水量和平均气温资料，其中大部分站点属于国家基准站和基本站，个别为一般气象站，采用《气象干旱等级》国家标准GB/T 20481—2006中推荐使用的综合气象干旱指数CI来统计分析近50多年来中国的干旱时空分布特征。

综合气象干旱指数CI是利用近30天（相当月尺度）和近90天（相当季尺度）降水量标准化降水指数，以及近30天相对湿润指数进行综合而得，该指标既反映短时间尺度（月）和长时间尺度（季）降水量气候异常情况，又反映短时间尺度的农作物水分亏欠情况。该指标适合实时气象干旱监测和历史同期气象干旱评估。

①全国干旱面积的长期变化。图2.5显示了基于CI指数统计的全国干旱面积百分率的历年变化。从年代际变化看，在近半个多世纪中，我国干旱较重的时期主要出现在20世纪60年代、70年代后期—80年代前期、80年代中后期及90年代后期—21世纪初。其中最为严重的干旱出现在2001年，干旱面积达到32.3%。就整体而言，全国干旱面积在近56年中没有显著增加或减少的趋势，趋势值为每10年0.24，没有通过95%置信限的显著性水平检验。

②干旱持续时间和发生频率的改变：图2.6是1951—2007年干旱过程最长持续时间分布图，该图表明干旱持续时间长的几个中心分别位于辽河流域西部、黄河流域东部、海河流域、西南诸河流域东南部等地，最长持续时间一般有4个月以上。另外，黄河流域大部、淮河流域、西南诸河流域大部、珠江流域南部等地干旱最长持续时间一般也有3个月左右，可见这些地区干旱灾害之严重。

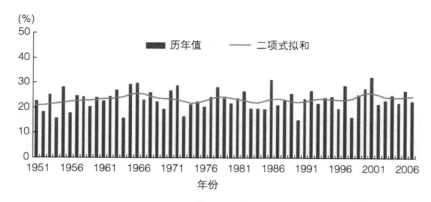

图 2.5　全国年干旱面积百分率历年变化（1951—2007 年）

注：曲线为11点二项式滑动。

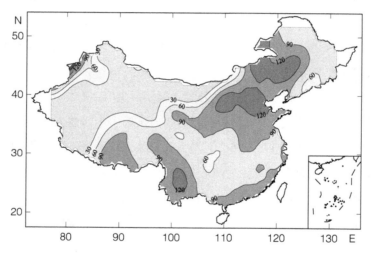

图 2.6　1951—2007 年干旱过程最长持续时间（单位：天）

　　另外，从近 57 年间最长干旱过程出现年代看，松花江流域、辽河流域、海河流域、淮河流域北部、黄河流域东部和南部、长江流域中西部、珠江流域北部等地在近 50 多年中持续时间最长的干旱事件多发生在 1980 年以后的 20 多年中。

　　图 2.7 显示了 1979—2007 年和 1951—1978 年年平均干旱日数之差，在

近 20 多年中，辽河流域、海河流域、淮河流域北部、黄河流域大部、珠江流域大部的大部分地区干旱发生得比前 20 多年更加频繁，西南诸河流域大部干旱频率减少。

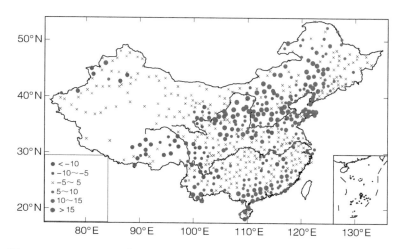

图 2.7　1979—2007 年和 1951—1978 年年平均干旱日数之差（单位：天）

　　近些年来，我国连续发生了几次持续时间长、影响范围大的严重干旱事件。造成这些大范围干旱的原因有很多，也很复杂（尹晗 等，2013）。2009 年秋季—2010 年春季西南地区的连续干旱，热带大气季节内振荡（MJO）的变化对这次严重干旱的发生起到了重要作用（琚建华 等，2011）。热带西太平洋和热带印度洋增温造成了从孟加拉湾来的水汽难以到达云贵高原地区；同时，北极涛动（AO）为负异常，使得东亚冬季冷空气活动强但路径偏东，到达西南地区的冷空气偏弱。正是中高纬环流异常和热带海温的共同作用，使得 2009 年秋季—2010 年春季西南地区降水持续偏少，形成干旱。另外，北大西洋涛动（NAO）的变化在此次干旱发生过程中也扮演了重要角色（宋洁 等，2011）。

知识窗11

气候变暖加速干旱区扩张　加剧发展中国家贫穷

《自然·气候变化》杂志刊发了兰州大学黄建平团队关于气候变化的最新研究成果，题为"气候变暖加速干旱区扩张"。论文指出，旱地扩张将使发展中国家面临土地进一步退化的风险，并加深其贫穷程度。

通过对比过去近60年的观测数据与气候系统模式模拟结果，研究人员验证了全球的干旱演变速率。结果显示，如果温室气体排放量持续增加，全球干旱半干旱区面积将会加速扩张，到21世纪末由陆地表面的40%扩大到50%以上，扩张面积的3/4将发生在发展中国家。在高排放情景下，21世纪末干旱半干旱区面积相比1961—1990年的平均值将增加23%。

在给定温室气体排放情景下，干旱半干旱区面积会持续扩张，而扩张会导致土壤碳储存量减少和CO_2释放，进而加剧区域增温，这种正反馈过程将导致旱区变暖速度远大于湿润区。发展中国家人口的迅速增加必然导致自然资源的不合理利用。干旱半干旱区生态环境的承载力有限，在区域强化增温和干旱化加剧的背景下，人口增长的压力增加了土地荒漠化的风险，人类生存环境面临更严峻的挑战。

（选摘自：2015年10月27日《科技日报》）

（4）近50年沙尘暴的变化

我国沙尘暴多发生在北方地区，全国受沙尘暴影响较为严重的省份包括西藏、新疆、内蒙古、甘肃、青海、宁夏、陕西、吉林、河南、山西、河北、辽宁、北京、天津，共14个省（市、自治区），总面积624万km^2，占我国国土面积的65%，同时，沙尘天气的覆盖范围比沙尘暴广泛，近些年来，沙尘天气也影响到了长江以南的一些地区。沙尘暴过程对生态系统的破坏力极强，它能够加速土地荒漠化，对大气环境造成严重的污染，使城市空气质量显著下降，对人类健康、城市交通、通信和供电产生负面影响。同时，沙尘气溶胶对气候、海洋生态系统和生物化学循环也有着重要影响。1957—2000 年中国春季沙尘爆发生频率呈明显下降趋势，20 世纪 70 年代最多，90 年代最少。同时年际变化非常明显，峰值和谷值交替出现。从年代际角度分析，1980 年是正负距平值转换的临界点。1954—2002 年，我国危害严重的典型强沙尘暴事件发生的频次也呈波动减少趋势，20 世纪 50 年代强沙尘暴较为频繁，90 年代相对较少，但最近又出现增多趋势。

（5）热带气旋的变化

近 40 多年西北太平洋热带气旋活动没有明显增多和减少趋势，但却表现出显著的年代际和年际气候振荡。20 世纪 60 年代中期—70 年代初期为热带气旋活动频繁期，20 世纪 50 年代和 20 世纪 80 年代初期为热带气旋活动较少时期，但 20 世纪 80 年代中期开始热带气旋活动又逐渐增多，而且热带气旋的年频数和登陆我国的热带气旋数在这期间出现了 3 次突变。1470—1931 年登陆广东省的热带气旋数存在明显上升趋势，并且存在百年和年代尺度的气候振荡；5—11 月是我国热带气旋登陆季节。影响中国的热带气旋活动存在明显的季节性特征，频数的变化存在较明显的周期性。

目前，对龙卷风、冰雹等小尺度极端天气现象的研究还面临严重的资料困难。

2.5.2　气候变化对社会经济的影响

2.5.2.1　概况

气候变化对社会经济的影响，不仅取决于气候变化本身，而且取决于社会经济系统的暴露度和脆弱性，减少这些影响还与应对、防灾减灾、国际合作机制有关。气候变化趋势、波动和极端天气与气候事件对中国社会经济有着不可忽略的影响，其中后者造成的影响可能更显著。在控制资本和劳动力影响因素的条件下，1984—2006 年中国 GDP 对气象条件变化影响的敏感性约为 12.36%，其中农业对气象条件变化敏感性达到 25.4%，明显高于其他行业。各省域行业经济产出对气象条件敏感性影响总体特征为，北部大于南部、西部大于东部。根据经济—气候模型统计结果,气候变化对我国全国平均粮食总量的影响为3.61%,其中小麦产量和稻谷产量的比例分别为5.56%和2.52%。粮食产量对气候趋势和周期波动的敏感性有明显的区域差异。极端气候因子与我国农业经济产出存在显著的长期均衡关系。极端高温、极端低温、极端降水和干旱的天数每增加1%,我国农业经济产出弹性系数分别为-0.112%、-0.031%、-0.033%和-0.047%。林业是对气候变化比较敏感的行业,气候变化影响生态系统的过程、生产力与生态系统服务功能,从而对森林资源的经济效益价值、生态效益价值、社会效益价值产生显著影响。森林生态系统在全球气候变化中所扮演的碳汇功能与价值越来越受到重视,中国森林生态系统的林龄整体偏低,碳汇潜力大。1977—2008年中国森林生物量碳汇相当于抵消中国同期化石燃料排放CO_2的7.8%。

气候系统异常及其与社会系统的相互作用是造成气象灾害的根本原因,气象灾害对社会经济的影响的严重性取决于承载体对气象灾害的暴露度和脆弱性程度,影响途径是通过制度、经济、社会、环境4个子系统及它们之间的关系最终实现的。中国因气候灾害造成的平均每年人员死亡人数有下降的趋势,由20世纪80年代和90年代平均每年5000人左右,下降到本世纪平均每年2000人左右。造成的年平均直接经济损失有明显的上升趋势,1965—1989年中国年均气象灾害直接经济损失(2013年价格)1192亿元;1990—2013年中国年均气象灾害直接经济损失达3079亿元,翻了2.6倍。

中国气象灾害影响范围逐渐扩大。1950—2013年,旱灾面积以年均15.5万公顷的速率扩大。受台风影响省份的国内生产总值由1984年的1.6万亿元,增加到2012年的18万亿元(未计台湾省)。北京、上海、广州受高温热浪影响的人口,由1984年的2668.5万人,增加到2013年的5822.6万人。中国城镇化率由2000年的36.22%增加到2013年的53.73%,气象灾害暴露度随之增加。

洪涝灾害造成的直接经济损失占气象灾害经济总损失的比重最大,占比63%;其次是台风和风暴潮灾害;干旱位居第三。人类为减缓和适应气候变化带来的不利影响所选择的适应措施同样会间接地改变社会—生态系统中的重要过程，其作用不可忽视。

20 世纪 70 年代—2013 年，年均气象灾害造成直接经济损失的绝对量虽然是增加的，但气象灾害的损失率（直接经济损失 /GDP，2013 年价格）呈逐渐减少的趋势，从 20 世纪 70—90 年代的 3% ～ 8% 下降到 2000 年以后的 1% ～ 3%，在 20 世纪 70 年代—2009 年，下降速率为每 10 年 1.5 个百分点。灾损率的显著下降与中国 GDP 基数增速较快有关，也与中国近 10 年来综合防灾减灾能力的明显提升有关。

2.5.2.2　气候长期趋势与波动对社会经济系统的影响

（1）对农业经济的影响

气候变化对农业经济影响的研究主要集中在对作物产量的影响和行业经济的宏观影响两方面（丑洁明 等，2006；熊伟 等，2010；符琳 等，2011）。根据经济—气候模型，提取中国 1980—2000 年大尺度气候变化的信号（表 2.3），将其作为投入因子，全国平均看其对粮食作物总量变化的贡献为 3.61%，其中小麦产量和稻谷产量的比例分别为 5.56% 和 2.52%（丑洁明 等，2011）。其对气候趋势和周期波动的敏感性有明显的区域差异。1985—2004 年粮食单产与生长季（4—10 月）气温存在显著同步增加趋势的地区，主要位于三大地理过渡带上：①地势第一、二阶梯过渡带的东半部；②从太行山东麓—河南黄河沿岸到湖北—湖南—广西中部的地势第二、三阶梯过渡带；③长江沿线及浙江北部地区。单产对 4—10 月气温和 5—9 月降水量的周期波动变化的敏感区，主要集中分布在 3 个地区：①夏季风区与非季风区分界线和胡焕庸人口地理线（从黑龙江黑河到云南腾冲之间连接的人口密度分布线）之间的地区，常年缺粮区占优势，秦岭以北单产波动系数很大；②江西、浙江、福建是余粮区和常年缺粮区并存、单产波动变化很小的地区；③吉林、辽宁东部、河南、安徽，粮食播种总面积的波动系数小，单产波动系数较全国高，主要为受气候波动影响而产量不稳定的主要余粮区，说明气候变化背景下中国粮食供应稳定性下降（殷培红 等，2010）。

表 2.3　1980—2000 年气候变化对粮食产量的贡献率

农业区域	粮食总量/%	小麦/%	稻谷/%
东北	2.33	2.36	1.86
华北	3.22	1.91	2.45
华中	2.22	2.95	−0.10
华东	2.49	3.68	2.01
华南	0.51	7.98	0.56
西南	4.38	5.07	3.61
西北	6.39	12.58	0.74
新疆	7.35	7.93	9.02
平均	3.61	5.56	2.52

各行业经济中农业对区域和全球气候变化高度敏感。采用计量经济效益分析方法，控制资本和劳动力影响因素的条件下，1984—2006 年中国 GDP 总值对气象条件变化影响的敏感性约为 12.36%，其中农业对气象条件变化敏感性达到 25.4%，明显高于其他行业。各省域行业经济产出对气象条件敏感性影响总体特征为，北部大于南部、西部大于东部（罗慧 等，2010）。引入弹性和极差率的概念，评估 1978—2006 年气象条件变化对我国农业经济产出的影响，其中 >10 ℃ 活动积温 ACT 与华北农业经济产出呈显著正相关，其值每增加 1%，华北农业经济产出增加 0.95%；与西南农业经济产出呈显著负相关，西南农业经济产出减少 0.18%。气温标准差与华北、华南农业经济产出呈显著负相关，与西南、西北农业经济产出呈显著正相关。标准差增加 1%，华北、华南农业经济产出分别减少 1.5% 和 0.24%，西南和西北分别增加 0.4% 和 0.54%。降水与华中农业经济产出呈显著负相关，每增加 1%，农业经济产出减少 0.18%。降水标准差与华北农业经济产出呈显著正相关，每增加 1%，农业经济产出增加 0.21%。保持经济因子不变的情况下，这 4 个气象因子对区域农业经济产出变化幅度的贡献（即气象因子贡献的 GDP 最大、最小值的差，占均值的比例），从大到小分别是华北 19.5%、华南 14.1%、华

中 9.5%、青藏 8.8%、西南 6.7%、西北 5.7%、华东 3.7% 与东北 3.4%（刘杰
等，2010）。

未来气候变化可能对我国水稻、玉米和小麦三大作物粮食生产有明显的
影响。结合作物模型和区域气候情景模型，如果不考虑 CO_2 肥效作用，雨养
玉米平均单产 A2 和 B2 两种情景较基准情景都有所减产，2040s 时段降低幅
度大约在 –10%。未来灌溉玉米受到影响明显小于雨养玉米，2020s 时段平均
单产变化不大，甚至略有增加，2040s 时段则有所降低，幅度在 –5% 以内。
在未来两种情景下雨养小麦平均单产较基准时段略有降低，2041—2050 年下
降幅度更大，但均不超过 –5%，而灌溉小麦 B2 情景下平均单产略有下降，
A2 情景下则有所增产，尤其是在 2020s 时段。水稻单产未来 B2 情景下单产
降低，在 2040s 时段约减产 10%，而 A2 情景则为先增加后降低的趋势，这
可能与两种情景不同的 CO_2 浓度和增温幅度有关。CO_2 肥效作用对作物单产
的影响是不可忽视的，这种作用在小麦上最为明显，水稻和玉米相对较小
（张建平 等，2007；熊伟 等，2010）。

（2）对林业经济的影响

对于林业经济而言，森林资源的价值构成大致分为三部分（王威，
2010）：经济效益价值、生态效益价值和社会效益价值。气候变化的趋势及
其波动对森林资源这些价值均产生了显著的影响。

气候变化对林业经济效益的影响体现在林业产品（原木、木质燃料、非原
木产品等）的供应、需求及价格等各个方面。在中国，2004—2008 年森林面
积为 19545.22 万 hm^2、森林蓄积量 137.21 亿 m^3（国家林业局，2009），平均的
工业原木的价值为 41.40 亿美元，与非木材林产品 47.35 亿美元相当（FAO，
2011）。近年来我国林业产业持续快速增长，2011 年木材产量达到 8145.92 万
m^3，实现林业总产值 30 597 亿元（国家林业局，2012）。2009 - 2013 年，全
国森林面积增加了 1223 万 hm^2，蓄积量增加了 14.16 亿 m^3，但整体上依然是一
个林产品和生态产品短缺的国家（国家林业局，2014）。

对于中国而言，气候变化对中国木材产出和收益的影响多是正面的，

其原因在于单位面积木材产量的增加，到 2050 年，中国的木材产出将增长 10% ～ 11%，之后将增长 17% ～ 30%（谢晨 等，2010）。受供给与需求变化的影响，模型研究预测全球原木将进一步增加，而价格的变化将在 20% 左右（Kirilenko 等，2007）。

气候变化对林业木质燃料的供应与需求同样有显著的影响。在我国，1990 年、2000 年、2005 年木质燃料采伐分别为 6360 万、7594.8 万、6367 万 m^3（FAO，2011）。气候变化所导致的森林生产力提高的影响，不同类型的木质生物能源利用的潜力将增加（Kirilenko 等，2007）。然而，尽管气候变化对林区贫困人口及木材、烧柴和非木质林产品生产将产生重要影响，但目前还难以进行准确的估计（谢晨 等，2010）。作为化石能源的替代产品，其利用不仅受气候变化的影响，还受能源价格的上升及新技术的影响。

在林业产品中包含非常广泛的非原木森林产品，如浆果与蘑菇、野生动物栖息地、涵养水土、生物多样性保护、旅游业与休闲场所、药用植物等（FAO，2011）。据统计，全球 8% 的森林以水土保持为主要目的，从 1990—2010 年，指定用于防护目的的森林面积增加了 5900 万 hm^2，其主要原因是中国为防治荒漠化、水土保持等保护目的而开展的大规模植树造林活动（FAO，2011）。森林的非原木森林产品的服务价值对全球 12 亿对森林极度依赖的人群极度的重要（FAO，2004），据报告，2005 年非木材林产品的采伐价值约为 185 亿美元（FAO，2011）。气候变化在改变森林生态系统生产力和原木生产的同时，也改变着森林生态的服务水平和质量，从而对这些非原木产品的品质与供给产生影响。2009—2013 年，我国森林年涵养水源量 58.07 百亿 m^3，年固土量 81.91 亿吨，年保肥量 4.30 亿吨，年吸收污染物量 0.38 亿吨，年滞尘量 58.45 亿吨（国家林业局，2014）。

由于森林生态系统能够有效吸收大气中的 CO_2，其在全球气候变化中所扮演的碳汇的功能与价值越来越受到重视（简盖元 等，2012），由此产生的林业减排增汇机制对我国多功能森林经营的开展将产生巨大影响。采取措施加强森林生态系统的碳储存和碳汇功能，减少森林造成的碳排放，是林业应对气候变化碳管理的首要目标（林德荣 等，2011；李怒云 等，2013）。根据联合国粮食与农业组织估计，全球森林生物质中储存了 2890 亿吨碳，而中国 2010 年中国森林每公顷碳密度为 30 吨（FAO，2011）。2009—2013 年，全国森林植被总生物量 170.02 亿吨，总碳储量 84.27 亿吨（国家林业局，2014）。中国森林生态系统的林龄整体偏低（戴铭 等，2011），受气候变化和大气 CO_2 施肥效应的影响，中国森林的植被与土壤具有非常显著的碳汇功能（刘双娜 等，2012）。基于森林清查数据的研究表明，中国 1990—1999 和 2000—2007 年两个时期森林年均生物量碳汇分别为 60 TgC 和 115 TgC（1 Tg=1012 g）（Pan 等，2011）。而最新的清查数据表明，在 1977—2008 年，中国森林生物量碳汇达 1896 TgC，其中，林分、经济林和竹林分别增加 1710 TgC，108 TgC 和 78 TgC，年均生物量碳汇为 70.2 TgC，相当于抵消中国同期化石燃料排放 CO_2 的 7.8%（郭兆迪 等，2013）。

气候变化对中国森林土壤碳汇的影响较为复杂，一方面，气候变化和 CO_2 施肥效应增大了森林生产力和土壤碳的输入；另一方面，全球变暖又导致土壤碳异养呼吸与土壤碳释放的增大（Zhou 等，2009）。基于遥感和多源生态观测资料的数据—模型融合研究表明，中国森林土壤整体上表现为碳汇，其强度约占森林生态系统总碳汇的 13.0%（Zhou 等，2013），这与全球森林土壤的平均值 12.8%（Pan 等，2011）接近。

气候变化对于中国林业总体而言，既有有利的一面，也存在挑战（李怒云 等，2010）：①气候变化将对我国森林生产力、物种分布和生态系统稳定性产生重要影响，气候变化将加大我国森林资源保护和发展的难度；②气候变化将加剧土地类型和不同利用方式间的矛盾；③气候变化对全球木质和非木质林产品及森林生态服务的供给产生影响；④随着《联合国气候变化框架公约》谈判进程的不断深入，减少发展中国家毁林和森林退化造成的碳排放等行动将逐步纳入减缓气候变化的范畴，势必增加森林采伐和利用的成本。

（3）对能源经济的影响

气候变化对能源生产具有重要影响。降水量和蒸发量的变化能够影响河流径流量，进而影响水力发电。平均风速、风向及极端风速频次对风力发电有重要影响。1957—2010 年，晋西北平均风速和风能密度呈明显减弱趋势，使得该地区风能资源与过去 50 年相比下降了 41.3%（张涛涛 等，2012）。对于火力发电，气温升高导致水温偏高，造成热交换的温度梯度减弱，从而降低了发电效率，减少了单位能源物质所产生的净热量（Mideksa 等，2010）。由于火电发电量占全国总发电量的 81.81%（国家发展和改革委员会，2009），所以火电发电效率的微弱减少，也将会导致发电量的巨大减少。

气候变化对能源消耗同样存在显著影响。20 世纪 80 年代以前，旱涝灾害是影响我国能源消耗的主要原因；20 世纪 80 年代以后，旱涝灾害对能源消耗的影响减弱，而气温变化对能源消耗的影响逐渐加重（Qian 等，2004）。冬季平均气温升高导致我国大部分地区采暖期缩短 5 ～ 10 天，以吉林省为例，相对于 1971—2000 年，最暖采暖期理论上可以节约 35.98 万吨标准煤（陈莉等，2007）。同时由于夏季气温升高，造成我国大部分地区夏季制冷需求明显增加。以广州市为例，夏季平均最高气温每升高 1 ℃，全年单位工业产值耗电将增加 2.02%，居民生活用电量将增加 1.25%（段海来 等，2009）。

总之，气候变化对能源生产和消耗存在重要影响，其中对火电生产和生活能源消耗的影响最大。目前存在的问题是：①在不同的火电生产技术中，缺乏对气温升高造成的发电量减少情况的定性和定量分析；②在中国的生活能源消耗中，夏季降温带来的能源消耗增加和冬季取暖带来的能源消耗减少，二者基本能够持平（Zhou 等，2013），但是在不同区域和不同时间尺度上有所变化。

知识窗12

气候变化对中国民用建筑能源消耗的影响

我国住宅能耗（采暖和制冷）大约占全部能耗的 20%。全球变暖使采暖需求减少，制冷需求增加，但两者综合起来的结果会怎样？中科院大气物理所和国家气候中心的研究人员分析发现，作为一个中高纬度国家，中国未来采暖度日将大幅度减少，制冷度日则相对有较少增加。

实际上住宅能源消耗同时取决于人口分布情况，分析表明，如果按照传统的采暖和制冷的国家标准，未来制冷度日的增加和采暖度日的减少会处在同一个数量级上，如果以两者之和作为总需求，未来住宅能耗在不同温室气体排放情景和不同时段下均表现为约 15% 的减少，同时伴随着区域（北方减少，南方增加）和季节分布（冬季减少，夏季增加）上的变化。

相关成果以"气候变化对我国家庭采暖和制冷及潜在能源需求的影响"为题发表在《气候研究》（Climate Research）期刊。

（选摘自：2016 年 3 月 2 日中科院大气物理所）

（4）对交通运输的影响

气候变化对交通运输存在显著影响，这种影响会以"灾害链"形式向各个经济领域传递（Koetse 等，2009）。暴雨、暴雪、大风、低能见度、高温和雷暴等天气现象的长期变化对航空运输存在重要影响。以雷暴为例，1981—2010 年拉萨贡嘎机场的雷暴日数呈现显著的减少趋势，平均每 10 年减少 5.3 天，其中 20 世纪 80 年代和 20 世纪 90 年代相对偏多，比多年平均值分别偏多 4.2 天和 3.2 天，2001—2010 年为少雷暴期，较多年平均值偏少 7.4 天，为近 30 年最少的 10 年。雷暴日数的长期减少，降低了雷暴对航空运输安全的影响（石磊 等，2013）。

影响铁路运输的灾害性天气有暴雨、暴雪、雷电、冻雨、大雾和沙尘等。以陇海铁路宝鸡—天水段为例，近年来气候变化导致该地区暴雨日数增加，导致铁路路基沿河床移动，形成各支流与主河道洪峰叠加，产生铁路地质灾害，威胁铁路运输安全（刘子臣 等，1995）。

影响公路运输的气候因子有温度、能见度、相对湿度和降水量等。近年来我国经济发展迅速，1980—2007 年我国 GDP 以平均 9.9% 的增长率持续发展（金周英，2010）。经济高速发展引起大气排放增加，进而可能导致雾霾天气增多。1951—2005 年我国大部分地区雾霾天气明显增多（吴兑 等，2010），主要集中在华北、黄淮、江淮、江南、江汉、华南及西南地区东部，雾霾日数增多直接导致大气能见度下降，影响上述地区的公路运输。

总的来看，气候变化对交通运输的影响面较广，对公路、航空和铁路等运输活动均有影响，但是目前大多数研究只是分析了气象因子与交通事故的统计关系，对于气候因子变化造成的交通运输经济损失，缺乏进一步分析。

2.5.3　气候变化对人体健康的影响

2.5.3.1　概况

人类健康被看作是可以反映自然和社会经济环境状态的一项高水平的、重要的综合指标，也是人类可持续发展追求的最高目标。人类健康对环境的变化非常敏感，任何自然和人文环境的改变，都可能影响到人类健康，甚至会给人类带来危机与灾难。人类健康对环境变化影响的脆弱性和适应性问题已经成为全球变化科学和人类卫生事业所要思考的重要工作。世界卫生组织（WHO，2006）认为，在不同的地方，气候变化带来的影响会有所差异。气候变化对人体健康产生的影响与很多条件密切相关，如经济发展水平、贫困和受教育的程度、公共卫生基础设施、土地利用和政治体制。

气候变化对人类健康产生的影响，主要有直接和间接两种，且以间接影响为主。

直接影响主要包括日益增加的自然灾害（如热浪强度和持续时间的增加等）导致的疾病（如心脑血管和呼吸系统疾病）或死亡。例如，2013 年 7 月，我国南方极端高温天气，部分地区最高气温可达 37 ～ 39 ℃，局地达 40 ℃以上，据不完全统计，截至 8 月，全国各地频频出现"热死人"现象，安徽出现 2 例热射病死亡病例、上海出现 2 例死亡、江苏 2 例死亡、湖南有 3 例环卫工人中暑身亡。

间接影响则更为错综复杂，气候变化引起的各种极端气候现象导致地球生态系统紊乱，许多媒介疾病（如疟疾、登革热、血吸虫病、黄热病及一些病毒性脑炎）的媒介分布范围和季节扩展，造成传染病和自然疫源性疾病的增加和流行区域的扩展。如伴随着气候的变暖，疟疾、登革热、血吸虫、霍乱、脑炎及猩红热病等传染病的传播都会加剧，降雨频繁亦会促进真菌和细菌的增殖感染。极端天气事件和灾害的发生破坏了原有的医疗体系及水、食物和居住场所等生命必需品和生活基础设施，也严重影响了居民心理健康。海平面上升破坏粮食生产系统，使农作物种植面积和产量减少，增加了饥饿人口的数量。粮食缺乏还导致许多贫困农民营养不良。此外，气候变化导致臭氧层破坏、生物多样性降低、荒漠化和干旱增加、环境污染等一系列影响都将直接或间接对人类的健康产生影响。

2.5.3.2　全球变暖对人类健康的影响

气温升高、降水发生变化，大气中的 CO_2 气体含量增加，均对人类健康产生较大影响。评价气候变化对人体健康影响的过程中，除了考虑气候变化对人体健康的直接影响外，还要考虑气候变化对人体健康的间接或潜在影响，如臭氧减少引起的地表紫外辐射增加、农作称产量下降等，均会对人体健康产生巨大影响。

气候变化引起的气温升高、降水发生变化，海平面上升、土地减少、自然灾害增加、农作物减产，使得人类部分地区出现饥饿、营养不良，长期危害健康，特别是青少年和儿童。目前，极端天气对健康的影响、气候变化对媒介传播性疾病影响的研究迅速开展起来，从定性研究逐渐扩展到半定量或定量研究，特别是血吸虫病、疟疾等疾病。

随着全球变暖的速度加快，其后果也会变得愈加严重：由于海洋水温升高，冰川融化，海平面上升，使得极端气候现象发生频繁，高温热浪的频率和强度增加，洪涝干旱、城市热岛效应更明显。全球变暖也将对生态系统产生影响，造成部分旧的物种灭绝的同时必然产生新的物种。改变传染病病原体的存活、变异、媒介昆虫滋生分布及流行病学的特征，会对某些传染性疾病的传播起到推波助澜的作用；海平面和海表面的温度上升，增加了经水传播疾病的发病率。世界卫生组织的一份研究报告证实，在过去的 20 年里至少有 30 种新的传染病出现。有专家认为，随着全球变暖和冰川融化，隐藏在冰川中的古老病毒将有可能释放出来。高温热浪的频率和强度增加，特别是湿度和城市空气污染的增加，进一步加剧了夏季极端高温对人类健康的影响。热浪对人体健康最直接的影响是发病率和死亡率的升高。因此，全球气候变暖对人类健康的威胁是巨大的（仉安娜 等，2009）。

（1）高温热浪对人体健康的影响

气候变化对人体健康的直接影响之一表现为高温热浪对健康的热效应。随着全球变暖，热浪在世界各地频频发作，且强度越来越大。高温热浪使人体无法适应环境，超过人体的耐受极限，热浪对健康的直接影响可表现为热相关疾病。此外，热浪期间一些慢性病如心脑血管疾病、呼吸系统疾病、精神疾病等的发病率和死亡率也有所上升。多数研究认为，热浪期间人群死亡率存在"滞后效应"。即高温不仅影响当日死亡率同时还会对后几天的疾病死亡率产生影响。近几十年来，我国连续遭遇高温热浪袭击，如 1988 年、1998 年、2003 年、2005 年等。2006 年夏季，重庆地区更是遭受了百年一遇的严重高温伏旱。1988 年，我国南京、武汉遭热浪袭击，死亡数达 1488 人；上海 1998 年经历了近几十年来最严重的热浪，热浪期间的总死亡人数达到非热浪期间的 2 ～ 3 倍。通过对广州、上海和南京 3 个城市夏季日最高气温与死亡率的关系分析表明，当日最高温度达到一定程度时，随着日最高气温的增加，死亡率呈明显增加的趋势；死亡率明显增高的气温临界值在广州、上海、南京分别为 34 ℃、34 ℃、35 ℃，与美国纽约、芝加哥和底特律的温度临界值 32 ～ 33 ℃较接近。

不同地区的人群，对温度的敏感度有所不同。热浪基本上频发于夏季，但热浪发生时间、持续时间和区域不同，造成的影响也不同。热浪的影响不仅仅与强度有关，与持续时间和热浪发生的时间关系更为密切。每年夏季初发生的热浪对死亡率具有更加显著的影响，往往造成大规模的人群死亡，这主要是因为早期人们对热浪的适应性较低。发生在中纬度地区的热浪由于发生时间和持续时间变化较大，因此，也造成了这一地区的人群对热浪最为敏感。同时，热浪的影响在城区，尤其是大型城市要比郊区严重得多。这主要是由于城市热岛效应的影响，使得城区的温度高、持续时间长，同时也由于城区里污染比郊区大的缘故，高温热浪对人体健康的影响与空气污染状况有着密切的关系。例如，在1995年美国和威尔士热浪期间，估计死亡人数有一半以上是由高温导致的城市空气污染加重引起的。

热浪除了中暑死亡这种直接影响外，热浪强度和持续时间的增加，也将导致以心脏、呼吸系统为主的疾病或死亡。生理学家的研究表明，一旦气温升至38℃，人体汗腺排汗已难以保持正常体温，不仅肺部急促喘气以呼出热量，心脏跳动速度加快，对于心脏病人有较大危险。当气温升高到39℃，心脏病人易出现猝死的危险。国内进行的一些研究通过心脑血管疾病发病、死亡和同期气象资料的历史资料统计分析、社会调查、动物试验及数理统计方法进行研究和分析，给出了不同天气系统与心脑血管疾病发病的关系，得出了主要气象因子如温度、气压、湿度、风和天气形势对脑卒中、冠心病发病和死亡的影响，得出了夏季心脑血管疾病发病危险的天气特征是：高温天气伴随低气压、气温气压剧烈变化伴随冷锋影响等异常强对流天气，以及高温高湿（平均温度高、温度日较差小）等。当日最高温度达到一定高度时，随着日最高温度的升高，心脑血管疾病的日均死亡率明显增加（陈辉 等，1999）。广州、南京、哈尔滨心脑血管疾病死亡率明显增加的日最高温度临界值分别为31℃、33℃和30℃，气候变暖将导致心脑血管疾病死亡数增多（路凤 等，2008）。

（2）气候变化对媒介传染病的影响

媒介传染病是指以吸血节肢动物（昆虫）为媒介的传染病，动物媒介传染病主要指动物源性传染病，如血吸虫病、疟疾、登革热等由野生动物或饲养动物作为疾病的宿主（传染源）而传播的传染病。

①血吸虫病。气候变化对血吸虫病传播的长期影响可能以间接影响尤为突出。2001年起，周晓农等进行了气候变化对血吸虫病传播影响的系列研究，利用空间分析模型发现我国血吸虫病流行区北界线与平均最低温度 –4℃

等值线相吻合，提示某一地区的最低气温可决定该地区的钉螺分布范围。气候变化引起的湿度变化对血吸虫病传播的潜在影响也较为明显，湿度可改变钉螺滋生地的植被而影响钉螺的分布范围及密度，钉螺的滋生和扩散不断地提供新的潮湿环境。当气候发生变化，降雨量增加，水域面积增多或地面积水面积增加，也可促使血吸虫感染钉螺的机会增多，尾蚴逸出量增多，而哺乳动物接触疫水机会也相应增多，原血吸虫病流行区的流行范围和流行程度也将相应扩大和加重。

20 世纪初，我国长江流域的血吸虫病疫情呈扩散趋势，新流行区不断发现。利用历年 1 月平均气温和最低平均气温资料分析，显示全国冬季气温呈明显上升趋势，冬季气温变暖有利于钉螺越冬（俞善贤 等，2004）。全球变暖使得血吸虫病的流行区分布和传播指数发生明显变化，血吸虫病分布范围的北界线出现北移，范围有所扩大。

②疟疾。气候变化同样直接和间接影响疟疾传播，而对疟疾传播的长期影响可能以间接影响为主。直接影响主要包括温度、降雨量及湿度等因子对疟疾传播的影响。环境温度以多种方式影响疟疾的传播。温度支配媒介蚊种的活动，从而决定疟疾的地理分布，媒介种群的繁殖速率取决于温度，通常蚊媒迅速繁殖的适宜温度在 20 ～ 30 ℃，在此范围内温度增高，蚊媒世代发育的时间缩短，因而媒介密度增高，传播速率增大。温度也影响蚊媒的寿命和吸血行为。最适于蚊媒活动的温度范围是 20 ～ 25 ℃，温度的微小变化可引起吸血频率的极大差异，随温度升高，两次吸血间隔缩短。温度还影响疟原虫在蚊体内的发育，疟原虫在蚊体内发育有一个最低的温度阈值，在自然条件下，有按蚊存在但无疟疾发生的地区，主要是由于温度低限制了疟原虫的孢子增殖。在云南省通过数学模型，预测显示当温度升高 1 ～ 2 ℃时，云南省微小按蚊地区间日疟传播潜势可增加 0.39 ～ 0.91 倍，恶性疟传播潜势可增加 0.6 ～ 1.4 倍。当温度上升 1 ℃时，疟疾传播季节可延长约 1 个月；当温度上升 2 ℃时，传播季节可延长约 2 个月。降雨季节的分布也左右着疟疾流行的年内季节变动，中国南部与缅甸边境、东北部与朝鲜接壤边境及中部黄

淮平原地区将是全国气候变化的敏感区域，需加强监测与预防控制措施（田芳 等，1999）。

气候变化对疟疾流行的间接影响主要包括洪水使沿海及沿江地区遭受洪水机会增大。洪水过后，媒介滋生地扩大，湿度增高，蚊虫密度迅速上升，寿命延长，且灾民通常较集中，生活条件及防蚊条件差，致使疟疾发病率迅速上升。再者全球气候变化，夏季时间和高温时间延长，居民露宿现象相应增加，特别在广大农村地区居民露宿普遍，造成人—蚊接触增多，疟疾流行程度加重。

③登革热。气候变化通过虫媒的地理分布范围发生变化、提高繁殖速度、增加叮咬率及缩短病原体的潜伏期而直接影响登革热传播。气候变化的趋势能使登革热的分布扩散到较高纬度或海拔较高地区。在蚊虫的生存范围内，温度的小幅度升高就会使蚊虫叮咬更加频繁，增加传染性。研究表明，海南省北部地区的整个冬季（3 个月）的温度不适于登革热的传播，而南部地区的冬季温度可能适于登革热的传播，但也仅稍高于适于传播的临界温度（陈文江 等，2002）。气候变化的条件下，特别是持续出现暖冬的情况下，当冬季月平均温度升高 1 ～ 2 ℃时，海南省登革热传播的条件有可能发生根本性改变，北部地区可能变为终年均适于登革热传播，而南部地区的传播均处在较高水平，从而有可能使海南登革热的非地方性流行转变为地区性流行，使登革热的潜在危害性更为严重。以 21 ℃作为适于登革热传播的最低温度，提示冬季气候变化将使海南省半数以上的地区到 2050 年将具备登革热终年流行的气温条件。

（3）特大洪水对人体健康的影响

全球变暖改变极端天气气候事件概率分布和发生地点，特大洪水是极端事件的一种，受到全球气候变暖的影响。特大洪水对人类健康最直接的影响是造成大量人员的溺水死亡。例如，1975 年 8 月初，由于受 7503 号台风影响，河南省南部的伏牛山脉与桐柏山脉之间出现了历史罕见的特大暴雨，暴雨中心河南林庄 8 月 7 日 24 小时降雨量达到了 1060 mm，暴雨引发的洪水冲垮了洪河上游的石漫滩水库和汝河上游的板桥水库这两个大型水库和其他几个中型水库，垮库后更大的洪水淹没了水库下游的板桥镇，造成至少 26 000 多人死亡。1998 年发生在长江流域及松花江、嫩江流域的特大洪水也造成了重大人员伤亡，死亡人数高达三四千人。2007 年夏季，淮河流域平均降水量 465.6 mm，出现了仅次于 1954 年的流域性大洪水，安徽、江苏、河南 3 省有 3000 多万人受灾，死亡人数上百人。

另外，由于短时期的强暴雨引发的短时洪水也会造成重大的人员伤亡。例如，2007 年 7 月 28 日，河南省卢氏县出现强降水，由于降雨量大，时间相对集中，引发了山洪灾害，造成 78 人死亡，18 人失踪；7 月 17 日，重庆遭受了 115 年以来最强暴雨的袭击，造成 55 人死亡；7 月 18 日，山东省济南市遭受了 1958 年以来最大暴雨的袭击，泉城变成了水城，造成严重内涝，因灾死亡 36 人。

（4）气候变化引起的水资源分布异常影响人体健康

气候变暖会导致洪水、干旱等自然灾害发生频率增加，无疑会引发水传播疾病，如霍乱、伤寒、甲肝等传染性疾病的发生。同时，河水温度的上升，会改变水体中的生物化学过程，促进河流里废弃物分解、藻类和细菌增长等，进而使水质下降，从而间接地影响人体健康。

气候变化引起的干旱则通过影响粮食产量甚至颗粒无收而加剧人群的营养不良、诱发饥馑而影响人体健康；水资源短缺期间，水只能用于煮饭而不能用于卫生，增加了疾病的风险，可能爆发流行性疾病。

（5）气候变化加剧大气污染对人体健康的危害

气候变化也会使大气污染更加恶化，从而加剧影响人类健康。例如，气候变暖加速了大气中化学污染物的光化学反应，增加了大气中的光化学氧化剂，会造成人群呼吸疾病和眼睛炎症的发病率升高（安爱萍 等，2005）。气温增高会促进各种次级大气污染物（如臭氧和悬浮颗粒）的产生，由这些大气污染物引发的过敏症、心肺异常和死亡的发生率就相应增加。另外温室气体中以氟氯烃为主的气体对臭氧层有较大的破坏性，导致阳光中紫外线辐射增加，有可能提高皮肤癌、白内障和雪盲的发病率。世界卫生组织指出，非黑色素瘤皮肤癌的发生率在 2050 年后可增加 6% ～ 3.5%（WHO，2006）。气候变暖还可使空气中某些有害物质，例如，真菌孢子、花粉和大气颗粒物随温度和湿度增高而浓度增加，使人群中患过敏性疾病如枯草病、过敏性哮喘和其他呼吸系统疾病的发病率增加。

2.5.3.3　未来气候变化对人体健康的可能影响

在未来气候变暖情景下，血吸虫病、疟疾和登革热等传播的地理范围会略有增加。全球气候变暖后，蚊子变得更为活跃，它们所能到达的地理区域也从赤道向南和向北扩散，这给登革热的传播带来了有利的条件。研究表明，登革热的传播媒介埃及伊蚊和白纹伊蚊对温度最为敏感，只要温度上升 1 ℃，蚊子数量就会增加 10 倍，过去只存在于北回归线以南地区的登革热，将随着气候变暖不断向北。以 21 ℃作为适于登革热传播的最低温度，借助 GIS 评估气候变化对海南省登革热流行潜势的影响，结果显示位于海南省北部的琼海也具备了登革热终年流行的气温条件，提示冬季气候变化将使海南省半数以上的地区到 2050 年将具备登革热终年流行的气温条件（俞善贤 等，2005）。

如果全球平均气温上升 2 ℃，则受疟疾影响的人口比例可能以现在的45% 增至 60%（俞善贤 等，2004）。预计云南省、贵州省等地 2050 年将升温1.7 ～ 2 ℃，疟疾的疫区将向北和高海拔处延伸。以 2030 年和 2050 年我国平均气温将分别上升 1.7 ℃和 2.2 ℃为依据，预测未来全国血吸虫病流行区域的扩散趋势和高危地带。结果显示，血吸虫病流行区域将明显北移，2050 年血吸虫病潜在流行的敏感区域较 2030 年的明显扩大（周晓农 等，2004）。有预测表明安徽省的巢湖、江苏省的洪泽湖都有沦为血吸虫病流行区域的潜力。

参考文献

[1] 何勇，武永峰，刘秋峰. 未来气候变化情景下中国冰冻圈变化影响区域的脆弱性评价
[J]. 科学通报，2013（9）：833–839.

[2] 周幼吾，邱国庆，郭东信，等.中国冻土 [M].北京：科学出版社，2000.

[3] 刘时银，丁永建，张勇，等.塔里木河流域冰川变化及其对水资源影响[J].地理学报，2006，61（5）：482–490.

[4] 王媛，吴立宗，许君利，等.1964—2010年青藏高原长江源各拉丹冬地区冰川变化及其不确定性分析[J].冰川冻土，2013，35（2）：255–262.

[5] 金会军，赵林，王绍令，等.青藏公路沿线冻土的地温特征及退化方式[J].中国科学：地球科学，2006，36（11）：1009–1019.

[6] 马丽娟，秦大河.1957—2009年中国台站观测的关键积雪参数时空变化特征 [J].冰川冻土，2012，34（1）：1–11.

[7] 希爽，张志富.中国近50年积雪变化时空特征[J].冰川冻土，2013，31（3）：451–456.

[8] 姚檀栋，秦大河，沈永平，等.青藏高原冰冻圈变化及其对区域水循环和生态条件的影响 [J].自然杂志，2013，35（3）：179–186.

[9] 巴桑，杨秀海，拉珍.基于多源数据的西藏地区积雪变化趋势分析[J].自然杂志，2012，34（5）：1023–1030.

[10] 唐茂宁，刘煜，李宝辉，等.渤海及黄海北部冰情长期变化趋势分析 [J].海洋预报，2012，29（2）：45–49.

[11] 李彦青，苏洁，汪洋，等.渤海海冰外缘线候平均离岸距离的变化及其关键影响因子[J].中国海洋大学学报：自然科学版，2013，43（7）：7–16.

[12] 刘吉峰，杨健，霍世青，等.黄河宁蒙河段冰凌变化新特点分析[J].人民黄河，2012，34（11）：11–14.

[13] 万金泰，张建国，苗燕.新疆天山北坡中段河流冰凌洪水特征分析[J].冰川冻土，2007，29（5）：819–823.

[14] 曲斌，康世昌，陈锋，等.2006—2011年西藏纳木错湖冰状况及其影响因分析 [J].气候变化研究进展，2012，8（5）：327–333.

[15] 李培基.中国西部积雪变化特征[J].地理学报，1993，48（6）：505–515.

[16] 宋燕，张菁，李智才，等.青藏高原冬季积雪年代际变化及对中国夏季降水的影响

[J]. 高原气象，2011，30（4）：843-851.

[17]　牛涛，刘洪利，宋燕，等. 青藏高原气候由暖干到暖湿时期的年代际变化特征研究 [J]. 应用气象学报，2005，16（6）：763-771.

[18]　茅泽育，王爱民，张磊，等. 开河期冰坝预测方法研究进展 [J]. 水利水电科技进展，2007，27（3）：75-80.

[19]　刘丹，那继海，杜春英，等. 1961—2003 年黑龙江主要树种的生态地理分布变化 [J]. 气候变化研究进展，2007，3（2）：100-105.

[20]　刘俊威，吕惠进. 气候变化对长江中下游湿地的影响及其响应 [J]. 湖南农业科学，2012（3）：73-76.

[21]　李英年，赵亮，赵新全，等. 5 年模拟增温后矮嵩草草甸群落结构及生产量的变化 [J]. 草地学报，2004，12（3）：236-239.

[22]　李荣平，刘晓梅，周广胜. 盘锦湿地芦苇物候特征及其对气候变化的响应 [J]. 气象与环境学报，2006，22（4）：30-34.

[23]　董艳，姜彬慧，于梅，等. 五十年辽河三角洲湿地气候变化对植物种群的影响 [J]. 沈阳化工大学学报，2008，22（1）：29-34.

[24]　祁秋艳. 长期模拟升温对滩涂湿地芦苇生长和光合的影响 [D]. 上海：华东师范大学，2012.

[25]　汪靖华. 气候变化对若尔盖湿地沙化的影响研究 [D]. 四川师范大学，2012.

[26]　肖胜生，杨洁，叶功富，等. 鄱阳湖湿地对气候变化的脆弱性与适应性管理 [J]. 亚热带水土保持，2011，23（3）：36-40.

[27]　王禹石，阮禄章，黄鹏，等. 鄱阳湖越冬季节东方白鹳栖息地选择及保护现状研究 [J]. 安徽农业科学，2010，38（14）：7376-7378.

[28]　王芳，高永刚，白鸣祺. 近 50 年气候变化对七星河湿地生态系统自然植被第一性净生产力的影响 [J]. 中国农学通报，2011，27（1）：257-262.

[29]　沃晓棠. 基于气候变化的扎龙湿地土地利用及可持续发展评价研究 [D]. 哈尔滨：东北农业大学，2010.

[30]　李刚. 东北典型湿地生态环境演变及适应对策研究 [D]. 大连：东北大学，2009.

[31] 张继承，姜琦刚，李远华，等 . 近 50 年来柴达木盆地湿地变迁及其气候背景分析 [J].
吉林大学学报：地球科学版，2007，37（4）：752-758.

[32] 李凤霞，伏洋，肖建设，等 . 长江源头湿地消长对气候变化的响应 [J]. 地理科学进展，
2011，30（1）：49-56.

[33] 张新时 . 全球变化研究的植被—气候分类系统 [J]. 第四纪研究，1993，13（2）：
157-169.

[34] 钟秀丽，林而达 . 气候变化对我国自然生态系统影响的研究综述 [J]. 生态学杂志，
2000，19（5）：62-66.

[35] 卫林，王辉民，王其冬，等 . 气候变化对我国红松林的影响 [J]. 地理研究，1995，14
（1）：17-26.

[36] 宋新强 . LCFORSKA 林隙模型的建立及在全球气候变化研究中的应用 [D]. 哈尔滨：
东北林业大学，2002.

[37] 范敏锐，余新晓，张振明，等 . CO_2 倍增和气候变化对北京山区栓皮栎林 NPP 影响
研究 [J]. 生态环境学报，2010，19（6）：1278-1283.

[38] 徐冰，郭兆迪，朴世龙，等 . 2000—2050 年中国森林生物量碳库：基于生物量密度
与林龄关系的预测 [J]. 中国科学：生命科学，2010，40（7）：587-594.

[39] 赵义海，柴琦 . 全球气候变化与草地生态系统 [J]. 草业科学，2005，17（5）：49-54.

[40] 季劲钧，黄玫，刘青 . 气候变化对中国中纬度半干旱草原生产力影响机理的模拟研
究 [J]. 气象学报，2005，63（3）：257-266.

[41] 牛建明 . 气候变化对内蒙古草原分布和生产力影响的预测研究 [J]. 草地学报，2001，
9（4）：277-282.

[42] 王谋，李勇，黄润秋，等 . 气候变暖对青藏高原腹地高寒植被的影响 [J]. 生态学报，
2005，25（6）：1275-1281.

[43] 苏占胜，陈晓光，黄峰 . 宁夏农牧交错区（盐池）草地生产力对气候变化的响应 [J].
中国沙漠，2007，27（3）：430-435.

[44] 郭连云，吴让，汪青春，等 . 气候变化对三江源兴海县草地气候生产潜力的影响 [J].
中国草地学报，2008，30（2）：5-10.

[45]　吴绍洪，戴尔阜，黄玫，等 . 21 世纪未来气候变化情景（B2）下中国生态系统的脆弱性研究 [J]. 科学通报，2007，52（7）：811–817.

[46]　於琍，李克让，陶波 . 长江中下游区域生态系统对极端降水的脆弱性评估研究 [J]. 自然资源学报，2012，27（1）：82–89.

[47]　高海林，郝润梅，张瑞强，等 . 呼和浩特市生态环境脆弱性评价 [J]. 干旱区资源与环境，2011，25（4）：111–114.

[48]　张龙生，李萍，张建旗 . 甘肃省生态环境脆弱性及其主要影响因素分析 [J]. 中国农业气候资源与区划，2013，34（3）：55–59.

[49]　祁如英，严进瑞，王启兰 . 青海小叶杨物候变化及其对气候变化的响应 [J]. 中国农业气象，2006，27（1）：41–45.

[50]　仲舒颖，郑景云，葛全胜 . 近 40 年中国东部木本植物秋季叶全变色期变化 [J]. 中国农业气象，2010，31（1）：1–4.

[51]　李荣平，周广胜 . 1980—2005 年中国东北木本植物物候特征及其对气温的响应 [J]. 生态学杂志，2010，29（12）：2317–2326.

[52]　李荣平，周广胜，郭春明，等 . 1981—2005 年中国东北榆树物候变化特征及模拟研究 [J]. 气象与环境学报，2008，24（5）：20–24.

[53]　仲舒颖，郑景云，葛全胜 . 1962—2007 年北京地区木本植物秋季物候动态 [J]. 应用生态学报，2008，19（11）：2352–2356.

[54]　徐腊梅，张明，晋绿生，等 . 新疆乌兰乌苏物候变化规律及其对气候变化的响应 [J]. 沙漠与绿洲气象，2007，1（6）：38–42.

[55]　吕景华，白静，苏利军，等 . 气候变暖对呼和浩特地区自然物候的影响 [J]. 气象科技，2012，40（2）：299–204.

[56]　柳晶，郑有飞，赵国强，等 . 郑州植物物候对气候变化的响应 [J]. 生态学报，2007，27（4）：1471–1479.

[57]　王传海，吴飞倩，李淑娟，等 . 西安植物园木本植物近十余年物候变化的特征分析 [J]. 中国农业气象，2006，27（4）：261–264.

[58]　张峰，周广胜，王玉辉 . 内蒙古克氏针茅草原植物物候及其与气候因子关系 [J]. 植物

生态学报，2008，32（6）：1312–1322.

[59]　翟贵明，李振国，王明涛.气候变化对动物物候的影响分析 [J].安徽农业科学，2010，38（18）：9652–9654.

[60]　李世忠，谭宗琨，夏小曼，等.桂北动物物候气候变暖响应 [J].气象科技，2010，38（3）：377–382.

[61]　金会军，李述训，王绍令，等.气候变化对中国多年冻土和寒区环境的影响 [J].地理学报，2000，55（2）：161–173.

[62]　孙菊，李秀珍，胡远满，等.大兴安岭沟谷冻土湿地植物群落分类、物种多样性和物种分布梯度 [J].应用生态学报，2009，20（9）：2049–2055.

[63]　金会军，王绍令，吕兰芝，等.兴安岭多年冻土退化特征 [J].地理科学，2009，29（2）：223–228.

[64]　张森琦，王永贵，赵永真，等.黄河源区多年冻土退化及其环境反映 [J].冰川冻土，2004，26（1）：1–6.

[65]　丁裕国，江志红.气象数据时间序列信号处理 [M].北京：气象出版社，1998.

[66]　丁一汇.中国气候变化科学概论 [M].北京：气象出版社，2008.

[67]　秦大河，张建云，闪淳昌，等.中国极端天气气候事件和灾害风险管理与适应国家评估报告 [M].北京：科学出版社，2015.

[68]　林而达.气候变化与人类：事实、影响和适应 [M].北京：学苑出版社，2010.

[69]　宋燕，刘海波，刘洪滨，等.全国气象部门县局长综合素质轮训讲义（第十五讲）：气候变化及其应对 [M].北京：气象出版社，2010.

[70]　王晓娟，龚志强，任福民，等.1960—2009 年中国冬季区域性极端低温事件的时空特征 [J].气候变化研究进展，2012，8（1）：8–15.

[71]　王艳姣，任福民，闫峰.中国区域持续性高温事件时空变化特征研究 [J].地理科学，2013，33（3）：314–321.

[72]　翟盘茂，任福民，张强.中国降水极值变化趋势检测 [J].气象学报，1999，57（2）：208–216.

[73] 尹晗，李耀辉．我国西南干旱研究最新进展综述 [J]．干旱气象，2013，31（1）：182–193.

[74] 姚遥，罗勇，黄建斌．8 个 CMIP 5 模式对中国极端气温的模拟和预估 [J]．气候变化研究进展，2012，8（4）：250–256.

[75] 陈活泼．CMIP5 模式对 21 世纪末中国极端降水事件变化的预估 [J]．科学通报，2013，58（8）：743–752.

[76] 丑洁明，董文杰，叶笃正．一个经济—气候新模型的构建 [J]．科学通报，2006，51(14)：1735–1736.

[77] 熊伟，林而达，蒋金荷，等．中国粮食生产的综合影响因素分析 [J]．地理学报，2010，65（4）：397–406.

[78] 符琳，李维京，张培群，等．用经济—气候模型模拟粮食单产的方法探究 [J]．气候变化研究进展，2011，7（5）：330–335.

[79] 丑洁明，董文杰，封国林．定量评估气候变化影响经济产出的方法 [J]．科学通报，2011，56（10）：725–727.

[80] 殷培红，方修琦，张学珍，等．中国粮食单产对气候变化的敏感性评价 [J]．地理学报，2010，65（5）：515–524.

[81] 罗慧，许小峰，章国材，等．中国经济行业产出对气象条件变化的敏感性影响分析 [J]．自然资源学报，2010，25（1）：112–120.

[82] 刘杰，许小峰，罗慧．气象条件影响我国农业经济产出的计量经济分析 [J]．气象，2010，36（10）：46–51.

[83] 张建平，赵艳霞，王春乙，等．未来气候变化情景下我国主要粮食作物产量变化模拟 [J]．干旱地区农业研究，2007，25（5）：208–213.

[84] 谢晨，赵萱，王赛，等．气候变化对森林和林业的影响及适应性政策选择：基于全球和我国的相关研究进展 [J]．林业经济，2010，215（6）：94–104.

[85] 王威．森林资源的价值分析 [J]．统计与咨询，2010（2）：57–58.

[86] 国家林业局．2012 中国林业发展报告 [M]．北京：中国林业出版社，2012.

[87] 简盖元，王文烂，刘伟平，等.森林碳生产的认识、方式与政策保障 [J].林业经济问题，2012，32（4）：313-316.

[88] 林德荣，李智勇，吴水荣，等.林业减排增汇机制对中国多功能森林经营的影响与启示 [J].世界林业研究，2011，24（3）：22-25.

[89] 李怒云，冯晓明，陆霁.中国林业应对气候变化碳管理之路 [J].世界林业研究，2013，26（2）：1-7.

[90] 戴铭，周涛，杨玲玲，等.基于森林详查与遥感数据降尺度技术估算中国林龄的空间分布 [J].地理研究，2011，30（1）：172-184.

[91] 刘双娜，周涛，魏林艳，等.中国森林植被的碳汇 / 源空间分布格局 [J].科学通报，2012，57（11）：943-950.

[92] 郭兆迪，胡会峰，李品，等.1977—2008 年中国森林生物量碳汇的时空变化 [J].中国科学：生命科学，2013，43（5）：421-431.

[93] 李怒云，黄东，张晓静，等.林业减缓气候变化的国际进程、政策机制及对策研究 [J].林业经济，2010（3），22-25.

[94] 张涛涛，延军平，李双双，等.气候变化对晋西北地区风能资源的影响 [J].干旱气象，2012，30（2）：202-206.

[95] 陈莉，方修琦，李帅.气候变暖对中国严寒地区和寒冷地区南界及采暖能耗的影响 [J].科学通报，2007，52（10）：1195-1198.

[96] 段海来，千怀遂.广州市城市电力消费对气候变化的响应 [J].应用气象学报，2009，20（1）：80-87.

[97] 石磊，孙晓光，王腾.近 30 年拉萨贡嘎机场雷暴的气候统计特征 [J].西藏科技，2013（1）：51-53.

[98] 刘子臣，赵改英.陇海铁路宝鸡：天水段路基的气象灾害及路基气象综合效应研究 [J].灾害学，1995，10（4）：38-42.

[99] 中国 GPI 研究组.中国的真实进步指标（GPI）系统：一种促进可持续发展的工具 [J].中国科学院院刊，2010，25（2）：180-185.

[100] 吴兑，吴晓京，李菲，等.1951—2005 年中国大陆霾的时空变化 [J].气象学报，

2010，68（5）：680-688.

[101] 王春乙，王石立，霍治国，等 . 近 10 年来中国主要农业气象灾害监测预警与评估技术研究进展 [J]. 气象学报，2005，63（5）：659 - 671.

[102] 刘彤，闫天池 . 我国的主要气象灾害及其经济损失 [J]. 自然灾害学报，2011，20（2）：90-95.

[103] 陈云峰，高歌 . 近 20 年我国气象灾害损失的初步分析 [J]. 气象，2010，36（2）：76-80.

[104] 魏书精，胡海清，孙龙 . 气候变化对我国林火发生规律的影响 [J]. 森林防火，2011（1）：30-34.

[105] 张国庆 . 气候变化对生物灾害发生的影响及对策 [J]. 现代农业科技，2011（1）：318-321.

[106] 何善勇，温俊宝，骆有庆，等 . 气候变暖情境下松材线虫在我国的适生区范围 [J]. 应用昆虫学报，2012，49（1）：236-243.

[107] 赵荐芳 . 云南省电力能源应对旱灾风险的能力评价与对策探讨 [J]. 中国农村水力水电，2013（3）：90-93.

[108] 中国南方电网有限责任公司 . 南方电网 2008 年冰灾电网受损分析报告 [EB/OL].（2008-03-20）[2017-05-15]. http://www.cec.org.cn/yaowenkuaidi/2010-11-27/30057.html.

[109] 钟利华，周绍毅，邓英姿，等 . 广西近年高温干旱气象灾害及对电力供求的影响 [J]. 灾害学，2007，22（3）：81-84.

[110] 人民网 . 北京 7·21 特大暴雨全市损失近百亿元 190 万人受灾 [EB/OL].（2012-07-23）[2017-03-15]. http://society.people.com.cn/ GB/n/2012/0723/c1008-18571807.html.

[111] 罗忠红，江航东，魏嵩 . 2009 年天气对航班影响分析 [J]. 中国民用航空，2010（115）：44-46.

[112] 仇安娜，尚尔泰，张国毅 . 气候变化对人类健康影响的探讨 [J]. 环境保护与循环经济，2009，29（5）：52-54.

[113] 陈辉，田生春，李鸿洲，等 . 天气、气候变化与心、脑血管疾病死亡 [J]. 气候与环

境研究，1999，4（1）：19–23.

[114] 路凤，金银龙，程义斌.气象因素与心脑血管疾病关系的研究进展 [J].环境卫生学杂志，2008，35（2）：83–87.

[115] 陈文江，林明和.海南省全年适于登革热传播的时间以及气候变暖对其流行潜势影响的研究 [J].中国热带医学，2002，2（1）：31–34.

[116] 安爱萍，郭琳芳，董葱青.我国大气污染及气象因素对人体健康影响的研究进展 [J].环境与职业医学，2005，22（3）：279–282.

[117] 周晓农，杨坤，洪青标，等.气候变暖对中国血吸虫病传播影响的预测 [J].中国寄生虫学与寄生虫病杂志，2004，22（5）：262–265.

[118] 杨坤，潘婕，杨国静，等.不同气候变化情景下中国血吸虫病传播的范围与强度预估 [J].气候变化研究进展，2010，6（4）：248–253.

[119] 俞善贤，李兆芹，滕卫平，等.冬季气候变暖对海南省登革热流行潜势的影响 [J].中华流行病学杂志，2005，26（1）：25–28.

[120] 俞善贤，滕卫平.我国气候与主要传染病研究的现状分析 [C]// 气候变化与生态环境研讨会文集.北京：气象出版社，2004.

[121] 李永红，陈晓东，林萍.高温对南京市某城区人口死亡的影响 [J].环境与健康杂志，2005，22（1）：6–8.

[122] 李永红，程义斌，金银龙，等.气候变化及其对人类健康影响的研究进展 [J].医学研究杂志，2008，37（9）：96–97.

[123] 易彬樱，张治英，徐德忠，等.气候因素对登革热媒介伊蚊密度影响的研究 [J].中国公共卫生，2003，19（2）：129–131.

[124] 于德山，李慧，鲍道日娜，等.甘肃省 1983—1997 年流行性乙型脑炎疫情分析 [J].中国公共卫生，1999，15（4）：638–639.

[125] 吴珍，金银龙，徐东群.热浪对健康的影响及其应对措施 [J].环境卫生学杂志，2013，3（3）：256–260.

[126] 唐国平，李秀彬，刘燕华.全球气候变化下水资源脆弱性及其评估方法 [J].地球科学进展，2000，15（3）：313–317.

[127] Zhao L, Jin H J, Li C C, et al. The extent of permafrost in China during the Local Last Glaciation Maximum (LLGM) [J]. Boreas, 2014, 43 (3): 688-698.

[128] Wu Q B, Dong X F, Liu Y Z, et al. Responses of permafrost on the Qinghai-Tibet Plateau, China, to climate change and engineering construction [J]. Arctic, Antarctic, and Alpine Research, 2017, 39 (4): 682-687.

[129] Yang M X, Nelson F E, Shiklomanov N I, et al. Permafrost degradation and its environmental effects on the Tibetan Plateau: A review of recent research[J]. Earth-Science Reviews, 2010, 103 (1-2): 31-44.

[130] Jin H J, Yu Q H, Lü L Z, et al. Degradation of permafrost in the Xing anling Mountains, Northeastern China[J]. Permafrost & Periglacial Processes, 2007, 18 (2), 245-258.

[131] Kosaka Y, Xie S P. Recent global-warming hiatus tied to equatorial Pacific surface cooling[J]. Nature, 2013, 501 (7467): 403-407.

[132] Prowse T, Brown K. Hydro-ecological effects of changing Arctic river and lake ice covers: a review[J]. Hydrology research, 2010, 41 (6): 454-461.

[133] Shi yin L, Yong Z, Ying song Z, et al. Estimation of glacier runoff and future trends in the Yangtze River source region, China[J]. Journal of Glaciology, 2009, 55 (190): 353-362.

[134] Dibike Y, Prowse T, Saloranta T, et al. Response of Northern Hemisphere lake-ice cover and lake-water thermal structure patterns to a changing climate[J]. Hydrological Processes, 2011, 25 (19): 2942-2953.

[135] Yue T X, Fan Z M, Liu J Y. Changes of major terrestrial ecosystems in China since 1960[J]. Global and Planetary Change, 2005, 48 (4): 287-302.

[136] Liu H J, Bu R C, Liu J T, et al. Predicting the wetland distributions under climate warming in the Great Xing' an Mountains, Northeast China[J]. Ecological Research, 2011, 26 (3): 605-613.

[137] Xiao qiu C, Bing H, Yu R. Spatial and temporal variation of phenological growing season

and climate change impacts in temperate eastern China[J]. Global Change Biology, 2005, 11（7）: 1118-1130.

[138] Zhou Guoyi, Peng Changhui, Li Yuelin, et al. A climate change-induced threat to the ecological resilience of a subtropical monsoon evergreen broad-leaved forest in Southern China[J]. Global Change Biology, 2013, 19（4）: 1197-1210.

[139] Bai Fan, Sang Weiguo, Jan C, et al. Forest vegetation responses to climate and environmental change: A case study from Changebai Mountain, NE China[J]. Forest Ecology and Management, 2011, 262（11）: 2052-2060.

[140] Zhao Junfang, Yan Xiaodong, Jia Gensuo. Simulating net carbon budget of forest ecosystems and its response to climate change in Northeastern China using improved FORCCHN[J]. Chines Geographical Science, 2012, 22（1）: 29-41.

[141] Dai L, Jia J, Yu D, et al. Effects of climate change on biomass carbon sequestration in old-growth forest ecosystems on Changbai Mountain in Northeast China[J]. Forest Ecology and Management, 2013, 300（4）: 106-116.

[142] Ren W, Tian H, Tao B, et al. Impacts of tropospheric ozone and climate change on net primary productivity and net carbon exchange of China's forest ecosystems[J]. Gobal Ecology and Biogeography, 2011, 20（3）: 391-406.

[143] Liu S N, Zhou T, Wei L Y, et al. The spatial distribution of forest carbon sinks and sources in China[J]. Chinese Science Bulletin, 2012, 57（14）: 1699-1707.

[144] Liu Zhihua, Jian Yang, Yu Chang, et al. Spatial patterns and drivers of fire occurrence and its future trend under climate change in a boreal forest of Northeast China[J]. Global Change Biology, 2012, 18（6）: 2041-2056.

[145] Gopal. Future of wetlands in tropical and subtropical Asia, especially in the fact of climate change[J]. Aquatic Science, 2013, 75（1）: 39-61.

[146] Cao L, Zhang Y, Barter M, et al. Anatidae in eastern China during the non-breeding season: geographical distributions and protection status[J]. Biological Conservation, 2010, 143（3）: 650-659.

[147]　Wu G L，Li W，Zhao L P，et al. Above- and below-ground response to soil moisture change on an alpine wetland ecosystem in the Qinghai-Tibetan Plateau，China[J]. Journal of Hydrology, 2013，476（4）：120-127.

[148]　Zhao J，Yan X，Guo J，et al. Evaluating spatial-temporal dynamics of net primary productivity of different forest types in Northeastern China based on improved FORCCHN[J]. PLos One，2012，7（11）：e48131.

[149]　Huo Changfu，Cheng Genwei，Lu Xuyang，et al. Simulating the effects of climate change on forest dynamics on Gongga Mountain，Southwest China[J]. Journal of Forest Research，2010，15（3）：176-185.

[150]　Peng Changui，Zhou Xiaolu，Zhao Shuqing，et al. Quantifying the response of forest carbon balance to future climate change in Northeastern China：Model validation and prediction[J]. Global and Planetary Change，2009，66（3-4）：179-194.

[151]　Wang Y H，Zhou G S. Modeling responses of themeadow steppe dominated by Leymus chinensis to climate change[J]. Climatic Change，2007，82（3）：437-452.

[152]　Zhai P M，Zhang X B，Wan H. Trends in Total Precipitation and Frequency of Daily Precipitation Extremes over China [J]. Journal of Climate，2005，18（7）：1096-1108.

[153]　Irland L C，Adams D，Alig R，et al. US National Climate Change Assessment on Forest Ecosystems: An Introduction[J]. BioScience，2001，51（9）：753-764.

[154]　Sohngen B，Sedjo R. Impacts of climate change on forest product markets：implications for North American producers[J]. Forestry Chronicle，2001，81（5）：669-674.

[155]　Kirilenko A P，Sedjo R A. Climate change impacts on forestry[J]. PNAS，2007，104（50）：19697-19702.

[156]　Zhou T，Shi P J，Jia G S，et al. Nonsteady State Carbon Sequestration in Forest Ecosystems of China Estimated by Data Assimilation[J]. Journal of Geophysical Research：Biogeosciences，2013，118（4）：1369-1384.

[157]　Pan Y，Birdsey R A，Fang J Y，et al. A large and persistent carbon sink in the world's forests[J]. Science Express，2011，333：988-993.

[158] Qian H，Yuan S，Sun J，et al. Relationships between energy consumption and climate change in China[J]. Journal of Geographical Sciences，2004，14（1）：87–93.

[159] Zhou Y Y，Eom J Y，Clarke L. The effect of global climate change，population distribution，and climate mitigation on building energy use in the US and China[J]. Climatic Change，2013，119（3–4）：979–992.

[160] Koetse M J，Rietveld P. The impact of climate change and weather on transport：An overview of empirical findings[J]. Transportation Research Part D：Transport and Environment，2009，14（3）：205–221.

[161] Field C B，Barros V，Stocker T F，et al. Managing the Risks of Extreme Events and Disasters to Advance Climate Change Adaptation，A Special Report of Working Groups I and II of the Intergovernmental Panel on Climate Change[J]. Journal of Clinical Endocrinology and Metabolism，2012，18（6）：586–599.

[162] Mortsch L D. Impact of climate change on agriculture，forestry and wetlands[M]. Boca Raton：CRC Press，2006.

[163] Zhou B，Gu L，Ding Y，et al. The Great 2008 Chinese Ice Storm：Its Socioeconomic–Ecological Impact and Sustainability Lessons Learned[J]. Bulletin of the American Meterological Society，2011，92（1）：47–60.

[164] Flannigan M D，Logan K A，Amiro B D，et al. Future Area Burned in Canada[J]. Climate Change，2005，72（1）：1–16.

[165] Dennison P E，Brewer S C，Arnold J D，et al. Large wildfire trends in the western United States，1984—2011[J]. Geophysical Research Letters，2014，41（8）：2928–2933.

[166] WHO. Preventing Disease through Healthy Environments：Towards an Estimate of the Environmental Burden of Disease[J]. Engenharia Sanitaria E Ambiental，2007，12（2）：115–116.

[167] Vorosmarty C J，Green P，Salisbury J，et al. Global water resources：vulnerability from climate change and population growth [J]. Science，2000，289（5477）：284–288.

[168] Delpla I，Jung A V，Baures E，et al. Impacts of climate change on surface water quality in relation to drinking water production [J]. Environment International，2009，35（8）：1225-1233.

[169] Bowes M D，Crosson P R. Consequences of climate change for the mink economy： impacts and responses [J]. Climatic Change，1993，24（1-2）：131-158.

第三章　适应气候变化

内容提要　　本章讲述适应气候变化的相关内容。适应是通过调整自然和人类系统以应对实际发生或预估的气候变化或影响，是针对气候变化影响趋利避害的基本对策。

气候总是不断变化的，因此适应气候变化对人类的生存和发展具有重要意义，适应气候变化在应对气候变化工作中占有重要位置。适应的长期目标是构建气候智能型经济和建成气候适应型社会，这也是全球可持续发展的一个重要内容。

气候变化的影响有利有弊，但总体上以负面影响为主。由于气候变化的巨大惯性，即使人类能够在不久的将来把全球温室气体浓度降低到工业革命以前的水平，全球气候变化及其影响仍将延续数百年。因此，人类必须采取适应措施，在气候变化的条件下保持社会经济的可持续发展。适应的核心是避害趋利，避害指最大限度减轻气候变化对自然系统和人类社会的不利影响，趋利指充分利用气候变化带来的某些有利机遇发展工农业生产。

适应对策的基础是对气候变化影响的科学评估。由于未来的气候变化情景、评估模型等都存在薄弱环节和不确定性，因此，开展持续性的气候变化影响评估是未来适应对策的长期基础性工作。

本章首先对适应气候变化做了概述，然后讲述了陆地水文资源、陆地生态系统、近海和海岸带环境、农业、能源、重大工程建设、工业与交通、人居生活、人体健康、区域发展等对气候变化的适应。

3.1 适应气候变化概述

适应和减缓是人类应对气候变化的两大对策，减缓是指 CO_2 等温室气体的减排与增汇，是解决气候变化问题的根本出路。适应是通过调整自然和人类系统以应对实际发生或预估的气候变化或影响，是针对气候变化影响趋利避害的基本对策。由于气候变化的巨大惯性，即使人类能够在不久的将来把全球温室气体浓度降低到工业革命以前的水平，全球气候变化及其影响仍将延续数百年，因此人类必须采取适应措施，在气候变化的条件下保持社会经济的可持续发展。

适应与减缓二者相辅相成，缺一不可；但对于广大发展中国家应优先考虑适应。由于发展中国家现有温室气体排放水平很低，又处于工业化和城市化的历史发展阶段，对能源的需求迅速增长，减排是长期、艰巨的任务，而气候变化对发展中国家的不利影响更为突出，适应更具有现实性和紧迫性。

适应最初的定义来自于生物学，是指生物在生存竞争中适合环境条件而形成一定性状的现象，是自然选择的结果，后来适应概念扩展到文化和社会经济等领域。气候变化中适应的内涵包括适应全球与区域气候变化的基本趋势；应对极端天气气候事件；适应气候变化带来的一系列生态后果，如海平面上升、冰雪消融、海洋酸化、生物多样性改变、生态系统演替等。

适应体现了人与自然和谐相处的理念，人类必须按照自然规律调整和规范自己的行为来适应环境，而不是盲目改造和征服自然。适应是一个动态过程。自大气圈形成以来全球气候一直在演变，生物在不断地适应中实现物种进化。人类本身也是地质史上气候变化的产物：第四纪大冰期的到来迫使类人猿从树上迁移到地面，在与恶劣气候的斗争中学会了制造、使用工具并产生语言，形成原始的社会形态。几千年的文明史是人类对气候不断适应，科技与社会不断进步的过程。人类社会是在对气候"不适应—适应—新的不适应—新的适应"的循环往复过程中发展起来的。因此，适应并非都是消极和被动的，在一定的意义上，适应是生物进化和人类社会进步的一种动力。适应涉及人类社会、经济和生态的方方面面。

我国气候条件复杂，生态环境脆弱，易受气候变化的不利影响。在农业、林业、水资源和海岸带等领域需采取措施，积极适应气候变化。

我国适应气候变化的原则包括：①突出重点。在全面评估气候变化影响和损害的基础上，在战略规划制定和政策执行中充分考虑气候变化因素，重点针对脆弱领域、脆弱区域和脆弱人群开展适应行动；②主动适应。坚持预防为主，加强监测预警，努力减少气候变化引起的各类损失，并充分利用有利因素，科学合理地开发利用气候资源，最大限度地趋利避害；③合理适应。基于不同区域的经济社会发展状况、技术条件及环境容量，充分考虑适应成本，采取合理的适应措施，坚持提高适应能力与经济社会发展同步，增强适应措施的针对性；④协同配合。全面统筹全局和局部、区域和局地及远期和近期的适应工作，加强分类指导，加强部门之间、中央和地方之间的协调联动，优先采取具有减缓和适应协同效益的措施；⑤广泛参与。提高全民适应气候变化的意识，完善适应行动的社会参与机制。积极开展多渠道、多层次的国际合作，加强南南合作。

我国适应气候变化的战略包括：①"适应与减缓并重"，进一步提高适应在气候变化乃至整个国家发展中的战略地位；②把握"趋利避害"原则，利用气候变化带来的有利机遇，规避预见到的可能风险，使得资源利用最大化、损失最小化；③确立"有序适应"目标，协调不同部门，从而实现科学应对气候变化目标，达到"有序应对、整体最优、长期受益"；④从"适应现在"到"适应未来"，开展适应未来的适应气候变化工作，主动提高各个层面的适应能力；⑤从"基础科学"到"适应技术"，加强适应气候变化的相关基础和应用研究；⑥从"适应科学"到"适应政策"，借鉴国内外经验，进一步完善中国适应政策体系和决策机制；⑦从"适应管理"到"适应治理"，推动建立"气候善治"的适应治理结构，充分发挥政府、企业和社会团体等多主体的作用。

适应气候变化的重点任务包括：①构建包括气候变化适应的影响—脆弱性—风险—能力研究的各环节的基础研究体系，增强适应措施的针对性，加强气候变化监测、预测和数据信息平台建设，夯实适应科学研究基础；②研发和推广符合中国国情的适应气候变化技术，构建适应技术集成体系；③将气候变化及其影响作为经济社会发展规划的重要基础，对重大工程和基础设施建设进行充分的气候论证，修改或提高设计标准；④加强针对社会经济系统的适应研究，提高产业和能源等非传统适应领域的适应能力；⑤完善适应体系和决策机制，推进构建更完善的适应气候变化政策体系；⑥构建适应气候变化治理体系，将气候风险、气候保险和服务纳入治理结构。

3.2 陆地水文资源对气候变化的适应

在全球变暖背景下，水资源量将会发生改变，可能会影响水资源的可持续利用，并且极端水文事件可能会发生得更加频繁，造成更大的危害。从水资源科学管理的角度，应对气候变化包括气候趋势性缓变和应对极端天气气候事件两个方面。

在应对气候变趋势性变化方面，需从以下几方面考虑。

①转变水资源管理思路，将气候变化影响纳入水资源管理、评价和规划中。通过立法等手段，推动各地在制定地区经济发展和城市发展规划时，将本地区的水资源承载能力及气候变化对水资源承载能力的影响作为约束性条件加以考虑，并使这一要求具体地落实到建设项目中，以提高全社会合理开发和利用水资源的水平。特大城市和大城市，尤其要做好水资源承载能力评价及气候变化对水资源承载能力的影响评价。

②加强需水管理，全面建设节水型社会。我国目前水的有效利用率很低。如地处干旱半干旱地区的宁夏，1996 年全区水的有效利用率，农业为 37%、城镇居民生活为 25%、工业仅为 14%。这既反映出节水的紧迫性，又显示出节水的潜力很大。因此，应积极采用节水新技术和新措施，节约工业用水、城市生活用水和农业灌溉用水；应通过加强水资源调配、改进现有基础设施的管理、提高水价、加大污水处理和回用等措施，促进全社会节水。同时，加强水土保持、小流域治理等生态环境保护工程建设，因地制宜发展各种微水工程，使降水更多地转化为可用水资源，以充分利用大气降水。

③实施严格的水资源保护，维护水资源的可再生能力，强化城市再生水的利用。

④建设淡水调蓄工程，提高水资源供给的应变能力。我国北方地区夏季降水多，冬春雨雪少，降水年际变化大。因此，建设小型水库等水利工程，对于调剂季节性或年际间降水余缺，充分利用当地降水资源具有重要作用。原有的不少水库已不具备足够的调蓄能力，需要建设或改建一批中小型水库。相对而言，我国南方降水多，北方降水少且年际变率大，从长远考虑，建设一批大型蓄水工程，实施南水北调也是十分必要的。

⑤加强水资源变化的监测和水资源变化规律的研究。我国降水和水资源的时空变化非常大，加强对降水、江河径流、地下水位、土壤墒情及植被的实时监测，提高各种时段（从日到月、季、年）天气气候和水文预报的准确率，可以改善水库调度，科学地指导灌溉，及时部署防洪减灾。但目前降水站网的观测密度和观测方式尚不足以全面、准确地监测时空分布极不均匀的降水，更不足以评估降水资源的实际分布。因此，亟须加强天气气候和水文的监测、预测工作，加深气候变化对水资源影响机理的认识，提高预测气候变化及其对水资源影响的可靠性。

在应对极端天气气候事件方面，需注重以下措施：①加强应急预案编制和应急机制建设；②加快水资源管理信息系统建设；③对重点地区（如黄淮海、西北干旱区等）和重点问题（如气候变化导致的水资源时空分布变化、供需关系变化、水生态水环境恶化等）开展专项研究；④加强基础设施建设，提高设计标准，增强水资源调配能力。

闻昕和方国华（2015）提出气候变化影响评估与水资源适应性调度研究方法与框架，建立气候变化条件下水资源系统模拟和适应性调度模型，利用ELQG算法对模型进行求解，并且以钱塘江流域为实例，评估气候变化条件对流域水文水资源系统的影响，并对水资源适应性调度展开研究。

需要注意的是，我国地域广大，不同区域水资源情况不同，面临的问题也存在差异，适应对策的重点也不同。需针对不同流域的实际情况和面临的水资源问题，提出具有区域特色并且切实可行的适应对策。

3.3 陆地生态系统对气候变化的适应

陆地生态系统是一个可以自我调控的系统，对气候变化具有一定的自适应能力。一般来说，生态系统的生物多样性越多，系统种类越丰富，结构越复杂，生产力越高，系统越稳定，抗干扰的自适应回复能力越强，反之亦然。同时，适应能力还与社会经济的基础条件和人类的影响有关。

虽然陆地生态系统对气候变化具有一定的自适应能力，但仍需采取一定的人为保护措施，因为生态系统的自适应能力是有限的。如果未来气候变化幅度过大、胁迫时间过长，超出了生态系统本身的调节和修复能力，就会造成生态系统自身不能适应气候变化，发生不可逆转的变化。

3.3.1 森林生态系统

森林生态系统适应的技术措施主要包括：植树造林、提高森林覆盖率，扩大封山育林面积，科学经营管理人工林，提高森林火灾、病虫害的防御和控制能力等。

3.3.2　草地生态系统

草地生态系统适应的技术措施主要包括：草场封育，调整草场放牧方式和时间，在有条件的地方增加草原灌溉和人工草场，合理利用草场资源等。

3.3.3　湿地生态系统

目前我们国家需要恢复和保护湿地，扩大湿地面积，打击违法占用湿地的行为。优化水坝、水闸等水利工程的调度机制，科学管理湿地生态系统，加强湿地生态治理和污染控制，提高抵御气候变化风险的能力。

3.3.4　荒漠生态系统

荒漠生态系统适应气候变化可以从保护荒漠资源、防治荒漠化、合理利用水资源、保护生物多样性和灾害防治等方面进行。需要加强生物治理技术的推广应用，加大工程治理荒漠化力度，研究化学治理技术的开发和应用，建立健全荒漠化土地综合整治与管理体系。

适应气候变化，减少气候变化对陆地生态系统的不利影响，增强陆地生态系统的自适应能力，事关自然系统自身的可持续发展，更是保障生态安全、促进人与自然和谐发展的需求，直接关系到人类社会的可持续发展。

3.4　近海和海岸带环境对气候变化的适应

由于沿海地区快速的经济发展和土地资源的稀缺，适应和防护都将是应对气候变化和海平面上升的有效方法。提高海岸防护建筑物的设计标准和实行海岸带综合管理是两项有效的适应措施。

近海和海岸带环境适应气候变化的措施包括：①加强对海平面上升及影响的监测和预警；②加强沿海生态修复和植被保护；③将海平面变化纳入沿海工程设防标准；④制定海岸带和海洋开发利用与治理保护的总体规划和功

能区划，实施海岸带综合管理。

3.5　农业对气候变化的适应

3.5.1　国家适应技术和措施

对农业适应气候变化来说，适应技术和措施具有重要现实意义，在减缓气候变化不利影响方面具有重要作用。开展农田生态环境建设、科学调整农业种植制度、推广生态农业管理模式、统筹协调水源管理等都是适应气候变化的积极行动，可以提高农业生产对气候变化不利影响的抵御能力，增强适应能力，最大限度地减少损失和实现增收。

具体措施包括：①坚持可持续发展道路，加强法律法规的制定和实施；②加强农业集约化程度高的地区的生态农业建设，促进适应气候变化的适应和减缓相结合；③加强农业基础设施建设，不断提高农业对气候变化的适应能力和抗灾减灾能力；④科学调整农业结构和种植制度，适应气候变化；⑤加强良种研究，选育抗逆品种，采用稳产增产技术；⑥发展农村多元化农业，即发展多种经营模式、多种生产类型、多层次的农业经济结构。

3.5.2　区域适应技术和措施

我国地域广阔，各地自然条件、资源基础、经济与社会发展水平差异较大，气候变化对不同地区和不同种类的作物的产量影响不同，因此，应充分发挥各地的优势，结合现代科学技术，因地制宜，发展具有鲜明地域特色的农业模式。

东北：气候变暖，有利于东北农业的发展，如冬小麦的引进、水稻种植面积的扩大等，但干旱、洪涝、低温冷害和霜冻等极端气候事件可能会对新的农业种植模式提出挑战。

华北：虽然华北是南水北调的受水区，但干旱化依然是未来农业生产的主要制约因素，需依法管理现有和调入的水资源，打破过去分散的管理体制，建立以区域、流域和水文地质单元为单位的高度协调的水资源管理系统，强化依法监督，规范人们的水事活动，保护水资源和水环境。同时，需做好沙漠化防治，做好退耕还林（草）、植被恢复和建设工作；改良沙漠化防治和治理林草品种，培养和选用抗旱新品种；调整沙漠化防治体系结构和布局，防沙治沙与产业相结合，减轻环境压力。

西北：受气候变化的影响，西北地区脆弱的生态系统在人类开发活动影响下，致使河流下游断流，天然绿洲退化及土地荒漠化等问题发生，造成缺水和干旱成为制约西北地区可持续发展的最突出问题。为适应气候变化的影响要建设渠道防渗工程以减少蒸发，同时需要改变灌溉方式，实行节水灌溉，建立节水灌溉体系。根据生态治理区的水资源条件，采取宜林则林、宜荒则荒、宜草则草的原则，按照保护、恢复的顺序科学治理生态，使西北草原和绿洲农业适应气候变化。

华东：华东地区经济发达，处于大江大河的下游，地势平坦，东面濒临海洋，如果遇到特大的洪涝灾害对农业造成的损失会非常巨大。对于该地区来说，气候变化可能增加农业生产涝灾及海平面上升的风险，因此，需要加大江河、湖泊和海塘等防灾减灾工程的力度，根据未来气候变化对工程的可能影响，充分考虑应对气候变化影响的有关措施，增加抵御洪涝灾害、海岸侵蚀等灾害的能力。进一步加强旱涝灾害预警工程建设，提升对极端天气气候的监测预警能力。

华中：严重的干旱和洪涝随着气候变化日趋加重，极大地危害了该区的农业和经济发展，需要加大防洪抗旱减灾工作的力度，加强工程蓄水行洪能力，充分发挥水利工程的抗旱防涝作用，科学调度抗旱水源。

华南：气候变暖将导致部分地区的极端高温事件增多，为减少高温事件对农业生产的危害，需要调整农业生产管理方式和方法，如调整播种日期；同时加强抗高温品种的引进，以及热带作物的北移。为增强适应海平面上升的能力，要提高基础防潮设施的标准和防潮能力，减少海平面上升对农业生产的危害。

　　西南：西南是气候灾害和山地灾害频发的地区。气候变化，特别是极端气候事件的变化会加剧泥石流、滑坡和水土流失的发生频率和程度，过度农业开发会进一步加剧各种地质灾害的风险。因此，为适应这些变化，要继续加强退耕还林、还草建设，提高农民在气候变化下的防灾和水土保持意识，加快和提高水土保持各项治理工程的进度、质量。特别需要充分利用西藏可能增加的水资源，保护好青藏高原地区的天然草地。

　　适应气候变化的重点对策包括：调整农作物布局；发展现代生物与高新技术；调整农业管理措施；改善农业基础设施与条件。

　　今后优先适应的领域包括：因地制宜地选择和执行可持续发展的农业模式；增强农业生产的防灾、抗灾能力，增加农业生产的稳定性；在气候适宜和其他条件满足地区调整农业结构和种植制度，适应气候变化；各级政府需加大对"三农"的支持力度。

3.5.3　农业适应气候变化的典型案例

（1）东北小麦

　　东北地区的冬麦北移和水稻种植面积的扩大（林而达，2010）。东北地区是近50年来（1951—2000年）我国增温最快的地区之一。自1970年以来，东北地区的气温升高了1 ℃，冬季升温高于夏季，夜晚升温高于白天，出现了日温差减小。由于气候变暖增加了农业气候热量资源，为作物种植制度的调整提供了条件。冬麦北移和水稻种植面积的扩大是农业趋利避害，适应该地区气候变化的有效措施。冬麦北移是指在冬春麦交界地带和冬春有稳定积雪地带，由春麦改种冬麦，扩大冬麦种植面积，即将我国冬小麦产区从目前的长城以南的华北地区向东北和西北延伸。冬麦北移理论上不仅可以更高效地利用土地与气候资源，根据不同的生态位，改进作物间套作模式，实现一年二熟或二年三熟，为立体农业开发提供了希望。而且，由于增加了冬季地表覆盖，可以起到保护水土、防风固沙的作用。总之，冬麦北移为生态农业的发展和适应气候变化、趋利避害起到了重要作用。东北地区水稻种植面积近 20 年来大幅度增加，也是适应气候变暖的结果。1980 年，东北地区水稻种植面积只有 400 万亩 [①]，到 2007 年已达 3300 万亩，以前是水稻禁区的伊春、黑河地区现在也可以种植水稻。在原先属于水稻种植次适宜和不适宜地区的 47°N 以北地区，水稻种植面积出现了大规模增加。东北地区水稻种植面积的扩大，既是适应气候变化，充分利用气候资源获得农业高产的体现，也是强化农业环境治理，实现高效农业的有效措施。原来包括三江平原在内的低产田，产量只有 100 千克/亩左右，通过种植水稻，产量提高到 500 千克/亩以上。为改造中低产田提供了样板，积累了成功经验。

（2）陕西苹果

陕西省以苹果为主的果业已成为农村经济发展最快，效益最好的产业之一。2008 年，全省苹果种植面积已达 $53.11 \times 10^4 \, hm^2$，产量增至 $745.5 \times 10^4 \, t$。果区北缘已由原来的延安以南，北移至安塞至延川及其以北地区（李星敏等，2011）。

赵文智和杨荣（2010）以我国第二大内陆河流域——黑河流域的中游荒漠绿洲为例，基于长期定位试验成果，研究了绿洲农业适应气候变化的技术及其潜力。结果表明，在田间水平上，垄沟灌溉种植、主栽作物与伴生植物混播种植、优化水肥管理、建立枣粮复合系统是绿洲农业适应气候变化的有效技术；在绿洲水平上，调整农业种植结构、加大农田林网规格和减少农田林网的灌溉次数、降低防风固沙体系中高耗水树种——杨树的比例等技术是应对气候变化的重要途径。综合评价结果表明，在黑河中游绿洲，通过推广上述技术，在不降低绿洲农业产值和不影响绿洲生态系统稳定性的前提下，初步估算每年可节水 $2.96 \times 10^8 \, m^3$，抵消了气温上升大约 1 ℃所带来的蒸散发消耗量。

---

① 1 亩 =666.67 平方米。

（3）甘肃定西夏粮后茬复种甜豌豆透心蓝技术

定西市位于甘肃省中部，辖安定区、通渭县、陇西县、渭源县、临洮县、漳县、岷县1区6县，耕地面积780万亩。市内以渭河为界，大致分为北部黄土丘陵沟壑区和南部高寒阴湿区两种自然类型。前者为中温带半干旱地区，降水较少，但日照充足，温差较大。包括定西、通渭、陇西、临洮和渭源的北部，占全区总面积的60%；后者为南温带半湿润区，海拔高，气温低。包括漳县、岷县和渭源的南部，占全区总面积的40%。海拔高度在1640～3941 m。年降水量370～560 mm，年平均温度6～8 ℃，无霜期100～160天。

定西市大部地方由于热量条件限制，为一年一熟种植制度，按照传统种植习惯，夏粮收获后，全市大部地方农田基本闲置。气候变暖后，夏粮作物收获到初霜来临前，各地剩余热量较多，剩余积温在900～1600 ℃，当地水分条件也集中在6—9月。针对这一情况，为充分利用夏粮收获后到初霜来临前这段时间的气候和土地资源，定西市农业气象试验站2006年和2010年根据不同热量年型进行了复种豌豆"透心蓝"1号收获青豆的试验研究，总结了从播种到收获青豆所需积温和水分指标，旨在改革当地种植制度，提高复种指数。

2010—2011年在小麦收获后，定西市农业气象试验站撰写了"定西市中北部目前复种豌豆的建议"，通过纸质、网络、电子显示屏等向政府、农业部门和农民发布；2010年在气象为农服务座谈会上向农业部门、种植大户等与会代表宣传介绍，引起了与会代表的高度重视和极大兴趣。同时，在试验示范过程中，引起了周边农民的兴趣，纷纷在自家地里种植。2011年在深入贫困农村给农民办农业气象适用技术培训班时进行讲授和宣传。

定西气象部门在定西开展夏粮收获后复种示范推广豌豆种植的农业气象适用技术，得到当地政府、农业部门和农民群众的欢迎和称赞，2012年旱作农业推广中心将为农民推广此项适用技术者提供豌豆"透心蓝"1号品种的种子，进一步扩大示范推广范围，积极扶贫济困，造福群众。同时，根据当年气候年型，定西市农试站制作发布复种豌豆的适宜播种期和适宜播种地域，进一步加大培训力度，真正让农民懂得科学种田和科学养田的道理。

3.6　能源活动对气候变化的适应

为了克服气候变化对中国能源发展造成的不利影响，中国需要在能源领域采取全面的应对措施，除了要适应气候变化对农业生产造成的直接不利影响之外，还要适应和突破气候变化对中国能源消费和能源生产的制约。能源领域适应气候变化的重点包括：强化节能，减少经济发展对能源消费增长的依赖；调整能源结构，发展先进技术，降低化石能源消费；提高能源基础设施建设标准，增强能源供应系统对极端天气气候事件灾害的抵御能力；改进建筑物保温性能，降低不利天气气候条件造成的建筑物能耗增加。

为了适应温室气体排放限值对能源发展的制约，加强节能和提高能源使用效率、减少化石能源消费是优先选择。广义的节能和提高能源效率涵盖3个方面：技术节能，通过技术措施提高用能设备或工艺过程的能源利用效率，降低能源损耗；系统节能，通过改变和优化用能系统的设计，减少整个系统的能源需求；改变经济增长方式，推行宏观节能和能效提高对我国也很重要。

强化节能和提高能效需要全面的公众参与。应全面提高公众的节能意识，倡导理性和适度消费，摒弃奢华浪费，才能真正促进经济社会以高效和低能耗的方式发展。

在全球气候变暖的大背景下，上海市气候变化明显，能源领域对气候变化表现出高度的敏感性。夏季的高温热浪、冬季的寒潮都直接影响到上海的能源需求的变化，供电、供气等城市生命线系统应对极端天气气候事件的弹性应对能力不足。何淑英等（2015）在分析上海市气候变化事实及其对能源领域的影响，梳理相关适应措施情况和存在问题等基础上，提出了上海市开展能源领域适应气候变化工作的相关建议。

林而达等（2011）首先分析了我国农村发展中的能源问题，即我国农村能源的现状（包括农村能源的种类、消费方式等）；农村能源发展存在的问题；不同用途的农村能源未来的发展趋势及未来农村能源建设的政策建议。其次研究了由农村能源问题所引发的农村环境问题，如农村能源发展产生的传统污染物（如 SO_2，NO_x，VOCs）增加带来的环境问题、污染物传输引起的环境问题、臭氧对作物产量的影响、农村能源发展衍生的气候变化问题等，进而研究如何提高我国农村能效、实现能源可持续利用、发展低碳经济的机遇与挑战，如何采用市场机制解决农村能源问题引发的环境问题，以及农村能源、适应气候变化与粮食安全的对策。最后根据以上科学研究，提出相关的政策建议：一是发展可再生能源等新型能源开发利用对策；二是发展低碳经济是解决农村能源、环境问题及气候变化问题的主要途径；三是采用市场机制和国际贸易手段解决农村能源问题的可行性案例研究；四是我国农村能源建设的政策建议。

3.7 重大工程建设对气候变化的适应

3.7.1 沿海核电工程

海平面上升是一种海洋灾害，对沿海核电工程会产生严重影响，同时气候异常变化又加剧了各种海洋灾害的强度。沿海核电工程建设投资大、运营周期长，需采取有效的适应措施以减少气候变化的不利影响，确保沿海核电工程的安全。具体适应措施包括：在充分科学论证的基础上，完善核电工程设计标准；加强核能有效利用技术；核电工程环评与设计需考虑未来由于气候变化的影响造成的海平面变化。内陆核电站的适应措施类似，但对安全的要求更高。

3.7.2　三峡工程

为减小三峡水库运行风险，除了加强坝体与库区监测和维护外，还需要应用优化的调度模型，以减少人为失误，还应建立长江流域水库调度网，通过系统调节减小三峡水库运行期可能出现的枯水期发电不足和汛期防洪的风险。

三峡库区一直是山体坍塌、滑坡等地质灾害的多发区，随着极端降水事件的增加，这一安全隐患也在加剧。为解决这一问题，国家投入大量专项资金对库区的地质灾害进行了有效治理。随着治理的进行，地质灾害发生的频率得到了有效控制。需通过对三峡库区生态环境的严格保护，恢复库区生态环境自身对气候变化与人类活动的适应能力。

3.7.3　南水北调工程

由于气候变化引起的极端气象和水文事件发生的强度和频率变化，需要适当提高南水北调关键工程的设计标准。气候变化导致的供水区和受水区水资源的变化增大，需统一规划，统筹协调与科学管理，发挥南水北调工程的最大效益。

3.7.4　山地灾害防护工程

在气候变化的背景下，中国山地灾害继续恶化的局面短期内仍难以逆转，并且会出现山地灾害活动性增强、规模增大、发生频率增高、活动范围扩展、损失更为严重的发展态势。为此，需采取适应气候变化的应对措施：①提升气候变化的监测水平，尤其加强山体滑坡、泥石流等多发地区气象灾害的监测和预报，深入开展气候变化与山地灾害形成机制的研究；②建立完善的山地灾害监测预报网络和预报机制，完善山地灾害危险性评估及灾害风险的区划、评估、控制和风险管理决策支持系统；③加强山地灾害防治工程运行过程中的监测与管理，在强降水高发区，应根据山地灾害的规模和工程的保护对象，根据极端事件发生的新特点，适当提高防治工程的设计标准。

3.7.5 公路铁路等寒区工程

公路铁路等寒区工程适应气候变化的对策包括：公路稳定性与保护对策；铁路工程路基环境保护对策；输油管线工程、输变电线路工程等，应考虑土体冻胀对工程的影响，综合考虑防御措施以适应气候变化的影响。

3.7.6 水土保持及沙漠化防治工程

水土保持及沙漠化防治工程适应气候变化的策略包括：依法治理；科学规划；加强水土保持和防沙治沙科学研究，促进科技进步；建立生态补偿机制，保护生态环境、解决区域之间或经济社会主体之间利益均衡问题；加大资金投入力度，提高投资效益，减小风险。

3.7.7 内陆河流域综合治理工程

内陆河流域综合治理工程适应气候变化的对策措施为：增强水资源调控能力；通过修建山区水库代替部分平原水库，实现地表水—地下水联合调度，适应气候变化对水资源配置造成的影响；调整农业种植结构，发展节水农业；继续加强气象灾害预警预报，建立预报、监测和监控网络综合体系，提高应对气候变化和防灾减灾能力。

3.7.8 退耕还林工程

需综合考虑退耕还林工程对气候变化的适应性，退耕还林的植被建设应注重耐旱、耐瘠薄、抗逆性强的造林树种或草种的选用和培育，在退耕还林工程中应注重乔灌草结合，建设复合结构的植被体系。

3.8 工业与交通对气候变化的适应

为了适应气候变化，交通部门已经采取了大量适应措施：①强化沿海地区交通运输应对海平面上升的防护措施，采取陆地河流与水库调水、以淡压咸等适应措施，应对河口海水倒灌和咸潮上溯，提高沿海城市和重大工程设施的防护标准，提高港口码头设计标高，调整排水口的底高，进行公路安全防汛；积极应对极端天气，确保公路安全畅通，完善公路应急预案，加强公路和铁路的安全养护，加强极端天气，尤其是洪水、飓风、风暴潮等的监测和预警能力，完善基础设施，最大程度减小极端天气带来的损失。②海事系统建成了全球海上遇险与安全监管系统，实现了监管和搜救海空立体化，制定了《国家海上搜救应急预案》和《水路交通突发公共事件应急预案》等，健全完善了应急反应体系，加强船员、船舶和轮船公司"三准入"管理，严格执行船舶技术和船龄标准，继续实施船舶强制报废制度，加快老旧客船淘汰步伐。③航空部门在进行机场建设时考虑未来可能发生的极端天气，提高机场基础设施适应未来气候变化的能力，加强飞机部件的安全养护，准确预测航线的气象条件，降低飞机飞行的危险性，加强空中交通管理。

为了应对气候变化造成的不利影响，必须采取一定的措施来适应未来的气候变化，以减少气候变化带来的损失。工业部门需要提高石油、煤炭、钢铁和水泥等工业行业生产的安全标准，加速淘汰落后工艺，节约能源，改变能源结构，大力发展可再生能源，提高能源利用效率，把节能降耗、污染控制和温室气体减排放在突出位置；交通部门应加强对极端天气气候事件的监测和预警能力，建立相应的极端天气灾害及其次生灾害应急机制，积极完善预警管理机制，建立相应的气候与气候变化综合观测系统。加强对各类极端天气气候事件发生规律和发展趋势的研究，编制城市防洪排涝和应对极端天气气候事件的规划，提高城市防洪工程设计规范的标准。考虑区域未来气候变化，综合应用最新的科学知识进行交通系统的重新规划和设计，努力使交通基础设施不受或少受未来气候变化的不利影响。在重大工程的设计、建设和运行中也要考虑气候变化的因素，相应制定新标准，适应未来气候变化的影响。

丁洁（2012）探索性地构建了交通规划环境影响评价中进行气候变化适应性评价的技术框架，分别从政策、制度与程序3个层次进行了详细阐述，同时围绕气候变化适应性评价应如何分析、评价目标如何确定、评价要点如何选取等问题展开讨论。通过 DPSIR 模型的应用，探索性地构建了交通规划环境影响评价中气候变化适应性评价的指标体系，详细阐述了气候变化适应性评价指标体系的构建原则、指标如何选取及指标权重如何确定，具有一定的广泛应用性。为了验证所构建的技术框架和指标体系是否具有可行性和可操作性，选取了国家高速公路网规划环评作为实证案例进行分析。结果表明，所提出的交通规划环境影响评价中气候变化适应性评价的技术框架和指标体系在实践中切实可行。

3.9　人居生活对气候变化的适应

城市居民生活用水、城市绿化和灌溉等用水对气候变化最为敏感，在制定城市发展建设规划时，必须考虑本地区的水资源承受能力及气候变化对水资源承载能力的影响。以干旱为主的西北缺水城市，随着气候变化的影响，未来可能出现暴雨频发，滑坡、泥石流等地质灾害频繁发生，适应措施需要建设和储备大量的防洪设施和救灾防灾设施。过去建立的城市防灾减灾等应急系统也需要随着气候变化而进行相应的调整和补充完善，有的可能还需要重新设计。

3.10　人体健康对气候变化的适应

已经采取的适应措施包括：大力开展气候变化与人类健康关系的研究，建立健全影响公众健康的疾病监测系统；增加了对公共卫生系统的投资，建立健全突发公共卫生应急机制、疾病预防控制体系和卫生监督执法体系，控制被忽视的热带病和提供初级卫生保健，以及在环境和社会方面改进健康决定因素的行动；大力开展了气候变化对人体健康影响的科普宣传与培训。

为应对将来气候变化对人体健康的影响，适应措施重点应放在以下方面。

①建立和完善气候变化对人体健康影响的监测、预警系统，为社会提供内容丰富、准确、及时、权威的疾病监测、评估、预测、预警。结合极端天气事件与人体健康监测预警网络，对由极端天气气候事件导致的疾病进行实时监测、分析和评估。

②在受气候变化影响敏感的区域强化综合应对措施。在对气候变化影响评价并建立完善的监测预警系统和网络的基础上，开发相关应急预案，特别是针对高温热浪、暴雨洪涝、风暴、沙尘暴、干旱、雾霾等极端天气气候事件，实施相应的预防控制技术和适应技术，降低因气候变化导致的传染病对人类的危害。

③加强气候变化对人体健康影响和适应措施的相关科学研究。许吟隆等（2013）基于 SRES 应用 PRECIS 构建中国高分辨率（50 km × 50 km）的至 2100 年的 SRES A2、B2 和 A1B 气候情景，模拟未来中国潜在植被及自然生态系统的净初级生产力的时空变化。探讨未来中国媒介传播疾病在气候变化条件下发生、发展规律及时空分布的变化。选择生物多样性、自然保护区及西南森林火险等进行案例分析，分析进行典型适应气候变化技术措施后的适应效果，提出生态系统及人体健康领域适应气候变化的对策建议。

3.11　区域发展对气候变化的适应

我国地域辽阔、自然气候条件多样、地区发展不平衡的基本国情和不同地区在国家经济社会发展中的主体功能定位的不同，决定了需因地制宜，在不同地区建立分类指导的应对气候变化区域政策。在实现应对气候变化目标的同时，推动形成高效、协调、可持续的国土空间开发格局，增强应对气候变化政策的针对性、有效性。

另外，各个区域需考虑未来气候变化的趋势和可能影响，采取相应的适应对策和建议，具体对策和建议可参考《第二次气候变化国家评估报告》和《第三次气候变化国家评估报告》等文献，因地制宜地采取合理的适应措施。

例如，为了加强对全省应对气候变化的指导，江西省在深入调研的基础上，提出"十三五"适应气候变化的主要任务。

（1）提高农业适应能力

加大农业基础设施建设。加快推进大中型灌区续建配套与节水改造，完善水利灌排设施条件，提高灌溉保证率和粮食单产水平。加强小型农田水利建设和农田高效节水灌溉工程建设，开展大中型排灌泵站更新改造。加大灌区灌排渠系、雨水集蓄利用、末级渠系节水改造等田间工程的建设力度。加强旱涝保收高标准农田和高效节水灌溉示范项目建设，加快推进农村小塘坝、小水池、小堰闸、小泵站和小渠道"五小"工程建设，改善农业生产条件。

加强适应气候变化技术开发与运用。力争在光合作用、生物固氮、生物技术、病虫害防治、抗御逆境、设施农业和精准农业等新技术研发应用上取得重大进展。推广生态农业和保护性耕作技术，提高农业抗御自然灾害的能力。根据气候变化趋势调整作物品种布局和种植制度，适度提高复种指数。培育高光效、耐高温和耐旱作物品种。

（2）提高森林、湿地等生态系统适应能力

优化森林生态系统。实施新一轮造林绿化与退耕还林、封山育林、低产低效林改造、乡村风景林建设等生态林业工程，改善林分结构，丰富物种总量，增加森林面积和蓄积量。启动天然林保护工程，实行严格的天然林保护制度，全面停止天然林商业性采伐，严禁移植天然大树进城，增强森林资源生态功能。

加大对湿地的保护与修复。实施鄱阳湖流域清洁水系工程，强化水源涵养区、江河源头、饮用水源保护区和备用水源地等重点区域保护与生态修复。实施鄱阳湖湿地生态修复工程，加强"五河"源头、重点湖库、江河干流地区和城市规划区域的湿地保护。对功能降低、生物多样性减少的湿地进行综合治理，实施湿地恢复与综合治理工程 1.8 万 hm^2；开展农区湿地可持续利用示范 6000 hm^2。建立健全湿地资源监测体系，加大湿地生物资源保护力度，提升湿地生态系统功能。

加强防护支撑体系建设。完善有害生物防治体系，进一步健全监测预报网络，扩大监测范围，提高监测预警应急处置能力。加强森林防火基础设施建设，营造生物防火林带和隔离带 2 万 km。

（3）提高城乡基础设施适应能力

加强城乡基础设施建设。在城乡建设规划中充分考虑气候变化影响，在新城选址、城区扩建、乡镇建设前进行气候可行性论证；积极应对热岛效应和城市内涝，合理布局城市建筑、公共设施、道路、绿地、水体等功能区，禁止擅自占用城市绿化用地，保留并逐步修复城市河网水系。建设海绵城市，采取渗、蓄、净、用、排等措施，完善城市排放防涝与调蓄设施，支持海绵型建筑与小区、道路与广场、公园与绿地等建设，实现 70% 的降雨就地消纳和利用。加强供电、供水、排水、燃气、通信等城市生命线系统建设，提升建造、运行和维护技术等级，保障设施在极端天气气候条件下平稳安全运行。加快城镇供水设施建设，降低管网漏损率，新增城镇供水能力 80 万 m^3/ 天，新建改造城镇供水管网 2800 km。

加强水利设施建设和水资源管理。开展长江干流（江西段）、五河、中小河流、鄱阳湖流域综合治理工程，全面提高提升重要江河湖泊及支流适应气候变化能力；加快流域控制性枢纽工程建设，积极推进鄱阳湖水利枢纽工程，实施病险水库（闸）除险加固工程，提高水利设施在降水时空分布不均加剧背景下的调节能力；实施鄱阳湖流域水资源管理适应气候变化试点示范工程；加强灾害监测、预警预报和应急处置能力建设。实行最严格的水资源管理制度，大力推进节水型社会建设。加强水环境保护，推进水权改革和水资源有偿使用制度。实施重点水源工程和大中型灌区新建和续建配套工程；建设农村饮水安全巩固提升工程，推进城乡供水一体化；加大小型农田水利建设力度，推进大中型灌排泵站更新改造。强化水资源供给保障，提升在极端气候条件和突发情况下的水资源保障能力。到 2020 年，新增供水能力 20 亿 m^3，新增及恢复农田有效灌溉面积 400 万亩。

加强交通设施建设。加强交通运输设施维护保养，在气候风险高的公路、桥梁、铁路、机场、港口、管道、城市轨道建设应急处置机制，强化极端气候环境下的通行保障能力。新建交通基础设置要充分考虑气候变化因素，优化线路设计和选址方案。

加强能源设施建设。在推动核电工程选址和前期研究工作中，充分考虑气候变化因素，进行气候变化风险评估。推进新一轮农村电网改造升级，全面解决农村低压用电问题。提高电网抗风、抗压、抗冰冻能力，完善应急预案；加强风电、水电、光伏发电项目建设的气候可行性论证。

（4）提高人群健康适应能力

加强气候变化对人体健康影响研究。完善卫生与气象、环保等相关部门合作机制，建立大气污染对健康影响的监测网络，完善相关基础数据。突出气候变化相关疾病，特别是相关传染性和突发性疾病流行特点、规律及适应策略、技术研究，探索建立对气候变化敏感的疾病监测预警、应急处置和公众信息发布机制；建立极端天气气候灾难灾后心理干预机制。

健全疾病防控体系。完善健康危害预警系统、应急预案和干预措施，提高应急处置能力、医疗救治能力、防疫防病能力、心理应对能力。加强二甲医院标准化、职业病防治体系、妇幼保健机构、卫生监督体系等重点工程的建设。

增强公众对疫病预防意识。普及气候变化对人体健康影响相关知识，提高公众对疫病的预防能力；广泛开展卫生城市、园林城市、文明城市、生态文明村等创建活动，积极开展爱国卫生运动，改善人居环境。加强与气候变化相关卫生资源投入与健康教育，增强公众自我保护意识，提高人群适应气候变化能力。

（5）加强防灾减灾体系建设

加强气候灾害预报预警服务系统建设。实施气象灾害监测预警与应急响应工程，健全灾情管理信息化和灾害应急救助指挥体系。完善气象灾害监测网，加密新建天气雷达、局地天气雷达、移动天气雷达、区域地面观测站等观测站点，进行区域自动站标准化改造，在灾害性天气敏感区建设双偏振雷达和风廓线雷达。健全全省气象预报、预测、预警、信息发布系统，升级、优化短时临近预报、短期气候预测，以及突发事件预警信息制作、发布等气象业务服务系统。升级改造全省气象灾害信息网络系统和高清视频会商系统，建设省级气象灾害大数据中心和省级气象灾害计算资源池。建立气象装备运行监控系统、运行维修平台和计量检定标校系统。建设全省农村雷电灾害防御体系，完善农村公共场所防雷设施。加强气象台站基础设施建设，保护气象探测环境。

加强人工影响天气能力建设。完善省市县一体化的综合业务系统，建立区域内信息共享机制，统筹协调各地人工影响天气业务发展。加强人工影响天气作业能力建设、飞机作业系统和机载探测系统建设，完善地面作业系统建设。加强人工影响天气重点作业区建设，以保障粮食安全和生态文明建设为核心，重点建设 3 个增雨保障区、1 个防雹保障区。建设东南区域人工影响天气中心，统筹区域人工影响天气业务，开展区域人工影响天气联合作业。建设赣州人工影响天气飞机作业基地、庐山高山云雾试验示范基地和新余人工影响天气作业新装备研发中心，全面提升全省人工影响天气作业服务和科技创新能力。

健全气候变化风险管理机制。健全防灾减灾管理体系，改进应急响应机制。完善气候相关灾害风险区划和减灾预案。针对气候灾害新特征，调整防灾减灾对策，科学编制极端气候事件和灾害应急处置方案。提升分行业、分灾种的气候灾害预警能力、信息发布能力和应急保障能力，促进全社会防范和应对气候灾害能力和水平的提高。

知识窗1

适应气候变化

提高适应能力：需尽早采取行动以提高季节气候预测水平，增强粮食保障能力，增加淡水供应，提升救灾应急能力。饥荒预警系统和保险范围能够使未来气候变化造成的损害最小化，同时可以带来许多实际益处。适应气候变化对所有国家都很重要，对发展中国家来说更是如此，因为这些国家的经济严重依赖农业等易受气候影响的行业，所以其适应能力与工业化国家更是相形见绌。由于我国地域广阔，气候复杂，对全国所有区域适应气候变化都很重要，但对不同区域需因地制宜，提升自身适应气候变化的能力。

避免经济损失：根据相关研究结论，如不努力适应气候变化，气温每升高 2.5 ℃就可能会使国内生产总值下降 0.5% ～ 2%，而大多数发展中国家的损失可能会更大。例如，塞拉利昂估计，对其所有易受影响的海岸采取全面防范措施需花费 11 亿美元，约占该国国内生产总值的 17%。增强发展项目对气候影响的适应力，会使项目成本增加 5% 到 20% 不等。

拖延意味着更大风险：对适应气候变化采取拖延态度，最终意味着将来会增加成本并为更多人带来更大的危险。气候重大变化，如旱灾、季风降雨不足或冰川融水流失等，都可能触发大规模的人口迁徙，以及因争夺水、粮食和能源等珍贵资源而引起的大规模冲突。

适应策略至关重要：在国家层次上，适应包括实施行之有效的适应实施策略，内容包括加强决策过程的科学依据；评估适应的方法与工具；包括针对青少年的有关适应方面的教育、培训和公众意识；个人与机构适应能力的培养；技术开发与转移；以及推动制定地方应对策略。此外，最初开展的适应活动可包括建立适当的立法和法规框架，以推广有利于适应的措施。把气候变化当作开展具有多重效益活动的动力，可在推进适应目标的同时，对取得国家可持续发展目标进程起到催化作用。对我们国家的不同地区，需因地制宜，制定适合当地地方特色的适应策略。

需要对适应持续资助：如果没有专用资金，就会面临无法有效解决气候变化适应的问题，而如果限制资金只用于"被动性"用途，如短期应急救济金等，这样不仅对可持续发展方针毫无帮助，而且要付出高昂的代价。

参考文献

[1] 《第二次气候变化国家评估报告》编写委员会.第二次气候变化国家评估报告 [M].
北京：科学出版社，2011.

[2] 《第三次气候变化国家评估报告》编写委员会.第三次气候变化国家评估报告 [M].
北京：科学出版社，2015.

[3] 丁洁.交通规划环境影响评价中气候变化适应性评价研究 [D].天津：南开大学，2012.

[4] 葛全胜，陈春阳，王芳，等.中国重点领域应对气候变化技术研究与汇编 [M].北京：
气象出版社，2015.

[5] 国家发展改革委.国家适应气候变化战略.发改气候〔2013〕2252 号.

[6] 国家发展改革委.城市适应气候变化行动方案.发改气候〔2016〕245 号.

[7] 何建坤.中国的能源发展与应对气候变化 [J].中国人口·资源与环境，2011（10）：
40–48.

[8] 何建坤.我国能源发展与应对气候变化的形势与对策 [J].经济纵横，2014（5）：16–20.

[9] 何建坤，陈文颖.应对气候变化研究模型与方法学 [M].北京：科学出版社，2015.

[10] 何淑英，金颖，齐康.上海市能源领域适应气候变化现状和对策研究 [J].上海节能，
2015（12）：633–637.

[11] 姜彤，李修仓，巢清尘，等.《气候变化 2014：影响、适应和脆弱性》的主要结论
和新认知〔J〕.气候变化研究进展，2014，10（3）：157–166.

[12] 江西省发展改革委.江西省"十三五"应对气候变化规划 [EB/OL].（2017–01–17）
[2017–03–15]. http://www.jxdpc.gov.cn/departmentsite/qhc/dtxx/sfgw_3461/hybd/201701/
t20170106_197431.htm.

[13] 李星敏，柏秦凤，朱琳.气候变化对陕西苹果生长适宜性影响 [J].应用气象学报，
2011，22（2）：241–248.

[14] 联合国与气候变化 [EB/OL]. [2017–03–15]. http://www.un.org/zh/climatechange/actfast.
shtml.

[15] 林而达.气候变化与人类：事实、影响和适应 [M].北京：学院出版社，2010.

[16] 林而达，杜丹德，孙芳. 中国农村发展中的能源、环境及适应气候变化问题 [M]. 北京：科学出版社，2011.

[17] 林而达，谢立勇.《气候变化 2014：影响、适应和脆弱性》对农业气象学科发展的启示 [J]. 中国农业气象，2014，35（4）：359-364.

[18] 闻昕，方国华. 气候变化对流域水文影响评估及水资源适应性调度研究 [M]. 北京：中国水利水电出版社，2015.

[19] 许吟隆，吴绍洪，吴建国，等. 气候变化对中国生态和人体健康的影响与适应 [M]. 北京：科学出版社，2013.

[20] 赵文智，杨荣. 黑河中游荒漠绿洲适应气候变化技术研究 [J]. 气候变化研究进展，2010，6（3）：204-209.

[21] 郑大玮，潘志华. 适应气候变化的意义 [J]. 中国西部科技，2015（4）：40-41.

[22] IPCC. Climate change 2007：impacts，adaptation，and vulnerability [M].Cambridge：Cambridge University Press，2007：1-976.

[23] IPCC. Climate change 2014：impact，adaptation，and vulnerability [M]. Cambridge：Cambridge University Press，2014.

第四章　减缓气候变化

内容提要　　本章主要介绍世界主要国家温室气体排放情况、减排目标及中国减排成效。1990—2010年，全球温室气体排放总量增加了30.3%。主要发达国家在履行《京都议定书》减排目标方面进展缓慢，部分发达国家温室气体排放量不降反升。发展中国家在全球温室气体排放增量中占较大比重，但人均排放和人均累积排放水平仍远落后于发达国家。个别发达国家初步实现了经济增长与温室气体排放"脱钩"，多数发展中国家单位GDP温室气体排放量显著下降。"十一五"时期，中国通过强化节能优先、调整产业结构、发展低碳能源等措施，减缓温室气体排放取得了显著成效，累积减少CO_2排放14.6亿吨以上。"十二五"时期，中国通过进一步落实约束性目标责任、深入推动结构调整和升级、加快发展低碳能源和碳汇、积极开展试点探索长效机制和创新模式，减缓温室气体排放取得进一步进展，为全球应对气候变化做出重要贡献。

4.1　世界主要国家和集团温室气体排放的历史与现状

4.1.1　世界主要国家和集团的温室气体排放现状

伴随金融危机后世界经济缓慢复苏，全球温室气体排放总量继续长期呈现增长趋势。根据国际能源署 2012 年统计，2010 年全球《京都议定书》所列的 6 种温室气体排放总量为 495 亿吨 CO_2 当量，其中，CO_2 是最主要的温室气体，占 76.0%，CH_4 占 15.8%，N_2O 占 6.2%，含氟气体占 2.0%（图 4.1）。与 1990 年相比，2010 年 6 种温室气体排放总量增加了 30.3%，其中，CO_2 排放增加了 33.1%，CH_4 增加了 18.4%，N_2O 增加了 9.1%，含氟气体增加了 228.5%。从涉及不同领域看，2010 年全球温室气体排放中，能源活动排放占 68.6%，工业生产过程占 5.8%，农业活动占 11.2%，废弃物处理占 2.6%，其他活动占 11.7%（图 4.2）。从主要国家和集团看，2010 年，《联合国气候变化框架公约》附件一国家[①]占全球温室气体排放总量的 36.2%，非附件一国家占 62.5%；中国、美国、印度、俄罗斯、印度尼西亚居全球温室气体排放前 5 位，分别占全球排放总量的 21.7%、13.4%、5.4%、5.0% 和 3.9%。

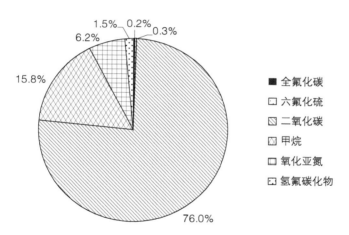

图 4.1 2010 年全球温室气体排放构成（按 6 种温室气体）

数据来源：国际能源署（IEA），2012年。

① 《联合国气候变化框架公约》附件一（1998 年修订）所包括的国家集团，含经济合作与发展组织中的所有国家和经济转型国家。根据公约，附件一国家承诺在 2000 年之前单独或联合将温室气体排放控制在 1990 年的水平。未列入其中的国家则统称为非附件一国家。

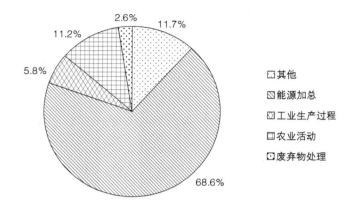

图 4.2　2010 年全球温室气体排放构成（按领域）

数据来源：国际能源署（IEA），2012年。

　　全球温室气体排放增量主要来自发展中国家，但与发达国家相比，发展中国家人均排放水平仍有较大差距。根据国际能源署 2012 年统计，1990—2010 年，附件一国家温室气体排放总量下降了 6.9%，非附件一国家温室气体排放总量增长了 68.5%。发展中国家温室气体排放迅速增加，是世界经济增长重心由发达国家向发展中国家，特别是新兴国家转移的结果。1990—2010 年，按照市场汇率计算，非附件一国家在全球国内生产总值中的比重由 17.5% 提高到 28.3%，对世界经济增长的贡献率达 43.9%。从人均温室气体排放看，发展中国家仍远低于发达国家水平。2010 年全球人均温室气体排放量为 7.25 吨，其中附件一国家平均为 13.94 吨，非附件一国家平均为 5.50 吨，仅为附件一国家平均水平的 39.5%。如果考虑人均能源消费 CO_2 排放量，非附件一国家仅为附件一国家平均水平的 27.4%。与美国、加拿大、澳大利亚等人均排放大国相比，非附件一国家人均水平的差距更大。

　　能源消费 CO_2 排放是全球温室气体排放的重要来源，通过调整经济结构、提高能源利用效率、发展非化石能源，发达国家整体经济增长与能源消费 CO_2 排放出现"脱钩"趋势，发展中国家 CO_2 排放强度有所下降。根据国际能源署 2012 年统计，1990—2010 年，按 2005 年不变价美元计算（当年汇率），附件一国家 GDP 总量增长了 46.8%，能源消费 CO_2 排放下降了 3.7%，单位 GDP CO_2 排放强度下降了 34.4%；非附件一国家 GDP 总量增长了 173.3%，能源消费 CO_2 排放增长了 144.7%，单位 GDP CO_2 排放强度下降了 10.5%（图 4.3）。

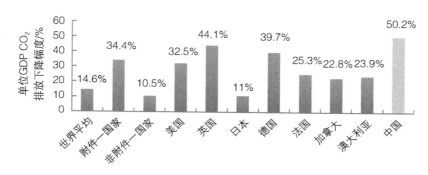

图 4.3 1990—2010 年主要国家和集团单位 GDP CO_2 排放下降幅度
数据来源：国际能源署（IEA），2012 年，按照市场汇率计算。

4.1.2 发达国家的经济增长与能源消费

发达国家在推动经济转型方面取得一定进展，但经济增长对能源消费的依赖程度并没有明显降低。根据世界银行 2012 年统计，1990—2010 年，澳大利亚、德国、日本、英国、美国等主要发达国家工业占 GDP 比重平均降低 10.3 个百分点，服务业占 GDP 比重平均上升 12.5 个百分点。发达国家经济结构得到优化，但多数国家一次能源供应量明显增长。根据国际能源署 2012 年统计，1990—2010 年，澳大利亚、加拿大、法国、美国、日本一次能源供应量分别增加 44.6%、20.8%、17.2%、15.7% 和 13.1%，仅德国、英国有所降低，分别下降 6.8% 和 2.7%（图 4.4）。从能源强度变化看，1990—2010 年，主要发达国家单位 GDP 能源消耗都出现下降趋势，其中英国、美国、德国、澳大利亚、加拿大年均降幅为 1%～2%，日本、法国年均降幅仅 0.3% 和 0.7%。

2008 年全球金融危机对发达国家带来严重冲击，主要发达国家经济增长动力不足，能源消费出现低迷甚至下降趋势。根据国际能源署 2012 年统计，2008—2010 年，日本、英国、德国、法国、美国等主要发达国家 GDP 都出现不同程度的下降，降幅分别为 2.6%、2.4%、2.6%、2.3% 和 0.6%；除日本一次能源供应量略增 0.3% 外，英国、德国、法国、美国一次能源供应量分别下降 2.8%、2.0%、0.9% 和 2.7%。

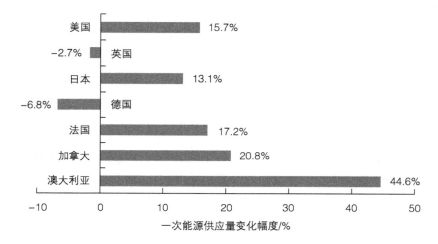

图 4.4　1990—2010 年主要发达国家一次能源供应量变化比较
数据来源：国际能源署（IEA），2012年。

发达国家未来经济增长前景影响因素错综复杂，对能源消费、温室气体排放带来不确定性影响。为应对金融危机，主要发达国家出台"再工业化"战略、"重生"战略、"2020"战略等，实施量化宽松、减税、财政紧缩等政策措施，力图重塑国际竞争优势。但伴随着主权债务危机深层次影响不断显现，发达国家经济增长前景并不明确。能源方面，美国"页岩气"革命、日本福岛核事故、德国放弃核电、清洁能源产品贸易争端等影响进一步深化，发达国家一次能源结构可能出现调整，化石能源需求、温室气体排放等前景存在一定不确定性。

4.2 中国温室气体排放的现状与特点

4.2.1 中国温室气体排放现状

4.2.1.1 作为世界上最大的发展中国家，中国温室气体排放总量大、增速快

根据《第二次国家信息通报》，2005 年，中国不包括土地利用变化和林业的温室气体排放总量约 74.67 亿吨 CO_2 当量，其中，CO_2、CH_4、N_2O 和含氟气体所占比重分别为 80.0%、12.5%、5.3% 和 2.2%；包括土地利用变化和林业的温室气体排放总量约 70.46 亿吨 CO_2 当量，其中 CO_2、CH_4、N_2O 和含氟气体所占比重分别为 78.8%、13.3%、5.6% 和 2.3%，土地利用变化和林业的温室气体吸收汇约为 4.21 亿吨 CO_2 当量。与 1994 年相比，2005 年中国 CO_2、CH_4、N_2O 排放总量增长了 89%，其中，CO_2 排放上升最快，增长了 109%。

中国 CO_2 排放主要来自能源活动，在全球 CO_2 排放总量和增量中占重要位置。根据《第二次国家信息通报》，2005 年中国能源活动 CO_2 排放占 CO_2 排放总量的比重为 90.4%。伴随着经济发展和能源需求上升，中国能源消费 CO_2 排放持续快速增长。根据国际能源署 2012 年统计，1990—2010 年，中国能源消费 CO_2 排放增加了 226.4%，占全球新增排放的 53.8%。2010 年，中国能源消费 CO_2 排放为 72.2 亿吨，占全球排放总量的 23.8%，比美国排放总量多 34%，比欧盟 27 国排放总量多 97%。

4.2.1.2 中国能源消费 CO_2 排放总量居世界第 1 位，人均历史累计排放仍处于较低水平，但人均排放已高于全球平均水平

根据国际能源署 2012 年统计，2010 年中国人均能源消费 CO_2 排放为 5.39 吨，仅为附件一国家平均水平的 52.8%，但比全球平均水平高 21.4%。由于工业化进程起步较晚，中国人均历史累计排放相比全球平均水平、发达国家水平都存在明显差距。根据美国橡树岭国家实验室 CO_2 信息分析中心统计，1850—2009 年，中国人均 CO_2 累计排放为 95 吨，仅是同期全球人均 CO_2 累

计排放的 47%，是附件一国家人均累计排放的 15%，是美国人均累计排放的 8%（图 4.5）；1990—2009 年，中国人均 CO_2 累计排放为 65 吨，仅是同期全球人均累计排放的 80%，是附件一国家人均累计排放的 30%，是美国人均累计排放的 18%。

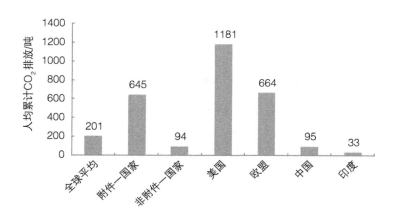

图 4.5 主要国家和集团 1850—2009 年人均累计 CO_2 排放比较

数据来源：美国橡树岭国家实验室 CO_2 信息分析中心。

4.2.1.3 伴随经济快速发展，虽然能源活动 CO_2 排放不断增长，但单位 GDP CO_2 排放持续下降

1990—2010 年，中国 GDP 增长了 5.6 倍，能源活动 CO_2 排放约增长了 2.1 倍，单位 GDP CO_2 排放下降了 53.0%（图 4.6）。目前，中国能源活动 CO_2 排放总量居世界第 1 位，在全球 CO_2 排放总量和增量中占重要地位，人均历史累计排放仍处于较低水平，但人均排放已高于全球平均水平。

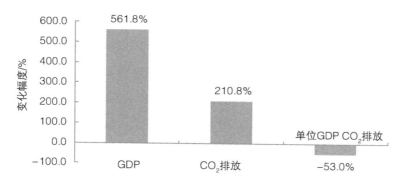

图 4.6　中国 GDP、CO_2 排放、单位 GDP CO_2 排放变化情况
（1990—2010 年）

4.2.1.4　中国高度重视减缓温室气体排放

2009 年，中国确定了到 2020 年单位 GDP 的 CO_2 排放比 2005 年下降 40%～45%、非化石能源占一次能源消费比重达到 15%、森林面积增加 4000 万公顷和森林蓄积量增加 13 亿立方米的自主行动目标，不断加大应对气候变化工作力度。"十一五"期间，中国单位 GDP 能耗累计下降 19.1%，相当于减排 CO_2 14.6 亿吨以上。"十二五"前 3 年，中国单位 GDP 能耗累计下降 9.03%，相当于减排 CO_2 7.74 亿吨。

4.2.2　中国未来温室气体排放增长的现实原因

4.2.2.1　中国未来温室气体排放增长的预测

CO_2 排放总量一般与人口规模、经济总量、增长速度、经济结构、能源消费总量与结构、技术发展水平、消费模式等因素密切相关，何时达到碳排放峰值由上述因素综合决定。碳排放峰值达到的时间与幅度目前还存在较大不确定性，多数预测研究表明，中国化石燃料燃烧产生的 CO_2 可能在 2030 年左右达到峰值。

这一预测主要考虑了中国未来人口增长趋势、工业化与城镇化进程、经济发展速度、产业结构调整和能源结构调整等因素。在 2010—2030 年年均经济增速控制在 6%～7% 的条件下，若 GDP 能耗强度保持年均下降不低于 3%，单位 GDP 能耗在 2015—2020 年下降 15% 左右，2020—2025 年下降 14% 左右，2025—2030 年下降 13% 左右，那么 2030 年一次能源消费量将得到控制；若 2030 年以前，将煤炭消费在一次能源消费中的比重控制在 50% 左右，天然气比例提高到 10% 甚至更高，非化石能源比例提高到 20% 或更高，2030 年碳排放强度可能比 2010 年下降 50% 以上。若经济发展方式转变能有效快速推进，则能耗强度和 CO_2 排放强度将大幅下降，并且碳排放峰值也有可能提早到 2030 年前，峰值排放量也会相应有所下降。但如果未来经济发展方式转变的速度和程度达不到预期，那么碳排放峰值就可能推后，达到峰值时的排放量也会较大。

4.2.2.2　中国未来温室气体排放增长的现实原因

中国人口众多，经济发展水平落后，需要较大的排放空间支持实现现代化目标。虽然经济总量居于世界前列，但中国 2010 年人均 GDP 仅为世界平均水平的一半左右，相当于美国、日本等发达国家的 1/10。按照联合国标准，尚有 1.5 亿人口生活在贫困线之下，消除贫困和改善民生任务很重。中国能源消费水平较低，2010 年人均能源消费量仅 2.4 吨标准煤，不足经济合作组织国家平均水平的 40%。现代能源服务远未普及，2010 年全国尚有 500 万人口生活在无电环境中，有一半左右农村居民主要依靠薪柴、秸秆等传统能源。在全面建设小康社会、加快实现现代化过程中，中国经济社会将长期较快发展，能源消费规模将持续上升。

中国工业化、城镇化进程持续快速推进，将带动能源需求不断增加。与发达国家普遍进入"后工业化"发展阶段不同，中国许多地区还处在工业化前期和中期发展阶段，人均资本存量较低，第二产业将长期较快发展。城镇化总体水平较低，发展质量不高。2010 年中国城镇化率仅 50% 左右，低于发达国家甚至许多发展中国家水平。现有城镇人口中，还有相当数量的外来务工群体没有享受公平的城市公共服务。未来较长一段时期，中国每年还将新增近 1000 万城镇人口。在实现共同富裕的过程中，伴随着缩小城乡区域差距和收入分配差距，居民消费结构将加快升级，带动汽车、住房等需求进一步增长，中国能源需求存在较大的合理增长空间。

中国资源禀赋以煤为主，能源结构特点决定温室气体排放将持续增长。中国煤炭资源储量居世界前列，煤炭在能源结构中的比重远高于世界平均水平，造成能源转换和利用效率水平较低，单位煤炭消费的 CO_2 排放因子比经济合作组织国家高出 1/4。石油、天然气等优质化石能源国内资源储量有限，新增需求主要依靠进口，能源安全风险不容忽视。水电资源主要集中在人口稀少的偏远地区，开发利用面临的技术难度、生态环保、移民安置、电力输送问题突出。风能、太阳能、生物质等可再生能源发展迅速，但受资源条件、技术水平、市场竞争力、管理体制等因素影响，短时期内难以发挥重大支撑作用，煤炭等化石能源仍是满足中国新增能源需求的重要来源。中国资源禀赋和能源结构的特点，决定了未来温室气体排放将面临上升压力。

作为世界商品生产和出口大国，中国承担全球"转移排放"的数量可能持续增长。改革开放以来，依靠劳动力成本优势、完善的产业配套基础设施、不断提高的劳动生产率，中国逐渐发展成为世界生产和出口大国，成为全球经济增长的重要推动力。在出口规模迅速增长的同时，中国直接和间接出口的能源和 CO_2 排放也不断上升，占中国温室气体排放总量的 1/4 左右。今后伴随中国实行更加积极主动的开放战略，依靠国际国内两个市场配置资源，国际综合竞争优势进一步增强，出口产品规模还将持续增长，承担全球"转移排放"的数量可能进一步增加。

4.3 中国减缓温室气体排放的成效

中国政府高度重视节能减排工作，把节能减排作为调整经济结构、转变发展方式、推动科学发展的重要抓手，将其纳入国家发展规划纲要中。在"十一五"和"十二五"期间，提出单位 GDP 能耗降低和主要污染物排放总量减少的约束性指标。在国家层面，成立节能减排工作领导小组，发布节能减排综合性工作方案，做出关于加强节能工作的决定，采取强化目标责任、调整产业结构、实施重点工程、推动技术进步、强化政策激励、加强监督管理、开展全民行动等一系列强有力的措施。经过从中央到地方各级政府及全国人民共同的艰辛努力，节能减排取得显著成效。

4.3.1 "十一五"减排成效

4.3.1.1 总体减排成效

"十一五"期间，全国单位 GDP 能耗下降 19.1%，全国 SO_2 排放量减少 14.29%，全国化学需氧量排放量减少 12.45%，基本完成了"十一五"规划纲要确定的目标任务。节能减排的成效主要体现在 8 个方面。

（1）为保持经济平稳较快发展提供了有力支撑

"十一五"期间，我国以能源消费年均 6.6% 的增速支撑了国民经济年均 11.2% 的增速，能源消费弹性系数由"十五"时期的 1.04 下降到 0.59，缓解了能源供需矛盾。

（2）扭转了我国工业化、城镇化加快发展阶段能源消耗强度和主要污染物排放量上升的趋势

"十五"后 3 年全国单位 GDP 能耗上升了 9.8%，全国 SO_2 和化学需氧量排放总量分别上升了 32.3% 和 3.5%；"十一五"期间，全国单位 GDP 能耗下降了 19.1%，全国 SO_2 和化学需氧量排放总量分别下降了 14.29% 和 12.45%。

（3）促进了结构优化升级

2010 年与 2005 年相比，电力行业 300 兆瓦以上火电机组占火电装机容量比重由 47% 上升到 71%，钢铁行业 1000 m^3 以上大型高炉比重由 21% 上升到 52%，建材行业新型干法水泥熟料产量比重由 39% 上升到 81%。

（4）推动了技术进步

2010 年与 2005 年相比，钢铁行业干熄焦技术普及率由不足 30% 提高到 80% 以上，水泥行业低温余热回收发电技术由开始起步提高到 55%，烧碱行业离子膜法烧碱比重由 29.5% 提高到 84.3%。

（5）节能减排能力明显增强

"十一五"期间，通过实施十大节能重点工程形成节能能力 3.4 亿吨标准煤；新增城镇污水日处理能力 6500 万吨，处理率达到 77%；燃煤电厂投运脱硫机组容量达 5.78 亿千瓦，占全部燃煤机组容量的 82.6%。

（6）能效水平大幅提高

2010 年与 2005 年相比，火电供电煤耗由 370 克标准煤/千瓦时降到 333 克标准煤/千瓦时，下降了 10.0%；吨钢综合能耗由 694 千克标准煤降到 605 千克标准煤，下降了 12.8%；水泥综合能耗下降了 24.6%；乙烯综合能耗下降了 11.6%；合成氨综合能耗下降了 14.3%。

（7）环境质量有所改善

2010 年与 2005 年相比，环保重点城市 SO_2 年均浓度下降 26.3%，地表水国控断面劣五类水质比例由 27% 下降到 16.4%，七大水系国控断面好于三类水质的比例由 41% 上升到 59.9%。

（8）为应对全球气候变化做出了重要贡献

"十一五"期间，我国通过节能降耗减少 CO_2 排放 14.6 亿吨，得到国际社会的广泛赞誉，也体现了负责任大国的形象。

4.3.1.2　各行业减排成效

控制温室气体排放既是对经济持续增长、人民生活水平提高和技术创新构成研究的挑战，也是中国促进发展方式转变、促进先进能源技术创新、实现低碳发展的重要基础。"十一五"期间，中国电力行业、钢铁行业、水泥行业、石油化工行业、建筑行业、交通行业、农林行业等结合自身发展特点，把控制温室气体排放与完善行业制度体系、加强技术进步、推广科研成果等相关政策措施有机结合，在减缓温室气体排放方面取得了显著成效，主要体现在以下几个方面。

（1）完善行业制度体系

初步建立行业在减缓温室气体排放方面的体制机制框架，在完善相关法律法规，出台行业行为规范、行动指导、行业标准等方面采取了一系列综合措施。

（2）加强技术进步

电力、钢铁、水泥、石油化工等行业纷纷通过加强新技术研发、控制生产过程能耗等方式实现节能减排；交通、建筑等部门通过研发替代材料、改善运行方式、推荐产业升级的方法减少本行业温室气体排放；农业行业通过增强林地固碳能力、研究旱地固碳、改善施肥等措施有效提高了减排增汇的能力。

（3）推广科研成果

先进的节能减排技术理念及研究成果在能源供应部门、终端能源利用部门及农林行业通过示范产业化、示范基地、企业运行、国际合作、研讨交流等方式得到了推广，真正将减缓气候变化的技术应用于实践。

4.3.1.3 各地区减排成效

由于我国地域辽阔，不同区域的地理环境、气候特征、经济发展水平等差异显著，各地区在节能减排中的任务量和工作重点各有不同。各地区根据国家对节能减排工作提出的要求和规划，针对本地区急需解决的问题，明确了各地区在节能减排方面的预期目标、重点领域、行动方案和对策措施。"十一五"期间，各地区在节能减排中的工作进展如下。

（1）华北地区

北京市以奥运建设为契机，在各个行业中开展节能、新能源与可再生能源开发利用、CO_2 捕集及碳汇等，提前完成"十一五"规划确定的节能减排工作目标；天津市加大力度推进资源节约型、环境友好型城市建设，推动经济发展方式转变和经济结构调整，为实现低碳城市的目标奠定基础。

（2）东北地区

辽宁省完善老工业基地节能减排政策，制定出台节能减排行动方案和减排技术目录，开展重点技术攻关，减缓温室气体排放；大连市通过自主创新，培育绿色产业，推动生态城市建设，从而减少温室气体排放。

（3）华东地区

江苏省加大节能减排技术研发投入，培育节能减排示范企业；安徽省坚持节能减排优先，推进能源结构多元化发展；福建省重点开展可再生能源开发利用、加快节能减排工程建设、企业清洁生产示范等，有序推进节能减排工作；山东省在减缓温室气体排放方面加大资金投入，加快资源节约型、环境友好型社会建设。

（4）华中地区

河南省强化节能减排政策支持，培育节能减排新技术、新工艺和新设备，强有力地支撑节能减排工作；湖南省着力于研发推广节能减排核心共性技术，并打造了全国首个公交车电动化城市。

（5）华南地区

广东省针对高耗能行业突破节能减排和可再生能源利用技术瓶颈，并大力支持地方开展节能减排工作；广西壮族自治区锁定节能减排重点行业，开展保护红树林工作。

（6）西部地区

云南省通过提高企业能效、减少污染排放来开展节能减排工作；青海省通过研发推广新型节能减排技术、建设环境监测平台和保护区域生态系统来提高节能减排能力。

总之，"十一五"期间，我国节能法规标准体系、政策支持体系、技术支撑体系、监督管理体系初步形成，重点污染源在线监控与环保执法监察相结合的减排监督管理体系初步建立，全社会节能环保意识进一步增强。

4.3.2　"十二五"减排目标与减排初步成效

《国务院关于印发"十二五"控制温室气体排放工作方案的通知》（国发〔2011〕41号）提出，"控制温室气体排放是我国积极应对全球气候变化的重要任务，对于加快转变经济发展方式、促进经济社会可持续发展、推进新的产业革命具有重要意义。要围绕到2015年全国单位国内生产总值CO_2排放比2010年下降17%的目标，大力开展节能降耗，优化能源结构，努力增加碳汇，加快形成以低碳为特征的产业体系和生活方式。"该方案指出，"十二五"期间节能减排的主要目标是"大幅度降低单位国内生产总值CO_2排放，到

2015 年全国单位国内生产总值 CO_2 排放比 2010 年下降 17%。控制非能源活动 CO_2 排放和甲烷、氧化亚氮、氢氟碳化物、全氟化碳、六氟化硫等温室气体排放取得成效。应对气候变化政策体系、体制机制进一步完善，温室气体排放统计核算体系基本建立，碳排放交易市场逐步形成。通过低碳试验试点，形成一批各具特色的低碳省区和城市，建成一批具有典型示范意义的低碳园区和低碳社区，推广一批具有良好减排效果的低碳技术和产品，控制温室气体排放能力得到全面提升。"十二五"期间，各地区单位国内生产总值 CO_2 排放下降指标如表 4.1 所示，工农业和城市主要减排目标如表 4.2 所示。

表 4.1   "十二五"期间各地区单位国内生产总值 CO_2 排放下降指标

地区	单位国内生产总值CO_2排放下降（%）	单位国内生产总值能源消耗下降（%）
北京	18	17
天津	19	18
河北	18	17
山西	17	16
内蒙古	16	15
辽宁	18	17
吉林	17	16
黑龙江	16	16
上海	19	18
江苏	19	18
浙江	19	18
安徽	17	16
福建	17.5	16
江西	17	16
山东	18	17
河南	17	16
湖北	17	16

续表

地区	单位国内生产总值CO_2排放下降（％）	单位国内生产总值能源消耗下降（％）
湖南	17	16
广东	19.5	18
广西	16	15
海南	11	10
重庆	17	16
四川	17.5	16
贵州	16	15
云南	16.5	15
西藏	10	10
陕西	17	16
甘肃	16	15
青海	10	10
宁夏	16	15
新疆	11	10

表4.2 "十二五"期间工农业和城市主要减排指标

指标	单位	2010年	2015年	变化幅度/变化率
工业				
工业化学需氧量排放量	万吨	355	319	［−10％］
工业二氧化硫排放量	万吨	2073	1866	［−10％］
工业氨氮排放量	万吨	28.5	24.2	［−15％］
工业氮氧化物排放量	万吨	1637	1391	［−15％］
火电行业二氧化硫排放量	万吨	956	800	［−16％］
火电行业氮氧化物排放量	万吨	1055	750	［−29％］
钢铁行业二氧化硫排放量	万吨	248	180	［−27％］
水泥行业氮氧化物排放量	万吨	170	150	［−12％］
造纸行业化学需氧量排放量	万吨	72	64.8	［−10％］

指标	单位	2010年	2015年	变化幅度/变化率
造纸行业氨氮排放量	万吨	2.14	1.93	〔−10%〕
纺织印染行业化学需氧量排放量	万吨	29.9	26.9	〔−10%〕
纺织印染行业氨氮排放量	万吨	1.99	1.75	〔−12%〕
农业				
农业化学需氧量排放量	万吨	1204	1108	〔−8%〕
农业氨氮排放量	万吨	82.9	74.6	〔−10%〕
城市				
城市污水处理率	%	77	85	8

注：〔 〕内为变化率。

为达到该目标，对各省、自治区、直辖市人民政府，国务院各部委、各直属机构提出了总的要求，即"坚持以科学发展为主题，以加快转变经济发展方式为主线，牢固树立绿色、低碳发展理念，统筹国际国内两个大局，把积极应对气候变化作为经济社会发展的重大战略，作为加快转变经济发展方式、调整经济结构和推进新的产业革命的重大机遇，坚持走新型工业化道路，合理控制能源消费总量，综合运用优化产业结构和能源结构、节约能源和提高能效、增加碳汇等多种手段，开展低碳试验试点，完善体制机制和政策体系，健全激励和约束机制，更多地发挥市场机制作用，加强低碳技术研发和推广应用，加快建立以低碳为特征的工业、能源、建筑、交通等产业体系和消费模式，有效控制温室气体排放，提高应对气候变化能力，促进经济社会可持续发展，为应对全球气候变化做出积极贡献。"

在"十二五"期间，我国非常重视温室气体排放的制度建设、相关技术标准的制定、加大资金投入、强化节能减排目标的执行力度及实施总量控制等措施，节能减排成效显著，主要体现在以下几个方面。

（1）能源消耗增速趋缓，节能成效显著

"十一五"期间，我国能源消费年均增长 2.4 亿 tce 以上，5 年累计增长

12.1 亿 tce。"十二五"期间，这一增长势头有所减缓，2014 年，我国能源消费总量为 42.6 亿 tce，2010—2014 年累计增长 6.45 亿 tce，年均增长 1.61 亿 tce，比"十一五"时期下降近 0.8 亿 tce，其中主要是煤炭和石油消费增量显著下降。

"十二五"期间，天然气、水电、核电和风电的消费呈现加速增长的态势，在一次能源中的占比达到 14%，清洁能源占比进一步提高。为了鼓励企业进行节能减排，政府实施以奖代投，2012 年的节能补贴高达 461 亿元，节能投入有较大的增长。

（2）环境监测体系不断完善，标准和能力建设进一步加强

我国对污染物排放及其影响的认知逐步深化，技术检测手段不断提高，列入国家环境检测体系的指标不断丰富，监测的污染物种类和监测范围逐步扩大。与"十一五"时期规划相比，"十二五"时期规划环境约束指标在原来的二氧化硫和化学需氧量的基础上增加了氨氮和氨氮化物。

国家环保部门制定的环保标准和颁布的环保标准数量逐年增长。每年颁布环保标准和法规数目数十项，极大地改善了我国环保无法可依及缺乏监管标准等问题。

环保监测能力建设不断加强，环境监测的网络密度加强。2010 年开展污染源监督性监测的重点企业有 48 024 家，2014 年增加到 61 454 家。

（3）积极应对气候变化，明确提出温室气体达峰年限

2009 年，我国在《国家应对气候变化规划（2014—2020 年）》中，提出了 2020 年的减排目标，即单位国内生产总值 CO_2 排放比 2005 年下降 40%～45%、非化石能源占一次能源消费的比重达到 15% 左右，森林面积和蓄积量分别比 2005 年增加 4000 万 hm^3 和 13 亿 m^3。

2015 年 6 月，我国向联合国秘书处提交了《强化应对气候变化行动——中国国家自主贡献》报告，提出我国 CO_2 排放在 2030 年左右达到峰值并争取尽早达峰；单位国内生产总值 CO_2 排放比 2005 年下降 60%～65%，非化石能源占一次能源消费比重达到 20% 左右；森林蓄积量比 2005 年增加

45 亿 m³ 左右。"十二五"期间，探索利用市场化手段促进降低温室气体排放。北京、天津、上海、重庆、湖北、广东和深圳 7 省市开展碳排放权交易试点工作。产业与能源结构调整、增加碳汇等措施成效显著。作为一个发展中国家，我国的减排行动得到国际社会的广泛赞誉。

参考文献

[1] 科学技术部社会发展科技司，中国 21 世纪议程管理中心 . 应对气候变化国家研究进展报告 [M]. 北京：科学出版社，2013.

[2] 史丹 ."十二五"节能减排的成效与"十三五"的任务 [J]. 中国能源，2015，37（9）：4-10.

[3] 《第三次气候变化国家评估报告》编写委员会 . 第三次气候变化国家评估报告 [M]. 北京：科学出版社，2015.

[4] 刘斐，高慧燕 . 中国温室气体排放的历史积累和现状分析 [J]. 节能与环保，2009（4）：14-15.

第五章 国内外应对气候变化战略

内容提要

  本章内容分为4个部分，第1部分是应对气候变化的国际进程及中国面临的挑战和机遇，主要包括气候公约下国际谈判的进展，公约外其他双边及多边进程的进展，发达国家应对气候变化的战略及中国面临的挑战和机遇；第2部分是我国应对气候变化的新形势，主要包括我国应对气候变化面临的挑战和战略需求；第3部分是我国应对气候变化的理论探索与战略选择，主要包括碳排放的基本途径和规律，中国应对气候变化和低碳发展的战略选择，中国应对气候变化的基本原则与战略取向及中国应对气候变化的战略途径与发展模式；第4部分是碳市场的国内外现状介绍，主要包括国际上的碳市场现状和我国的碳市场现状。

5.1 应对气候变化的国际进程及中国面临的挑战和机遇

  自 1992 年世界各国签署《联合国气候变化框架公约》以来，世界各国为了共同应对气候变化已经进行了长达 20 多年的谈判。《联合国气候变化框架公约》奠定了应对气候变化国际合作的法律基础，《京都议定书》使温室气体减排成为发达国家的法律义务，确定了发达国家的量化减限排义务。自 2010 年的《坎昆协议》以来，"巴厘路线图"谈判的结果已经初步落实，国际社会正在就 2020 年后气候协议进行磋商。2015 年《巴黎协定》的达成，标志着 2020 年后的全球气候治理将进入一个前所未有的新阶段，具有里程碑式的非凡意义。中国作为发展中大国，仍然处于工业化和城市化的快速发展进程中。近年来，我国温室气体排放总量快速增长，应对气候变化面临严峻挑战。中国坚持在可持续发展框架下应对气候变化，将转变发展方式、实现绿色发展作为我国应对气候变化战略的核心内容，为国际社会应对气候变化做出积极贡献。

5.1.1　气候公约下国际谈判的进展

气候变化谈判的目的是使"大气中温室气体的浓度稳定在防止气候系统受到危险的人为干扰的水平上"。自 20 世纪 90 年代以来，各方就一直为此努力。缔约方会议是公约的最高机构，截至 2016 年，缔约方会议共举行了 22 次会议。

1992 年在巴西里约热内卢举行的联合国环境与发展大会上，150 多个国家和地区制定了《联合国气候变化框架公约》(以下简称《公约》)，确定了"共同但有区别的责任"这一核心原则，即发达国家率先减排，并向发展中国家提供资金和技术支持；发展中国家在得到发达国家的技术和资金等支持下，采取措施减缓或适应气候变化。为国际社会努力应对气候变化挑战、开展气候变化国际谈判制定了总体框架。

1997 年在日本京都举行的《公约》第 3 次缔约方大会通过了具有法律约束力的《京都议定书》(以下简称《议定书》)，为发达国家设立了强制减排温室气体的目标——在 2008—2012 年《议定书》第一承诺期，发达国家的温室气体排放量要在 1990 年的基础上平均减少 5.2%。

2007 年 12 月在印度尼西亚巴厘岛举行的联合国气候变化大会通过了"巴厘路线图"，为气候变化国际谈判的关键议题确立了明确议程。"巴厘路线图"建立了双轨谈判机制，即以《议定书》特设工作组和《公约》长期合作特设工作组为主进行气候变化国际谈判。"巴厘路线图"还为谈判设定了期限，即

2009 年年底完成 2012 年后全球应对气候变化新安排的谈判，但这一期限已在丹麦哥本哈根大会和南非德班大会上得以延长。

2008 年 12 月《联合国气候变化框架公约》第 14 次缔约方大会在波兰波兹南召开。会议总结了"巴厘路线图"一年来的进程，正式启动 2009 年气候谈判进程，同时决定启动帮助发展中国家应对气候变化的适应基金。

2009 年年底的哥本哈根气候大会通过了《哥本哈根协议》，尽管《哥本哈根协议》是一项不具法律约束力的政治协议，但它表达了各方共同应对气候变化的政治意愿，锁定了已达成的共识和谈判取得的成果，推动谈判向正确方向迈出了第一步，同时提出建立帮助发展中国家减缓和适应气候变化的绿色气候基金。哥本哈根会议将全球对气候变化问题的重视带到了一个前所未有的高度，194 个国家派代表与会，119 位国家元首和政府首脑参加了会议。中国积极参加了哥本哈根气候大会的磋商，在哥本哈根气候变化会议领导人会议上，时任总理温家宝发表了重要演讲，宣示了中国政府的一贯主张，呼吁各方凝聚共识、加强合作，共同推进应对气候变化的历史进程。温家宝在出席会议期间与有关国家领导人展开了密集的会谈与协商，力推谈判进程不断向前，尽最大努力避免了大会无果而终，充分展示了中国谋发展、促合作、负责任的大国形象。

2010 年年底第 16 次缔约方会议在墨西哥坎昆召开，经过密集磋商，大会通过了《坎昆协议》。本次会议的成果主要体现在，一是坚持了《公约》《议定书》和"巴厘路线图"，坚持了"共同但有区别的责任"原则，确保了 2011 年的谈判继续按照"巴厘路线图"确定的双轨方式进行；二是就适应、技术转让、资金和能力建设等发展中国家所关心问题的谈判取得了不同程度的进展，谈判进程继续向前，向国际社会发出了比较积极的信号。

2011 年年底第 17 次缔约方会议在南非的德班召开，大会通过决议，建立德班增强行动平台（以下简称"德班平台"）特设工作组，决定实施《京都议定书》第二承诺期并启动绿色气候基金。对于绿色气候基金，大会确定基金为《联合国气候变化框架公约》下金融机制的操作实体，成立基金董事会，并要求董事会尽快使基金可操作化。在德班大会期间，加拿大宣布正式退出《京都议定书》，此逆国际潮流之举遭到了各国媒体、环保组织和专家的谴责。

2012年年底第18次缔约方会议在卡塔尔多哈召开，会议通过的"多哈气候之路"包括3个主要内容：一是通过《京都议定书》的修正案，明确了发达国家缔约方第二承诺期的减排指标，但加拿大、日本、俄罗斯及新西兰不再加入，发达国家第二承诺期的减排目标平均为2020年在1990年基础上减排18%；二是通过了有关长期合作行动的若干决议，为长期合作行动（LCA）的谈判画上了句号；三是制定了德班增强行动平台的日程表，为2015年年底完成谈判规划了蓝图。多哈会议的最重要成果是延续了《京都议定书》，维护了"共同但有区别的责任"原则的实质性存续，并启动了新一轮谈判，具有里程碑式的意义。

2013年年底的华沙气候大会促使利马大会进入实质性谈判阶段。本次会议主要取得3项成果：一是德班增强行动平台基本体现"共同但有区别的原则"；二是发达国家再次承认应出资支持发展中国家应对气候变化；三是就损失损害补偿机制问题达成初步协议，同意开启有关谈判。

2014年年底第20次缔约方会议在秘鲁利马召开，利马气候大会就巴黎大会协议草案要素达成一致。各方经过妥协在决议中进一步细化了预计2015年达成的应对气候变化新协议的各项要素，为各方第二年进一步起草并提出协议草案奠定了基础，向国际社会发出了确保多边谈判于2015年达成协议的积极信号。

2015年年底巴黎气候变化大会通过了全球气候变化新协议，协议将为2020年后全球应对气候变化行动做出安排。巴黎气候变化大会达成《巴黎协定》和相关决定的巴黎成果，在国际社会应对气候变化进程中又向前迈出了关键一步。《巴黎协定》是《联合国气候变化框架公约》框架下用以取代将于2020年到期的《京都议定书》的最新协议，主要目标是将21世纪全球平均气温较工业化前水平升高控制在2℃以内，并为把升温控制在1.5℃以内而努力。全球将尽快实现温室气体排放达峰，21世纪下半叶实现温室气体净零排放。《巴黎协定》共29条，包括目标、减缓、适应、损失损害、资金、技术、能力建设、透明度、全球盘点等内容。国家主席习近平出席巴黎气候变化大会开幕式，并发表题为《携手构建合作共赢、公平合理的气候变化治理机制》的重要讲话，强调各方要展现诚意、坚定信心、齐心协力，推动建立公平有效的全球应对气候变化机制，实现更高水平全球可持续发展，构建合作共赢的国际关系。

2016年11月联合国气候变化公约第22次缔约国大会在摩洛哥马拉喀什召开。这次气候大会是《巴黎协定》生效后的第1次缔约方大会，也是一次落实行动的大会，此次会议将关注各国应对气候变化的行动与实施情况，主要是谈判落实《巴黎协定》规定的各项任务，提出规划安排，同时督促各国落实2020年前应对气候变化承诺。例如，重点解决如何落实发达国家1000亿美元长期资金的路线图，以及如何促使发达国家提高2020年前的减排量。马拉喀什气候变化大会通过了《马拉喀什行动宣言》（以下简称《宣言》），这也标志着全球进入"落实和行动"的新时代。《宣言》强调，全世界的气候变化行动在2016年展现强劲势头，当前任务是在这一基础之上，有目的地减少温室气体排放，进一步加大应对气候变化的力度，支持2030年可持续发展议程及可持续发展目标。《宣言》呼吁各方做出最大政治承诺，把应对气候变化作为当务之急，帮助最易受气候变化影响的国家提高应对能力，同时支持消除贫困，保障粮食安全。《宣言》还重申，发达国家在气候治理问题上应兑现向发展中国家提供资金、技术和能力建设的承诺。

气候谈判之路的时间轴见图5.1。

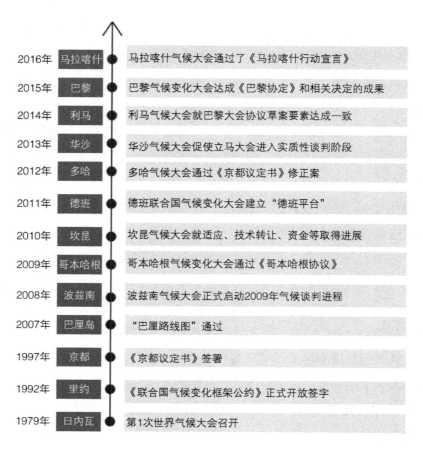

图 5.1　气候谈判之路时间轴

5.1.2　公约外其他双边及多边进程的进展

在联合国框架以外也有很多双边和多边进程对推动全球应对气候变化起到了积极作用。主要有 2005 年 1 月开始在达沃斯世界经济论坛上建立的 G8 气候变化圆桌会议，由美国发起的"主要经济体能源安全与气候变化会议"（MEF），在中美之间举行的中美战略与经济对话，基础四国气候变化部长级会议等，都对气候变化领域的多边互信与政策协调发挥了重要的促进作用。

气候变化谈判一直是国际民航组织和国际海事组织的焦点，而市场措施则是焦点中的焦点。在 2013 年的国际民航组织大会上，国际民航组织启动了投票程序，就中国、俄罗斯与印度提交的决议草案进行了投票，最终以"简单多数"方式通过了决议，但许多国家提出保留和反对意见。发达国家普遍针对微量豁免、"主权空域""共同但有区别的责任"原则持有反对意见，而发展中国家的反对意见主要针对未区分发达国家与发展中国家减排责任的"意向性"目标。国际海事组织以技术、营运及市场机制 3 种方式极力推动国际航运业的减排工作，以新船设计标准为代表的技术方案和以船舶运营和管理为手段的减排方案已经取得进展。国际海事组织目前的谈判焦点是市场机制方案，但围绕这一问题仍存在诸多问题有待解决，其中最主要的是公约下"共同但有区别责任原则"与行业组织内"非歧视"原则的对立与冲突。

自 2007 年巴厘岛气候会议以来，中国、印度、南非及巴西四国之间就开始了就气候议题的磋商。2009 年 11 月，中国、印度、巴西和南非四个主要的发展中国家首次气候变化部长级协调会在北京召开，协调在联合国气候变化大会中的基本立场。基础四国已经召开了多次气候变化部长级协调会，就减缓、资金及技术转让等谈判焦点问题进行了广泛磋商。由中国、印度、巴西和南非组成的基础四国成为气候变化中的一股重要力量。此外，在坎昆会议之后，立场相近的 30 多个发展中国家还形成了立场相近发展中国家集团，与基础四国相呼应，形成了气候变化谈判中维护发展中国家权益的中坚力量。

2013 年 4 月，中美发表了气候变化联合声明。声明指出，为了把气候变化挑战提升为更加优先的事项，中美两国将建立气候变化工作组。根据两国领导人的共同愿景，确定双方在技术、研究、节能、替代能源和可再生能源等领域加强合作。

5.1.3　发达国家应对气候变化的形势与进展

随着世界经济形势低迷，欧洲主权债务危机、美国债务和金融危机，以及 2011 年日本福岛核事故，促使德国等国逐步放弃核电，寻求新的替代能源，对全球减排动力明显减弱，但是也推动各国更加重视清洁能源开发利用。目前全球低碳发展呈现以下几个趋势。

（1）重视低碳市场开发

英国在 2010 年 3 月 31 日发表了《超过哥本哈根——英国政府气候变化国际行动计划》（以下简称《计划》），认为在向低碳经济转换的过程中，提前行动的国家在低碳产品和服务为主的新兴市场中将会占据有利地位。据估算，全球经济中约有 3.2 万亿英镑的低碳市场，在这种低碳竞争中，英国当然不甘落后，英国的低碳产品与服务市场是全球第六大市场，每年提供价值 1120 亿英镑的产品和 91 万个工作岗位，英国在海岸风能开发领域的投资世界领先，预计到 2020 年将形成 7 万个新的工作岗位。《计划》提出，通过英国低碳转换计划列举的措施，用来实现 2020 年减排 34%、2050 年至少减排 80% 的目标，这些举措中包括 4 个大型商业规模的碳捕捉与封存项目。

（2）重视低碳科技的研发

日本采取大力利用可再生能源，实现建筑物零排放，在空调冷暖通风方面进行创新，推出新一代的汽车和管道系统，促进这些先进技术的加速发展。日本气象厅等部门利用气象卫星等手段，加强气候变化的观测，获取气候变化的观测资料。日本还制定了"金星探测计划"，研究金星大气的运动规则，揭示地球气候变化的规律，加强气候变化研究工作，如研究出同时自动测定 CO_2、CH_4、CO 的仪器。2011 年 8 月 26 日，日本参议院全体会议通过了《关于电气事业者采购可再生能源电气的特别措施法》（以下简称《可再生能源法》），规定了新的"固定价格收购可再生能源的制度"，在 2012 年 7 月 1 日开始实施，进一步推动日本可再生能源技术的研发和利用的比重。

（3）以低碳绿色发展促进就业

目前绿色经济为美国提供了 13 075 个就业岗位，研究认为，2038 年绿色经济将再为美国新增 420 万个绿色岗位。根据计划，到 2012 年美国电力总量的 10% 将来自风能、太阳能等可再生能源，2025 年这一比例将达到 25%。奥巴马在 2012 年的国情咨文中提出，美国应争取在 2035 年之前实现 85% 的电力供应来自清洁能源的目标。奥巴马政府陆续出台了一些具体措施，发展绿色产业，促进就业。例如，提供近 20 亿美元支持太阳能企业，加大了对汽车业的改造和支持核能发展的力度，首次推出全国统一的汽车燃油能耗标准，加快美国汽车业的升级换代，同时承诺为混合动力车和新燃料电池的开发提供 24 亿美元的资金，并为购买节能型汽车的消费者减税。作为推动绿色经济发展的措施之一，2011 年 2 月，美国政府还宣布向总部位于佐治亚州亚特兰大的南方公司提供约 80 亿美元的政府贷款担保，支持其建造两个核反应堆，这是美国近 30 年来建造的首个核电厂。2010 年 8 月 11 日奥巴马签署了美国制造业促进法，通过减税，提高美国制造业竞争力，从而创造更多就业。2013 年 6 月 26 日，奥巴马政府发布了《总统气候变化行动计划》，采取行政措施加大美国应对气候变化的力度。该行动计划的主要措施包括：要求美国环保署完成对新建及现有电厂碳排放标准的制定，在 2020 年前将可再生能源的发电量翻番，提高交通燃油经济性标准，以及通过长期投资促进清洁能源的长期发展。在此行动计划下，2013 年 9 月美国环保署公布了限制新建电厂 CO_2 排放的国家标准，其中对于大型新建天然气电站排放限额不超过 454 kg CO_2/MWh，而对于小型新建天然气电站和燃煤电站则不超过 500 kg CO_2/MWh。2014 年 6 月 2 日，奥巴马政府首次发布了限制现有电厂 CO_2 排放的国家标准，以进一步落实《美国气候行动计划》，应对不断加剧的气候变化威胁。该提案要求 2030 年电厂排放总量比 2005 年减少 30%。

（4）积极应对外部环境变化

2010 年，澳大利亚新总理吉拉德上台后，首先提出搁置碳排放贸易，先静观其他国家的行动，但是在 2011 年 9 月 13 日，吉拉德政府正式向议会提交了一份包含 18 份相关议案在内的碳排放税"一揽子计划"，标志着澳大利亚有关引入国内碳排放交易机制的法案已进入正式立法程序。2011 年 10 月 12 日，澳大利亚下议院以微弱多数通过了工党政府提出的"碳税"法案，即"清洁能源法案 2011"。2011 年 11 月 8 日，澳大利亚议会通过了"碳税"法案，至此，这项备受争议的法案正式成为法律。碳税征收 3 年后，将正式过渡为温室气体总量控制和排放交易机制。澳大利亚和新西兰等国在这方面的行动和培养碳交易人才，与推动提升低碳排放产业的竞争力有关。所以，关注其他国家的行动，以及这些行动对自身和他国的影响，进而提出自己的应对之策，对一些战略性措施早做准备，这也是各国均采用的策略。

5.1.4 中国面临的挑战和机遇

5.1.4.1 应对气候变化面临的挑战

（1）我国 CO_2 排放总量大，增长速度快，排放大国的地位凸显，在应对气候变化领域面临长期严峻形势

全球应对气候变化的核心问题是控制温室气体排放，其中主要是控制能源消费的 CO_2 排放。我国在人均 CO_2 排放和人均历史累积排放上仍远远落后于主要发达国家，但是随着我国近年来化石能源消费总量和相应 CO_2 排放总量的快速增长，很多发达国家以"主要排放国""新兴经济体"和"先进发展中国家"等种种名称，力图将中国纳入到量化减排的轨道中去。我国在节能和减缓 CO_2 排放方面已经做出了巨大的努力，并取得了显著的成效。1990—2011 年，我国单位 GDP 能源强度下降了 56%，CO_2 强度下降了 58%，下降幅度远超过世界 15% 和发达国家 25% 的平均水平。但由于我国经济持续快速增长，能源消费总量和相应 CO_2 排放总量大、增长快的趋势仍然难以改变。2005—2011 年，我国新增长的 CO_2 排放量占世界同期增长量的 60%。CO_2 排放总量已经占世界总量的约 1/4，人均 CO_2 排放也已经达到 5.8 吨，已经接近某些欧洲发达国家的人均排放水平。在没有承担量化减排义务的非附件一国家（发展中国家）中，我国的温室气体排放量约占总量的 53%，2010 年我国的 CO_2 排放总量是发展中国家中排在第 2 位的印度的 4.4 倍。由于经济的持续较快增长，在今后一段时期内，我国 CO_2 排放仍会继续增长，对世界 CO_2 排放量的增长有着至关重要的影响，因此，我国在应对气候变化领域将长期面临严峻的形势。随着全球应对气候变化形势的发展，限控 CO_2 排放增长有可能成为我国经济发展的硬约束，从而成为我国现代化进程的最大制

约因素。我国需要全面协调发展与减排之间的关系，探索低碳发展的新型现代化道路，这种低碳发展的现代化道路在世界大国的发展历史上尚无先例。

（2）CO_2 与大气污染物同根同源，对我国实现绿色发展的目标提出严峻挑战

我国当前煤炭等化石能源消费快速增长的趋势，不仅使得 CO_2 排放快速增加，也使得国内资源保障和环境污染的承受力几近极限。2012 年我国煤炭生产量达 36.5 亿吨，造成采空区土地塌陷面积已达 100 万公顷，同时带来了严重的地下水资源破坏、大气和土壤污染等环境生态问题。我国土壤重金属污染面积也已达 1.5 亿亩。我国 85% 的 SO_2、67% 的 NO_x 和 70% 的烟尘等常规污染物排放来自燃煤等化石燃料燃烧过程。化石燃料燃烧造成的污染物排放也是我国近来区域环境质量恶化的重要原因。例如，北京地区 PM2.5 一次颗粒物夏天的 50%、冬天的 70% 来自燃煤和汽车尾气排放，PM2.5 中吸附的重金属 40% ～ 75% 来自于化石燃料使用。CO_2 与大气污染的同根同源性使得在煤炭消费总量不得到有效控制的情况下，未来的环境灾害事件还会持续发生，危及公众健康和社会安定。

（3）全球应对气候变化的长期目标将严重制约世界范围的碳排放空间，对我国现代化道路提出严峻挑战

IPCC 第 5 次评估报告指出，累计排放很大程度上决定了全球气温升高。为将全球升温控制在 2℃ 以内，全球累计 CO_2 排放不能超过 800 ～ 880 Gt，其中截至 2011 年已经排放了 531 Gt。全球实现控制大气中温室气体浓度的长期目标将严重压缩未来的碳排放空间，对我国现代化进程将是一个极大的挑战。按照 2050 年全球温室气体排放减少 50% 的目标，2050 年全球人均 CO_2 排放量将不到 2 吨，尚不到我国目前人均排放量的一半。综合国内目前相关预测研究成果，按照现有的技术经济发展设想，我国即使大力推进节能降耗和优化能源结构，到 2030—2050 年，我国 CO_2 年排放量也要达 100 亿吨。按上述长期减排目标下 2050 年人均排放量相等测算，我国届时的排放量应比需求量减少 70%。但我国从工业革命以来到 2050 年的人均累计排放量，仍将

不到附件一国家的 1/4。因此，全球应对气候变化将极大压缩世界化石能源消费的空间，发展中国家也已经不再具备沿袭发达国家以高能源消费和高资源消耗为支撑的工业化和现代化的发展路径。发展中国家必须探索新型低碳发展的途径。但是，发展中国家也需要得到实现可持续发展的经济和社会发展所必需的资源，其中包括合理的碳排放空间。发展中国家工业化、城市化阶段经济快速增长和大规模基础设施建设，低碳能源技术发展的速度不能完全满足新增能源需求，CO_2 排放仍将适度增长。这也是世界大多数国家实现现代化历程中所呈现的共同的、不可逾越的规律。我国可持续发展的目标不仅受到国内资源和环境的严重制约，也面临着全球环境容量空间限制的更严重威胁。全球应对气候变化对我国的现代化进程提出了严峻挑战。

5.1.4.2 应对气候变化的发展机遇

气候变化对我国而言既是挑战，也是机遇。气候变化及其带来的对人类社会的负面影响，需要国际社会共同应对。在国际社会共同应对气候变化问题的大背景下，通过发展低碳经济和低碳技术积极应对气候变化问题，有助于我国在国际树立良好形象，并为我国在未来碳排放约束下的可持续发展打下坚实的基础。

全球应对气候变化合作进程面临新的形势，"德班平台"谈判将制定2020 年后强化行动的制度框架和 2020 年前加强减排力度的行动安排，各国都必须做出努力和贡献。中国也面临经济发展方式转型的新时期，各项政策和措施将使减排行动有更大力度和成效。

自"十一五"以来，中国通过大力推广节能技术，淘汰落后产能，能源效率显著提高，主要高耗能工业产品的能源单耗与发达国家的差距显著缩小，燃煤发电效率等领域已达到世界先进水平。同时新能源和可再生能源发展迅速，风电、太阳能发电、水电等产业规模均居世界前列，能源结构不断优化。2005—2013 年，单位 GDP 的 CO_2 强度下降 29%，远高于附件一国家下降的幅度。但由于 GDP 年均 10% 以上的高速增长，同期 CO_2 排放总量也增长 70%，新增 CO_2 排放量占世界同期增量的 60% 以上。中国 CO_2 排放总量大、增长快的趋势还未得到根本遏制。

中国当前经济社会发展也面临日趋强化的资源环境制约，煤炭、石油等化石能源生产和消费量的过快增长，也是造成水资源污染、严重雾霾天气等生态环境问题的主要成因。控制化石能源消费，具有减缓 CO_2 排放和降低常规污染物排放的协同效应。因此制定积极紧迫的 CO_2 减排目标，可作为应对全球气候变化和缓解国内资源环境制约的综合目标和关键着力点，采取强有力的政策和行动。

中国当前实施单位 GDP 能源强度和 CO_2 强度下降的约束性目标，在将其分解到各省市的同时对各级政府采取问责制，并在若干省市开始碳交易市场试点。到 2020 年可超额完成预定的单位 GDP 的 CO_2 排放强度比 2005 年下降 40% ～ 45% 的目标，可达到 45% ～ 50%。在 "十三五" 期间，结合国内雾霾治理，将会进一步实施煤炭消费总量和 CO_2 排放总量控制的目标。当前部分东部沿海城市已开始实施煤炭总量控制，其 CO_2 排放有望在全国率先达到峰值。

中国当前正在深化改革，着力于经济发展方式向绿色低碳转型，其发展趋势和政策措施将促进 CO_2 减排。第一，经济增长将由盲目追求 GDP 增长的速度和数量转向更加注重经济增长的质量和效益，GDP 增长即将由以往 10% 以上的平均增速回落到 7% 左右。GDP 增速放缓将降低能源总需求的增长，在新能源和可再生能源供应量快速增长的情况下，更有利于降低煤炭等化石能源的比重，使煤炭消费增长趋缓，到 2020 年后煤炭消费量将趋于稳定并达到峰值。第二，经济发展将由过度依赖增加投资、扩充重化工业产能、扩大制造业产品出口为主要驱动力的增长方式，转向更加注重最终消费的拉动作用，这将极大放缓对钢铁、水泥等高耗能原材料产量的需求，从原来年均增长 10% 以上将逐渐下降并趋于稳定，到 2020 年前后其产量将陆续达到峰值，从而带动工业部门的 CO_2 排放也逐渐趋于峰值。第三，新能源和可再生能源将加速发展，其供应量年增长速度、增长规模和新增投资都将居世界前列。到 2020 年实现非化石能源比重达 15% 的目标，其供应量将达 5 亿 toe 左右，相当于日本的能源总消费量。到 2030 年前后，由于能源总需求增长趋缓，年均将不超过 2%，届时在非化石能源比重达 20% ～ 25% 基础上，仍继续以较快速度增长，其新增供应能力可满足能源总需求的增长，从而使全国 CO_2 排放总量达到峰值。1990—2010 年，CO_2 排放量增长了 210%，2010—2030 年，CO_2 排放量增长可控制在 50% 左右，并跨越峰值实现绝对量减排。当然，这需要超前的部署和艰苦的努力。

实现经济发展方式和能源体系的转型，在促进 CO_2 减排的同时，也将创造新的经济增长点和新增的就业机会，提升一个国家的科技创新能力和经济贸易的竞争力。因此气候变化新国际机制不应局限于各国减排责任和义务的分担，更要注重创造和共享新的发展机遇，注重发挥减排 CO_2 目标与促进经济发展方式转变、能源变革和区域生态环境保护的协同效应，激励各国政府、企业和社会公众自觉采取行动。新的国际机制要为世界各国创造一个公平获得可持续发展的机遇，促进国际合作和国际技术转移，共同开创世界可持续发展的新局面，实现应对全球生态危机与提升各国可持续发展能力的共赢。

5.2 我国应对气候变化的新形势

全球气候变化正在对人类的生存和发展产生着深刻影响，是当今世界各国共同面临的最大环境问题、发展问题，也是一项重大、复杂的挑战。自"十一五"以来，我国在应对气候变化方面，国家意愿不断增强，相关政策也陆续出台。且依托国家现行行政体制，逐步形成了具有中国特色的应对气候变化的运作体制与机制，在国内应对气候变化和国际合作等方面取得了丰硕成果，发挥了重要的建设性作用。但我们必须清醒地认识到，我国作为发展中大国，仍处在工业化和城市化的发展进程之中，现如今甚至未来一段时间之内，我国温室气体排放总量仍将会增长；与此同时，我国人口众多，经济发展水平较低，能源结构以煤炭为主，应对气候变化基础设施相对较弱。

因此，新形势下我国应对气候变化仍面临较为严峻的挑战，任重道远而又刻不容缓。中国将在继续坚持《联合国气候变化框架公约》《京都议定书》的基础上，遵循"共同但有区别的责任"的原则，在可持续发展框架下将转变发展方式、绿色发展作为战略核心，为应对气候变化尽自己的最大努力。

5.2.1　我国应对气候变化面临的挑战

5.2.1.1　气候变化的不确定性

由于大气系统极为复杂，其内在的混沌特性及其在时空尺度的非线性变化，导致人类对大气系统及其变化机制的认知尚非常有限，还不能做到完全回答或解释气候变化中关键的科学问题。受这种认识水平和分析工具层面上的局限，目前世界各国对气候变化影响的评价尚存在较大不确定性。

目前，气候变化的不确定性主要表现在以下几个方面：一是未来大气中温室气体浓度的估算不够准确，二是全球平均辐射强迫的计算值变幅较大，三是可用于气候研究和模拟的气候系统资料不足，四是用于预测未来气候变化的气候模式不够完善，五是自然的气候变化幅度不清楚。导致气候变化不确定性的原因主要有以下几个方面：一是观测资料依然相对匮乏，二是对大气系统及其变化过程和机制的认识不明了，三是回答或解释气候变化所需的关键技术和方法尚待继续研究完善。

近年来针对我国区域的气候变化研究取得了一些实质性的进展，但由于气候系统过于复杂，同时考虑到我国独特的地理位置、地形地貌和气候环境特征，依然存在较大的不确定性。气候变化不确定性在我国的表现主要有以下几个方面：一是观测资料的系统性、准确性和可比性等存在不足，二是某些关键科学问题的研究依然存在空白，三是模式模拟性能还有很大提升空间。

气候变化的不确定性是人类关于气候变化是否已经脱离其自然变化规律范畴的讨论一直存在争议的主要原因之一。因此，如何解决气候变化不确定性的问题是国内外应对气候变化共同面临的首个挑战。

5.2.1.2　应对气候变化面临的外在压力

在应对气候变化的国际合作中，中国的核心利益一直被看作为了维护国家发展空间、团结和巩固发展中国家战略依托及树立负责任大国形象。我国应对气候变化的运营体制和机制与当前发达国家阵营之间存在一定的矛盾与冲突，在应对气候变化国际合作领域面临着以下几点挑战。

一是由于我国减排前景尚不十分明朗，为维护发展空间，谈判中不得不采取防守姿态，固守"共同但有区别的责任"原则和二分法，平衡国家利益与大国形象之间形成矛盾冲突。尽管我国在节能减排方面已经付出了巨大努力，但粗放发展的惯性依然非常强大，在推动绿色低碳发展方面尚没有形成强烈的政治决心和推动力。因此，无法有信心地做出有力度、严格核算、可承担不遵约后果的国际承诺。这使得我国在核心谈判中只能固守二分法，力保由我国自行提出减缓承诺，不接受"自上而下"的减排力度要求，并且尽量避免国际核实甚至遵约机制等约束。因此，为维护发展空间，我国形成了三种"负面形象"：第一，在公约的语境下，温室气体排放是导致气候变化的元凶，排放量大的国家必然成为各方压力的焦点。无论从历史看，还是从当代甚至未来趋势看，排放量大而且持续大幅度上升在某种程度上说就是对全球不负责任。第二，我国在谈判中表现出来的坚持公约原则和既有规则的防守姿态，又让一些国家指责为不灵活、不具有建设性的负面形象。第三，对于国内未来的排放路径，出于我国处理不确定性的惯有政策风格，在国际合作机制中我国也不愿意让别国对我国目标和行动进行分析和评估，这又让一些国家指责为不透明。

二是我国将经历一个相当长的经济和政治分属两大不同阵营的过渡期，即经济体量和利益上越来越向发达国家趋同，但在国际政治上的谈判依托力量却仍然是广大的发展中国家。我国经济总量全球第二，是近年来表现突出的新兴国家之一，最大的温室气体排放国，同时也是最大的发展中国家。这种多重交叉身份致使我国在气候变化国际谈判中频繁处于"左右为难"的局面。例如，在资金、技术和"损失和危害"的谈判中，我国处处严格防范"引火烧身"；在减缓谈判中，评判发达国家减缓力度时通常底气不足，或者避免正面评价，同时拒绝对各国目标或行动进行正式评估。

三是我国面对发展中国家日益分化的利益诉求，难以协调战略依托。小岛国、最不发达国家、部分拉美国家要求主要经济体和主要排放大国要在全球减排中发挥领导作用，要求我国有力度地减排，甚至向其他发展中国家提供资金、技术支持。然而也有许多发展中国家视我国为发展中国家的领头羊，期待我国带头维护发展中国家的整体利益，避免由于我国承担较强的减缓责任而引发多米诺效应，使得印度等其他新兴发展中国家也不得不加快承担减缓责任的步伐。这使得我国在发展中国家内部面临两难境地，在谈判中投鼠忌器，只能采取守势，坚守所有发展中国家都认同的公约原则，难以找到突破口，使压力越发积累。

5.2.1.3　应对气候变化国内面临的挑战

与应对气候变化国际合作中面临的政治舆论压力相比，国内应对气候变化面临的客观挑战更为严峻，我国温室气体排放的刚性增长、能源资源产品的市场化程度较低、应对气候变化的能力相对薄弱及应对气候变化运营体制机制方面也存在一定障碍等，可谓困难重重，面临挑战多多。

一是对中国现有发展模式提出了挑战，自然资源是国民经济发展的基础，资源的丰度和组合状况，在很大程度上决定着一个国家的产业结构和经济优势。中国人口基数大，发展水平低，人均资源短缺是制约中国经济发展的长期因素。世界各国的发展历史和趋势表明，人均 CO_2 排放量、商品能源消费量和经济发达水平有明显的相关关系。在目前的技术水平下，达到工业化国家的发展水平意味着人均能源消费和 CO_2 排放必然达到较高的水平，世界上目前尚没有既有较高的人均 GDP 水平又能保持很低人均能源消费量的先例。未来随着中国经济的发展，能源消费和 CO_2 排放量必然还要持续增长，减缓温室气体排放将使中国面临开创新型的、可持续发展模式的挑战。

二是对中国以煤为主的能源结构提出了挑战，中国是世界上少数几个以煤为主的国家，在 2005 年全球一次能源消费构成中，煤炭仅占27.8%，而中国高达 68.9%。与石油、天然气等燃料相比，单位热量燃煤引起的 CO_2 排放比使用石油、天然气分别高出约 36% 和 61%。由于调整能源结构在一定程度上受到资源结构的制约，提高能源利用效率又面临着技术和资金上的障碍，以煤为主的能源资源和消费结构在未来相当长的一段时间将不会发生根本性的改变，使得中国在降低单位能源的 CO_2 排放强度方面比其他国家面临更大的困难。

三是对中国能源技术自主创新提出了挑战，中国能源生产和利用技术落后是造成能源效率较低和温室气体排放强度较高的一个主要原因。一方面，中国目前的能源开采、供应与转换、输配技术、工业生产技术和其他能源终端使用技术与发达国家相比均有较大差距；另一方面，中国重点行业落后工艺所占比重仍然较高，如大型钢铁联合企业吨钢综合能耗与小型企业相差 200 千克标准煤左右，大中型合成氨吨产品综合能耗与小型企业相差 300 千克标准煤左右。先进技术的严重缺乏与大量落后工艺技术并存，使中国的能源效率比国际先进水平约低 10 个百分点，高耗能产品单位能耗比国际先进水平高出 40% 左右。应对气候变化的挑战，最终要依靠科技。中国目前正在进行的大规模能源、交通、建筑等基础设施建设，如果不能及时获得先进的、有益于减缓温室气体排放的技术，则这些设施的高排放特征就会在未来几十年内持续存在，使得我国在应对气候变化方面面临巨大的困难。

四是对我国应对气候变化减排和低碳发展提出了挑战。我国当前煤炭等化石能源消费快速增长的趋势，不仅使得 CO_2 排放快速增加，也使得国内资源保障和环境污染的承受力几近极限。

另外，目前我国气候变化相关的法律法规不健全，管理体制机制不完善，治理手段和方法比较单一。首先是我国现有的关于应对气候变化的法律分散在几十部法律当中，并且各部法律在立法目的、立法原则等方面各不相同，由于各部法律之间缺乏有效的衔接，难以对气候变化应对行为形成系统性的规范和调整作用。其次是我国虽然已经初步建立了应对气候变化的管理体制，但由于种种主客观条件不具备，现有管理体制是一定阶段的产物，与目标要求存在差距。包括各部门间存在职能交叉重叠的问题，如中国清洁发展机制基金主要由国家发展改革委和财政部审核和监管，职责界定不清，容易导致管理缺位、错位和越位；人员编制不够和人员专业性不足；与气候变化相关的信息化建设不足，碳排放清单尚待收集整理，数据报告和监测体系尚处在起步阶段。同时，中国气候治理组织呈现一个倒三角形，政策缺乏基层机构的有力执行。再次是我国应对气候变化的举措比较单一，主要是以行政手段为主。对于地方来讲，主要是来自中央的行政压力，某些地方低碳产业的发展纯粹被当作本地政府的政绩来加以宣传，其实没有政府补贴和支持，产业根本无法可持续。这种中央政府主导、行政手段为主的发展方式可能在短期内取得成效，但是无法实现可持续发展。最后是我国应对气候变化的决策科学性不足，尽管在气候变化领域，我国专家在相关政策制定中有着一定的参与度，但受限于当前的政治体系，我国气候变化决策的科学性不足。由于民主机制不健全，政策的制定在各个环节上都受到权力的极大干扰，所谓的"拍脑袋决策"就是这种情况的鲜明写照，在短期内，这种状况很难改变。而且出于保密性考虑，在很多决策过程中专家参与程度仍然不足。应对气候变化对我国相关法律法规、管理体制机制、手段和方法的改革发展提出了严峻挑战。

5.2.2 我国应对气候变化的战略需求

虽然气候变化是由于发达国家自工业革命以来大量排放 CO_2 等温室气体造成的，但其已经影响到全球，中国也不能置身事外。为了更好地应对气候变化，实现"人与自然"的和谐相处，世界各国应加强合作，切实履行国际社会中的各项规定与承诺，积极探索应对气候变化的战略需求和战略选择。当前，中国已经在低碳经济、温室气体减排等领域进行了理论探索，未来将继续加强应对气候变化各方面的深入研究，为我国甚至国际社会应对气候变化的战略需求和战略选择提供科学支撑。

5.2.2.1 我国应对气候变化的战略指导思想与原则

我国正处于经济社会发展的重要战略机遇期，现阶段应对气候变化需以科学发展观为基本指导思想，以可持续发展为目标，以构建和谐社会、坚持节约资源和保护环境为基本国策，以保障经济发展为核心，以优化能源结构、加强生态建设为重点，以科技进步为支撑，不断提高应对气候变化的水平与能力，为国际社会做表率，为全球应对气候变化做贡献。

我国应对气候变化的原则有以下几点：第一，在《气候公约》框架下，坚持"共同但有区别的责任"原则，在发达国家资金与技术等支持下，结合国情，承担合理的国际责任，履行公约义务。第二，在可持续发展和生态建设前提下，以国家可持续发展战略为指导，继续加强应对气候变化的能力，找准方向、抓住重点、统筹推进，积极应对气候变化带来的问题。第三，坚持减缓和适应并重的原则，减缓气候变化是一项长期的、艰巨的任务，适应气候变化是亟待解决的现状。我们需要采取综合的应对策略，寻求减缓与适应之间的平衡和协同，切实提高应对气候变化的能力。第四，坚持政府决策引导与市场机制并举的原则，加快应对气候变化的制度建设，充分发挥市场机制的决定性作用，协调推进制度建设、决策引导和市场机制，做好统筹考虑。第五，坚持以科技进步和创新为重点的原则，科技进步和创新是应对气候变化的有效途径，大力发展新能源技术、节能技术和碳吸收技术，加快科技创新和技术引进的步伐，为应对气候变化提供强有力的科技支撑。第六，坚持积极参与和广泛合作的原则，尽管国际社会在应对气候变化的多个方面存在不同意见和分歧，但通过合作和对话的形式，共同应对气候变化是国际社会的基本共识，努力提高全民应对气候变化的意识，只有国际社会一道共同努力，才能更好地应对气候变化带给人类的各项挑战。

基于我国国情和现阶段的各项特征，应对气候变化的目标是协调好经济发展与保护气候之间的关系，推进技术创新，发展低碳能源技术，提高能源效率，优化能源结构，转变经济增长方式，走低碳发展道路。未来相当长的时期温室气体排放量仍会有持续、合理的增长，因此我国发展低碳经济的目标是通过低碳能源技术的开发和经济发展方式的转变，减缓由于经济快速增长、新增能源需求所引起的碳排放增长，以相对较低的碳排放水平，实现现代化建设的目标。相对于发达国家而言，我国更强调"低碳发展"的现代化过程和发展路径。"低碳"是未来可持续发展的主要特征和标志。低碳发展有利于突破我国经济发展过程中资源和环境的瓶颈性约束，走新型工业化道路，形成全球气候友好型的可持续发展政策机制和制度保障体系，推动我国产业升级和企业技术创新，打造我国未来的国际核心竞争力。

5.2.2.2　国内应对气候变化的战略需求

为了实现低碳发展和节能减排，不断增强应对气候变化的能力和水平，我国需采取以下措施。

第一，需提高认识、统一思想，切实推动经济发展方式的转变。党的十八大突出生态文明建设，提出绿色发展、循环发展、低碳发展的理念，把绿色低碳发展转型的可持续发展战略目标置于各项经济发展目标的前位，切实以科学发展为主题，以加快转变经济发展方式为主线，也表明了国家应对气候变化的态度。

第二，需统筹协调，制定分阶段、分部门、分地区的 CO_2 减排目标。我国在"十二五"期间制定了单位 GDP 能源强度下降 16%、CO_2 强度下降 17% 的目标，到 2020 年后要进一步实施化石能源特别是煤炭和 CO_2 排放绝对量控制的目标，实施强度目标和总量目标"双控"机制，并将 2030 年前后 CO_2 排放达到峰值列入我国相应战略规划并付诸实施。

第三，需超前部署、明确中长期能源战略目标和思路。应对气候变化、实现低碳发展，需要相应的能源战略作为支撑。强化节能和能源结构的低碳化是我国中长期能源战略的两大支柱。十八大报告提出要推动能源生产和消费革命，控制能源消费总量，加强节能降耗，支持节能低碳产业和新能源、可再生能源发展，确保国家能源安全。我国要改变能源战略单纯保障供给的传统思路，在当前资源环境严重制约的形势下，不能简单地将资源环境只作为约束条件，而应将资源节约与环境保护作为与经济发展、社会进步同等重要的目标来权衡。因此能源战略在保障供给的同时，也必须调控和引导需求。中长期能源战略必须强化节能，控制化石能源消费总量，促进经济发展方式和社会消费方式的转变，从而实现保护生态环境和减排 CO_2 的目标。同时要促进能源体系的革命性变革，由当前以化石能源为基础的高碳能源体系逐渐向以新能源和可再生能源为主体的可持续能源体系过渡。我国非化石能源的比重在 2020 年将达到 15%，2030 年力争达到 20% ~ 25%，加快能源体系的变革，在 2050 年争取达到 1/3 ~ 1/2，为 21 世纪末全球实现二氧化碳的近零排放奠定基础。

第四，需深化改革、建立完善低碳发展的政策体系和实施机制。实现积极紧迫的二氧化碳减排目标，促进社会经济向低碳发展转型，需要深化改革，建立和完善强有力的法律、法规、政策保障体系及运行机制。首先，当前首要任务是加快《应对气候变化法》的立法进程，加快促进低碳发展的制度建设，建立并形成地区和企业碳排放的统计、核算和考核体系，为实现积极紧迫的二氧化碳减排目标提供法律和制度保障。其次，要完善促进节能和可再生能源发展的财税金融体系，改革能源产品价格形成机制和资源、环境税费制度，为企业低碳技术创新提供良好的政策环境。再次，要加强市场机制建设，发挥市场的决定性作用，形成公平有效的能源市场制度，积极推进碳交易市场的建设，在目前五省二市碳交易试点的基础上进一步向全国统一碳市场过渡，以市场机制引导企业低碳技术创新，实现减排目标。最后，要引导公众和社会消费方式的转变，促进低碳社会的建设，建立低碳产品的认证制度和产品碳标识制度，加强公众的低碳消费导向。在城市化进程中要注意低碳城市建设和城市布局总体规划，提高建筑物的能效标准，优化促进方式，规范和制约社会及公众的消费方式。

5.2.2.3 国际合作中应对气候变化的战略重点

全球气候变化问题的高度复杂性决定了未来推动国际气候进程需要运筹多方位的国际合作战略。中国要加深对国际气候格局新变化的认识，明确自身定位和战略调整，积极参与国际气候合作，重点处理好以下几个方面的关系。

首先，坚持发挥联合国的主导作用。应对全球气候变化只有动员世界各国共同参与、协调合作、循序渐进，联手采取密切配合的各项变革性举措，才能收取实效，取得成功。尽管国际气候谈判停滞不前使得许多人对联合国的作用提出质疑和担忧，但联合国作为当今参与国最多、涵盖面最广、权威性最高的国际多边机构，具有不可替代的作用，理应承担更多的重要职责。在气候公约主渠道之外，涌现的大量不同层面、不同形式的多边和双边合作机制只能作为有益的补充，不可能替代。中国为构建公平的国际气候制度付出了巨大努力，未来仍将继续与国际社会一起努力推进国际气候进程。

其次，协调好中美欧三方之间的微妙关系，对国际气候机制的构建和运行至关重要。大国关系依然是决定未来气候合作走向的决定性因素。未来美欧围绕气候问题领导权的争夺将更激烈，为中欧和中美双边气候合作提供了更大的空间和潜力。对中国而言，加强在气候变化、能源、环境保护领域与美欧的协调和合作，不仅是外交需要，更是中国自身长远发展的需要。但是，围绕承诺减排的严重分歧及对中国清洁能源和低碳技术崛起的疑虑，中美欧之间气候变化和能源合作的道路也不会一帆风顺，合作与竞争并存是未来国际合作的常态。对此，应加强政治层面的对话及政策和技术层面的交流，制定气候合作规划，并配以相关的监督机制，以确保合作的质量、效果及透明度。在完善现有合作机制的同时，开拓合作新模式，形成联通官方与非官方、中央与地方的多层次气候对话与合作网络。

最后，做好战略设计，有效推进气候变化领域的南南合作。气候领域的南南合作依然是未来国际合作的重点之一，在国际气候格局新形势下的重要性越来越突出，有利于巩固战略依托，在国际气候进程中维护发展中国家的整体利益。中国政治经济角色的任何变化都不应妨碍推进与其他发展中国家的合作。对中国而言，南南合作的机遇与挑战并存。有效推进气候变化南南合作需要做好顶层战略设计，制定配套政策，鼓励企业"走出去"的同时提供更多的政策引导和相关服务。

5.3 我国应对气候变化的理论探索与战略选择

5.3.1 碳减排的基本途径和规律

5.3.1.1 低碳发展必要性和紧迫性

低碳发展是中国实现可持续发展的必由之路。改革开放 30 余年，中国经济高速增长，世界瞩目。但经济增长的资源环境成本过大，环境污染、生态退化严重干扰了人们的健康和日常生活，亦成为社会稳定和经济可持续发展的主要障碍。中国在有机废水、二氧化硫、氮氧化物及温室气体等主要污染物排放量排名中均居首位。按目前状况持续，中国未来 40 年的生态赤字必将继续扩大。《2009 年中国环境经济核算报告》（环保部环境规划院公布）显示，2009 年中国环境退化成本和生态破坏损失成本合计 13 916.2 亿元，约占当年 GDP 的 3.8%（环保部环境规划院，2012）。而在污染严重地区，污染损失占 GDP 的比例更是高达 7% 以上。近年来，中国各地因环境污染造成的人民财产损失及人员伤亡，已经诱发多起群体性事件，成为影响国家稳定和谐的安全隐患。

资源与生态环境的破坏、化石能源、煤炭的开发利用三者密切相关。2010 年，中国煤炭产量达到 32.4 亿吨，超出 29 亿吨的科学产能供应能力。中国的煤矿资源大多位于水资源短缺、生态脆弱的西北地区，而煤矿开采已经导致这些地区严重的水资源和植被破坏，生态环境恶化，土地塌陷。内蒙古、新疆、宁夏、陕西、甘肃五省（自治区）每开采 1 亿吨煤就要破坏 7 亿吨水资源，造成水土流失面积逾 245km^2（中国工程院，2011）。

煤炭开发利用过程中的环境污染降低民众生活质量，严重损害健康，成为实现美丽中国梦的障碍之一。据估计，2003 年中国由于空气污染引发的过早死亡和疾病的经济损失为 1573 亿元（尚琪 等，2008），燃煤引起的二氧化硫排放量、氮氧化物排放量、烟尘排放量和人为源大气汞排放量分别占全国总量的 85%、67%、70% 和 40%，尤以人为颗粒物污染最为严重。中国由于人为颗粒物污染导致的平均预期寿命的下降已高达 1.14 年，远远超出印度、俄罗斯及欧盟国家。燃煤导致的死亡、呼吸和循环系统疾病及慢性支气管炎疾病等人体健康损失约占全部燃煤环境成本的 49%（茅于轼 等，2008）。巨大的健康损失不允许化石能源持续在无序状态下开发利用，中国近年来制定了一系列二氧化硫、氮氧化物、PM 2.5 等污染物的强制性国家标准，这些指标的实现要求大大降低煤炭的开发利用。

2010 年发布的《中华人民共和国国民经济和社会发展第十二个五年规划纲要》设计了占总指标比重 51.1% 的绿色低碳发展指标体系，体现了国家对绿色低碳发展的高度重视，明确了低碳发展在生态文明建设中的核心地位。2012 年十八大报告则进一步将生态文明建设提升为国家战略，与经济建设、政治建设、文化建设、社会建设一起，构成中国特色社会主义事业"五位一体"的总体布局。

因此，国际社会的减排压力和国内可持续发展的需求决定了中国必须走一条低碳发展的道路。

5.3.1.2　用广阔的视角和创新的思维减缓气候变化

节能减排、减缓 CO_2 排放，是中国在国际应对气候变化进程中争取主动所需的战略选择，既可以突破资源环境制约，又可实现可持续发展迫切需求。能源战略要控制能源需求总量的过快增长，促进发展方式的转变。强化节能优先，大幅度提高能效。能源结构低碳化，实现大比例可再生能源目标，建立以新能源和可再生能源为主体的可持续能源体系，非化石能源比重 2020 年将达 15%，2030 年将达 20% ～ 25%，2050 年将达 1/3 ～ 1/2。

核能将是我国未来可持续能源体系中的重要支柱，在确保安全的基础上，稳步、高效发展核能，其对我国 2030 年左右 CO_2 排放达到峰值起关键作用。2030 年，核电 1.5 亿～ 2 亿千瓦，减排 10 亿～ 13 亿吨 CO_2，其后每年新增 1000 万千瓦，填补新增能源需求的 30% ～ 40%。如无核能，峰值年份可能延后 10 年左右，峰值排放量将增加 15 亿～ 20 亿吨。2050 年，中国核电装机 3 亿～ 4 亿千瓦，占一次能源比重 10% ～ 15%，相当于 20 亿千瓦光伏电站；替代煤炭 10 亿～ 13 亿吨，减排 CO_2 19 亿～ 25 亿吨。核能对我国突破资源环境制约、保障能源安全将发挥不可替代的作用。核燃料进口亦视为"准国内资源"，也是我国替代化石能源进口的重要手段。核电对减少 SO_2、NO_x、粉尘等常规污染物排放有重要作用。21 世纪下半叶核能将是向低碳能源体系过渡的主力能源。核能应成为我国战略必争、有自主知识产权和国际竞争力的高技术产业。

减少对外依赖，保障能源安全，加强国内能源资源的开发和科学高效利用，加强常规和非常规天然气的勘探开发，提升天然气在一次能源中的比例。加强国际能源合作，积极参与国际能源安全体系的构建，实施能源开发"走出去"战略，将能源安全纳入国家整体外交战略。发展能源替代技术。加强先进能源技术的研发和产业化，抢占技术制高点，打造低碳竞争能力，低碳技术和产业将是国际技术竞争的前沿和新的经济增长点。实现 2℃目标，全球每年附加投资将达 1.2 万亿美元。

5.3.1.3 加快形成以技术创新为驱动的发展方式

加快转变发展方式是实现低碳发展的核心和关键，改变以重化工业产能扩张为主要驱动的发展方式，逐渐形成以技术创新为驱动内涵的发展方式。据世界银行统计，2008 年我国资本形成占 GDP 比重为 43%，而世界平均水平为 22%，中等收入国家平均为 30%；家庭最终消费占 GDP 比重为 37%，而世界平均水平为 61%，中等收入国家为 50%。投资的快速增长刺激基础设施建设和产能扩张，拉动高性能产业的快速发展，不利于产业结构调整和 GDP 能源强度下降。投资在 GDP 中比重下降 1 个百分点，相应消费增长 1 个百分点，GDP 能源强度可下降 0.45 个百分点。我国第二产业在 GDP 中比例为 47%，重工业在工业中比例达到 71%，两者均已达到或超过发达国家工业化阶段的峰值，钢铁、水泥等高耗能产品产量已占世界的一半左右，具备了较大幅度调整产业结构的条件。第二产业在 GDP 中比重下降一个百分点，相应第三产业比重提高一个百分点，单位 GDP 能耗强度也将下降约一个百分点。

5.3.1.4　进行总量控制，形成促进低碳发展的"倒逼"机制

中国单位 GDP 的能源强度和 CO_2 强度约为世界平均水平的 2 倍，降低 GDP 的能源强度和 CO_2 强度，是当前实现低碳发展的核心内容。研究制定 CO_2 排放峰值目标和能源消费总量控制目标，形成促进低碳发展的"倒逼"机制是当前要务。要逐步制定并实施煤炭消费和 CO_2 排放的总量控制目标。"十二五"能源规划中制定了 2015 年能源消费总量控制在 40 亿吨的指导性目标。"十三五"开始考虑引入控制煤炭消费总量和 CO_2 排放总量的约束性目标，研究并制定 CO_2 排放峰值目标。2030 年前后，我国基本完成工业化和城镇化，经济内涵增长，增速趋缓，新能源和可再生能源已具规模并快速发展，其新增供应量可满足能源总需求的增长，化石能源消费不再增长，CO_2 排放达到峰值。

我国工业化、城市化进程要走上低碳发展路径，首先要促进产业转型，工业部门的能源消费和 CO_2 排放要率先达到峰值。东部沿海发达地区要制定更为积极的低碳发展目标，在全国率先实现煤炭消费和 CO_2 排放峰值。东部发达地区人均 GDP 大都达 10 000 美元左右，人均 CO_2 排放已相当或超过欧盟、日本人均 CO_2 排放峰值时水平。如仍持续当前发展模式，2020 年很多地区的人均 CO_2 排放将远超欧盟、日本的水平，而直逼美国的人均水平。东部发达地区要努力争取 2015 年煤炭消费达到峰值，2020 年 CO_2 排放达到峰值。

5.3.1.5　加强制度和政策保障，明确低碳发展在国家和地区总体发展战略中的定位

2012 年，十八大首次提出了经济、社会、政治、文化和生态文明建设"五位一体"的概念。突出生态文明建设的引领作用，明确提出用绿色发展、循环发展、低碳发展"三大支柱"支撑生态文明建设，应对气候变化和绿色低碳发展在执政党行动纲领中已经取得了高度的政治共识。事实上，中国是世界上少数在绿色低碳发展方面取得高度政治共识的国家之一（Qi 等，2013）。

低碳发展是当前转变经济发展方式、应对气候变化、实现可持续发展的核心内容（杜祥琬，2013），即未来经济竞争力的关键，亦是在国际上提高形象和话语权、占领道德高地、提升国家软实力的重要举措。

治理模式、制度保障和政策支持是实现国家低碳发展战略的保障。中国强有力的执政党体系及特有的政府运行模式，决定了一个行之有效的低碳发展的治理体系。另外，市场将逐渐成为资源配置的决定性力量。随着国家治理体系的不断完善，社会大众和社会组织将在低碳发展中发挥越来越重要的监督作用。

在制度机制方面，地方政府经济社会发展绩效考核体系中将加入更多生态文明建设的指标和内容。其中，能源消耗、温室气体排放等将成为衡量地方生态文明建设和可持续发展绩效的核心内容。在运用行政体系推动节能降碳的制度中，责任制是目前最为有效的制度。在市场机制的运用中，碳排放交易市场被寄予较高期望。目前正在开展的 7 个试点将探索积累经验，有望在"十三五"期间推广至全国，从而形成全球规模最大的碳市场，在低碳发展和碳排放空间资源的配置中发挥决定性作用。

在政策领域，第一，在法律法规方面，中央政府和全国人大应加快《应对气候变化法》和《低碳发展促进法》的立法进程，为低碳发展提供法律和政策保障。第二，完善已有的财政预算和税收激励政策，探索开征碳税的可行性及其与其他税种的相容性，探讨碳税与碳市场及节能目标责任制之间的互补性。第三，加大信息公开的范围和力度，让公众成为监督企业和政府的中坚力量。第四，完善中央和地方低碳试点建设，突出试点的示范带头作用。及时总结试点的经验和教训，扩大影响范围，从而带动全国各地的低碳发展。

5.3.2 中国应对气候变化和低碳发展的战略选择

5.3.2.1 基本原则

我国应对气候变化工作应坚持以下原则。

第一，在可持续发展和生态文明建设框架下推进应对气候变化。将应对气候变化放在国家可持续发展战略和生态文明建设框架下，把握节奏、统筹推进，促进人与自然和谐、经济社会与资源环境协调发展。

第二，坚持适应和减缓并重。采取综合应对策略，寻求减缓气候变化与适应气候变化之间的平衡和协同，协调一致、同等并重地推进减缓与适应的措施。

第三，坚持政府引导与市场机制并举。既要充分发挥政府的引导作用，突出政府在政策引导、公共服务体系中的重要作用，又要充分发挥市场机制的决定性作用，引导资源配置流向高碳生产力的技术、产品和产业。

第四，统筹国际责任与国内实际。按照"共同但有区别的责任"原则，结合国内的实际能力和现实条件，承担合理的国际责任。积极开展多渠道、多层次的国际合作，加强南南合作。

第五，坚持制度建设与技术创新同步。充分发挥制度和技术创新在应对气候变化方面的核心作用，推动制度创新，大力发展新能源技术、节能技术、碳吸收技术和适应技术。

第六，鼓励全社会参与。提高全民适应气候变化的意识，完善减缓和适应行动的社会参与机制。

5.3.2.2　总体目标

我国应对气候变化的总体目标是：控制温室气体排放取得明显成效，适应气候变化的能力不断增强，气候变化相关的科技与研究水平取得新的进展，公众的气候变化意识得到较大提高，气候变化领域的机构和体制建设得到进一步加强，低碳经济体系基本确立。

阶段目标具体分为以下 3 个阶段。

到 2020 年，以推进提高能源效率和改善能源结构为核心，综合运用调整产业结构、增加森林碳汇等多种手段，争取单位 GDP 碳排放比 2005 年下降45%；气候变化适应能力显著增强，基本形成适应气候变化的区域格局；应对气候变化宏观管理能力得到显著提高。

到 2030 年，通过采取较为严格的节能减排技术和相应的政策措施，CO_2 排放在 2030 年左右达到峰值，之后步入稳定的下降期；低碳产业成为经济的新增长点，市场潜力得到充分发挥。

到 2050 年，建立与中国基本实现现代化相适应的气候变化应对体系框架，碳排放总量较 2030 年有较大幅度下降，低碳技术达到世界先进水平，新增能源需求主要依靠可再生能源来满足。

5.3.2.3　战略对策

（1）实施"效率"和"总量"双重控制的策略

综合运用调整产业结构和能源结构、节约能源和提高能效、增加森林碳汇等多种手段，大幅度降低能源消耗强度和 CO_2 排放强度，有效控制温室气体排放。探索实现能源消费总量和碳排放总量控制的目标分解和落实机制。

（2）加快国民经济产业结构的战略性调整

加速高新技术产业和现代服务业的发展，转变经济增长方式，提高产品的增加值率，发展节能型经济。加强森林保护、植树造林和土地的合理利用，发挥森林、湿地的生态调节功能和固碳功能，不断增加碳吸收量。

（3）建立低碳技术创新和应用体系，推动低碳产业发展

把自主创新与引进、吸收、消化和再创新相结合，积极发展可再生能源技术、先进核能技术等低碳技术，尽快掌握核电、风电、生物质发电和液化，以及与煤炭清洁利用相结合的碳捕捉和封存等应对气候变化关键核心技术；支持节能低碳产业和新能源产业发展，形成大规模产业化发展的体制机制。

（4）创新应对气候变化的制度安排

加强能源、气候变化等领域的法律、法规和政策体系建设，把碳排放纳入经济社会发展评价体系和生态文明建设目标体系、考核办法、奖惩机制中；探索建立低碳产品标准、标识和认证制度，建立完善温室气体排放统计核算制度；推进基于碳排放的生态补偿机制，逐步建立碳排放交易市场；完善应对气候变化管理体制机制，并加强管理机构的能力建设，提高决策的科

学性。

（5）加强抵御极端气候灾害应急系统的建设，增强适应气候变化能力

加强气候变化科学研究、观测和影响评估。在基础设施、重大项目规划设计和建设中，充分考虑气候变化因素。加强适应气候变化特别是应对极端气候事件能力建设，提高防御和减轻自然灾害的能力。加快适应技术研发推广，提高农业、林业、水资源等重点领域和沿海、生态脆弱地区适应气候变化水平。

（6）广泛开展国际合作，强化南南合作

坚持"共同但有区别的责任"原则、公平原则、各自能力原则，积极参与国际谈判，推动建立公平合理的应对气候变化国际制度；加强气候变化领域国际交流和战略对话，在科学研究、技术研发和能力建设等方面开展务实合作；开展南南合作，为发展中国家应对气候变化提供支持和帮助。

5.3.3　中国应对气候变化的基本原则

我国经济发展不断增长的能源需求与全球减缓温室气体排放之间形成了尖锐矛盾，协调经济发展与气候变化之间关系的有效途径是推进技术创新，发展低碳能源技术，提高能源效率，优化能源结构，转变经济增长方式，走低碳发展道路。这将作为我国应对气候变化战略的核心内容。

基于我国的国情和发展阶段的特征，未来相当长的时期温室气体排放量仍会有持续、合理的增长。因此，我国发展低碳经济的目标是通过低碳能源技术的开发和经济发展方式的转变，减缓由于经济快速增长而新增能源需求所引起的碳排放增长，以相对较低的碳排放水平，实现现代化建设的目标。相较发达国家，我国更强调"低碳发展"的现代化过程和发展路径。"低碳"是未来可持续发展的主要特征和标志。低碳发展有利于突破我国经济发展过程中资源和环境的瓶颈性约束，走新型工业化道路，形成全球气候友好型的可持续发展政策机制和制度保障体系，推动我国产业升级和企业技术创新，打造我国未来的国际核心竞争力。

5.3.3.1 统一思想，切实推动经济发展方式的根本性转变

党的十八大突出生态文明建设，提出绿色发展、循环发展、低碳发展的理念，是我国经济社会转型时期的重大战略抉择和关键举措。当前要统筹经济发展、增加就业，改善民生与资源节约、环境保护之间的关系，权衡经济增长的收益与资源环境的损失。要加快经济发展方式的转变，加强产业结构的战略性调整，促进产业升级，有限发展高新技术产业和现代服务业，发展战略新兴产业，限制高耗能产品出口，提高制造业出口产品的附加值，促进传统产业体系的绿色转型。要把绿色低碳发展转型的可持续发展战略目标置于各项经济发展目标的前位，制定并实施各项节约资源、保护环境的约束性指标和政策红线，将 GDP 增速控制在科学合理的水平，探索实现经济发展与环境保护双赢的发展路径。在机制设计上要强化节能降耗和生态环境保护的目标责任制，切实将以科学发展为主题，加快转变经济发展方式为主线落在各项发展规划之中。

5.3.3.2 统筹协调，制定分阶段、分部门、分地区的 CO_2 减排目标

我国在"十二五"期间制定了单位 GDP 能源强度下降 16%、CO_2 强度下降 17% 的目标。到 2020 年后要进一步实施化石能源特别是煤炭和 CO_2 排放绝对量控制的目标，实施强度目标和总量目标"双控"机制，并将 2030 年前后 CO_2 排放达到峰值列入我国相应战略规划并付诸实施。2020 年前后随着我国工业化阶段的完成，工业特别是高耗能行业在 GDP 中的比重下降，我国工业部门的终端能耗和 CO_2 排放可以率先达到峰值，为全国 CO_2 排放总量达到峰值创造必要的条件。由于煤炭燃烧的污染物排放是目前我国环境污染和生态破坏的主要根源，控制煤炭消费总量势在必行。我国要争取煤炭消费量在 2020 年后尽快停止增长，峰值消费量应当控制在 40 亿～ 45 亿吨。由于我国东部地区人均 GDP 大多超过 10 000 美元，单位面积的污染物排放强度远高于西部地区，因此东部沿海发达地区有条件也必须率先控制煤炭消费总量和 CO_2 排放总量，争取 CO_2 排放在 2020 年前后陆续达到峰值，为全国 CO_2 实现峰值奠定基础。

5.3.3.3　超前部署，明确中长期能源战略目标和思路

应对气候变化、实现低碳发展，需要相应的能源战略作为支撑。强化节能和能源结构的低碳化是我国中长期能源战略的两大支柱。十八大报告提出要推动能源生产和消费革命，控制能源消费总量，加强节能降耗，支持节能低碳产业和新能源、可再生能源发展，确保国家能源安全。我国应将资源节约与环境保护作为与经济发展、社会进步同等重要的目标来权衡，能源战略在保障供给的同时，也必须调控和引导需求。中长期能源战略必须强化节能，控制化石能源消费总量，促进经济发展方式和社会消费方式的转变，从而实现保护生态环境和减排 CO_2 的目标。同时要促进能源体系的革命性变革，由当前以化石能源为基础的高碳能源体系逐渐向以新能源和可再生能源为主体的可持续能源体系过渡。我国非化石能源的比重在 2020 年将达到 15%，2030 年力争达到 20% ～ 25%，加快能源体系的变革，在 2050 年争取达到 1/3 ～ 1/2，为 21 世纪末全球实现 CO_2 的近零排放奠定基础。

5.3.3.4　深化改革，建立完善低碳发展的政策体系和实施机制

实现积极紧迫的 CO_2 减排目标，促进社会经济向低碳发展转型，需要深化改革，建立和完善强有力的法律、法规、政策保障体系及运行机制。首先，当前首要任务是加快《应对气候变化法》的立法进程，加快促进低碳发展的制度建设，建立并形成地区和企业碳排放的统计、核算和考核体系，为实现积极紧迫的 CO_2 减排目标提供法律和制度保障。其次，要完善促进节能和可再生能源发展的财税金融体系，改革能源产品价格形成机制和资源、环境税费制度，为企业低碳技术创新提供良好的政策环境。再次，要加强市场机制建设，发挥市场的决定性作用，形成公平有效的能源市场制度，积极推进碳交易市场的建设，在目前五省二市碳交易试点的基础上进一步向全国统一碳市场过渡，以市场机制引导企业低碳技术创新，实现减排目标。最后，要引导公众和社会消费方式的转变，促进低碳社会的建设，建立低碳产品的认证制度和产品碳标识制度，加强公众的低碳消费导向。在城市化进程中要注意低碳城市建设和城市布局总体规划，提高建筑物的能效标准，优化促性

方式，规范和制约社会及公众的消费方式。

5.3.4 中国应对气候变化战略途径与发展模式

应对气候变化将对我国经济社会发展的诸多方面产生深远影响。气候变化和频繁发生的气候极端事件给经济、社会系统各部门都带来了相应的影响，而各种与气候变化相关的国际合作机制也给中国社会经济发展带来程度不一的机遇和挑战。中国正处在一个经济社会快速发展的过程中，在有关气候变化的国际关系方面，任何一个新的变化都会使中国的地位发生改变，同时，中国的发展也会引发有关应对气候变化国际关系格局的变化。在这种情况下，需要在法律原则和伦理准则方面建立起能够行之一贯的观念、原则和规范体系框架，而在策略选择上，则需要随时根据中国的根本利益要求和国际关系格局变化而做出调整。

5.3.4.1 适时调整中国在国际社会上的角色

（1）全球排放与世界经济格局演化与态势

从经济增长、能源消费和温室气体排放等指标的变化看，随着时间的推移，中国在世界经济格局中的地位已发生了根本性改变。

从经济体量上来看，中国占全球经济的比重 2013 年达到 12.34%，成为世界第二大经济体。在 2020 年前后可望超过美国，成为世界第一大经济体。而欧盟占全球的份额却呈下降态势；尽管美国占全球的比例总体上变化不大，但在 2008 年金融危机以来呈现下降趋势；近年印度发展加速，但经济增速和总量比中国明显逊色。中国的人均收入已达 6629 美元，接近中高收入国家，且经济发达地区如北京、上海人均地区生产总值已经达到高收入国家人均水平。从贸易、投资和外汇储备看，2009 年中国的出口总量已经超过美国，占世界总量的 10%；中国外商直接投资净流量也在世界上占较大比例，达到美国的一半以上；中国的外汇储备规模也直线上升，接近 3.2 万亿美元。各种数据均表明，中国已成为世界经济格局中举足轻重且地位仍然在快速攀升的重要力量。

从能源格局看，2009 年中国与美国的能源消费总量持平，2011 年中国一次能源消费总量高于美国的 18.5%，占全球的 21.3%。2008 年国际金融危机以来，中国能源消费增长率为 8% 左右，成为世界上第一大能源消费国，中国能源消费的上升态势还将持续；而欧盟、美国能源消费稳中有降；印度的能源消费近些年有所增加，且印度正在大力发展基础设施建设，能源的需求将继续增长。进入 21 世纪，中国能源的生产和消费差距在不断拉大，消费逐渐超过生产，中国对世界能源的依赖在加强。

从温室气体排放总量情况看，中国 1971 年化石能源燃烧排放的 CO_2 只占全球总量的 5.7%，但 2006 年成为世界第一排放大国，到了 2011 年 CO_2 排放比重已经达到 25%。而美国占全球比例下降到 18% 左右；印度的 CO_2 排放略有上升，但增速缓慢；欧洲作为成熟经济体，增长的空间和动力有限，减排潜力非常大；俄罗斯、日本和巴西等国的排放量也不可能有大的增加。从排放总量的变化趋势来看，中国未来的排放总量在 2025 年以前很难达到峰值，即使 2030 年达到峰值，也需要经过很大努力。

综上所述，在持续了 30 多年的高速经济增长驱动下，中国已成为世界第二大经济体，在全球舞台上经济实力举足轻重，而在经济快速发展的同时，对能源的需求总量亦逐步攀升，既会加大对能源进口的依赖性，也会驱使温室气体排放总量继续增长。从现实来看，中国仍处于工业化进程的中后期阶段，市民化水平的城市化率远低于世界平均水平，2013 年人均 GDP 只有世界平均水平的 65%，美国的 13%。因此，伴随未来生活水平的提高，中国的人均排放水平也明显高于其他发展中国家，部分地区甚至已经逼近或超过发达国家水平。这样的经济发展和排放现实将会给未来中国应对气候变化和推动气候谈判进程产生直接的影响。

（2）调整中国的角色

从国际气候谈判开启至今，中国参与国际气候谈判的立场和态度发生了较大程度的调整和变化，经历了"积极被动的发展中国家""谨慎保守的低收入发展中国家"和"负责任的发展中大国"3 种身份定位（肖兰兰，2013）。

探讨国际气候谈判过程中中国定位的变化将有助于分析中国未来的角色调整方向，并以此指导未来的气候谈判和低碳绿色转型。

首先，中国需要明确当前自身在各个领域的现实地位，话语权仍十分有限，远未到主导世界进程的地位。中国人口基数大、国土面积大，许多总量指标名列世界前茅，但人均指标和质量指标更能反映基于人的需求现状。国际社会有意夸大中国的总量规模指标，忽略人均和质量指标，造成误判、误导。客观上，经济全球化和中国经济高速发展使得中国得到了长足发展，硬件水平和软实力均发生了量及质的飞跃。但是，必须清醒地认清形势，切忌盲目自大。中国是世界上铁矿石、原油等大宗物品的绝对大进口国，是家电、大部分日用品的最大或主要制造和出口商，但是，中国在定价机制上话语权非常有限，甚至没有话语权。世界文化和主流传媒的话语体系仍为西方所主导，中国文化要在国际社会中成为主流并具有引领地位，道路依然艰巨而漫长。

其次，中国在世界格局中地位日渐凸显是一个客观事实。发达国家和发展中国家对中国在国际事务中承担更大责任的预期，具有合理的成分。但没必要过分强调中国的发展中国家地位，而是要进行相应的自我角色调整。对发达国家的要求，中国可以做出让步或积极回应，但这种让步或回应需要与国际治理构架中的权益相匹配；对发展中国家对中国的资金诉求，中国不可能也没必要有求必应，而是要讲条件。在经济总量位居全球第二的现实下，中国立足于团结其他发展中国家的外交目的，开展对外援助是无可厚非的，但是必须认识到从综合国力来判断，中国仍未脱离发展中国家的阵营。《2013年度人类发展报告》显示，2012年中国的人类发展指数为0.699，全球排名第101位，仍位列中等发展水平组内。同时，中国仍有1.5亿贫困人口，在其他一些可持续发展方面，如产业技术层级、创新能力和经济效率、单产能耗、环境污染等方面，甚至包括民族向心力及核心价值的国际号召力这样的软实力方面，中国距离发达国家均还有一定的距离。因此，必须清醒地认识到中国在一段时期内仍将处于发展中国家的事实。

最后，调整中国的角色，客观上需要寻求和提升国际话语权。中国的政治制度有其优越性，但在西方话语体系下，为世界广泛接纳并实施，尚需时日；但在这个过程中既不能无条件地用金钱换取外界认同，也不应该在强权政治的全球环境下一味退却，温良恭俭让。中国巨大的市场需求和供给能力，在经济全球化的今天，可以逐步树立新的形象并实现外交目的。南美的农产品、澳矿、中国家电，中国市场占有举足轻重的地位。通过市场获取经济话语权，从而把控政治话语权。利用市场手段，中国需要建立足够能影响世界市场的战略储备能力，如粮食、原油、金属等。

世界的经济和排放格局在变化，但是国际气候治理的话语体系并没有发生根本变化。不论是角色被转换还是谈判定位的自我调整，都仍需中国秉承韬光养晦，强健筋骨，权衡责权，量力而为的基本原则。既需要有责任担当意识，又不能超越我们的发展阶段和能力。需要加强我国在相关领域科学研究的硬实力，建立科学、客观的"地球系统动力学模式"，基于这些研究结论，促使话语体系调整，提升话语能力。

5.3.4.2 将气候变化纳入经济社会发展大局

（1）应对气候变化的新形势

从国际形势来看，全球排放格局的变化，导致中国在气候变化国际谈判领域面临的压力不断增大。1990年，发达国家CO_2排放量占全球总量的68%，发展中国家仅为29%；而到了2011年，按照欧洲委员会合作研究中心（JRC）与荷兰环境评估机构（PBL）的最新数据，全球CO_2排放总量为340亿吨，其中发达国家排放量占比下降到41%，发展中国家占比则上升为55%（PBL，2012）。中国化石燃料燃烧产生的CO_2 2012年已达80多亿吨，居世界第1位，人均排放也已超过世界平均水平。发达国家试图重新解释"共同但有区别的责任"原则，要求建立适用于所有国家的减排新机制，要求中国承担更大的减排责任，导致中国受到的国际压力更大。

从国内形势来看，当前国内应对气候变化与低碳发展迎来了战略机遇。党的十八大报告首次提出"五位一体"的总体布局，面对资源约束趋紧、环境污染严重、生态系统退化的严峻形势，必须把生态文明建设放在突出地位，纳入建设中国特色社会主义，着力推进绿色发展、循环发展、低碳发展。并提出了到 2020 年全面建成小康社会的目标，其中，发展的可持续性及环境质量的明显改善是小康社会的重要内容。《"十二五"规划纲要》首次将应对气候变化作为重要内容纳入，明确了"十二五"期间我国应对气候变化重点政策导向，要求以控制温室气体排放、适应气候变化影响、广泛开展国际合作为重点，充分发挥技术进步和制度创新的作用，逐步建立应对气候变化政策保障和技术支撑体系。国务院制定了《"十二五"控制温室气体排放工作方案》。这些都为将应对气候变化纳入国内发展战略奠定了基础，做好应对气候变化工作，对推动我国可持续发展和全面建成小康社会具有重要意义（国家发展和改革委员会，2011）。

2012 年我国中东部地区多次出现持续性严重雾霾天气，由于气候变化与雾霾等大气污染问题大体上是同根同源，应对气候变化与大气污染治理之间存在的政策"协同效应"，使得通过应对气候变化解决环境治理等民生问题的重要性与紧迫性凸显。同时，为统筹协调工业化、城镇化、信息化、农业现代化的同步发展，迫切要求我国在可持续发展框架下，把低碳发展作为生态文明建设的重点内容，纳入到新型工业化和城镇化的具体实践当中，真正实现城镇化模式由"高碳"向"低碳"转变。

（2）气候变化纳入国家发展总体战略的必要性

从我国经济社会发展面临的能源、资源与环境约束来看，实现可持续发展有必要将气候变化纳入国家发展总体战略。从基本国情和发展阶段特征来看，中国在可持续发展领域面临比发达国家更大的挑战（何建坤，2012）。当前，快速的城市化、工业化进程使得能源消费和 CO_2 排放增长迅速。2011 年，中国二氧化碳排放量占全球排放比重为 29%（荷兰环境评估机构，2012），2011 年我国煤炭产量已达 35 亿吨，多半产能达不到安全生产和保护生态环境的国际标准（中国工程院，2011）；石油对外依存度已达 57.8%（国土资源部，2013），超过公认的国际警戒线水平（50%）。如果我国能源消费保持年均 8.9% 的增速，则 2020 年能源消耗将达 79 亿吨标煤，占目前世界能源消耗总量的一半（杜祥琬 等，2011），未来能源安全与温室气体排放形势非常严峻。同时，化石能源生产和消费导致的常规污染物排放，二氧化硫、氮氧化物、PM2.5、重金属、雾霾等问题已经成为人们健康和生命安全的主要威胁。当前，全球范围正在由工业文明向生态文明转型，绿色、低碳已成为世界潮流。应对气候变化为发展和进步提供了新的战略要素。转变发展方式、调整产业结构，提高资源能源使用效率，保护生态环境，既符合我国现代化进程的要求，又可以应对来自国际上的挑战（冯之浚，2009）。从资源禀赋、发展阶段、锁定效应、国际竞争、就业等角度来看，将应对气候变化纳入国内发展战略也十分必要（张坤民，2009）。

从国际层面来看，将应对气候变化纳入国家发展战略，有利于缓解我国面临的国际减排压力、树立负责任大国形象。自 1992 年通过《联合国气候变化框架公约》以来，开启了全球应对气候变化的进程。尽管发达国家和发展中国家在气候变化责任和义务的分担上存在分歧，但通过国际合作应对气候变化已成为广泛共识。2009 年底哥本哈根气候大会就未来控制全球温升不超过 2℃达成共识，这意味着需要限制全球温室气体排放。我国正处于工业化、城镇化加快发展的历史阶段，温室气体排放总量大、增速快，国际社会对我国控制温室气体排放、承担更大国际责任的要求和期待不断上升，在谈判中日益成为焦点，我国已不可能像发达国家工业化时期一样无限制地排放温室气体。

应对气候变化对我国既是挑战，也是机遇。气候变化对农业、林业、水资源、海岸带及生态系统等敏感行业和区域产生重大不利影响，严重威胁人类健康。如果不采取进一步措施，未来气候变化幅度可能会超过自然生态系统和经济社会发展所能承受的极限，从而造成突然的和不可逆转的后果（秦大河，2011）。应对气候变化是全球可持续发展的重要领域，对于发展中国家来说，适应气候变化问题更现实、更紧迫。只有适应气候变化，才能实现可持续发展（科技部，2011）。2012 年 6 月召开的"里约 +20"联合国可持续发展大会，也重申在可持续发展框架下应对以气候变化这一重要原则，并呼吁世界各国采取雄心勃勃的紧急行动，加大温室气体减排力度。将应对气候变化纳入国内发展战略，有利于缓解气候变化对我国的不利影响。

（3）我国应对气候变化的实践探索

我国在气候变化工作管理体制建设、国际谈判及国内低碳发展方面进行了实践和探索。

第一，在深化对气候变化认识的基础上不断完善组织管理与协调体制。2013年7月，国务院对国家应对气候变化工作领导小组组成单位和人员进行了调整，李克强总理担任组长。目前我国已经初步建立了国家应对气候变化领导小组统一领导、发展改革委归口管理、有关部门和地方分工负责、全社会广泛参与的应对气候变化管理体制和工作机制。

第二，开展应对气候变化重大战略研究和国内低碳发展政策推动，气候变化在经济社会发展中的战略地位显著提升。2012年，发展改革委会同有关部门启动"中国低碳发展宏观战略研究项目"，对2020年、2030年、2050年中国低碳发展的总体趋势进行分析判断，确定低碳发展的总体目标、思路及政策措施，这对于提高我国低碳发展的顶层设计和低碳研究水平具有重要意义。发展改革委、全国人大环资委、全国人大法工委、国务院法制办和各部门联合成立了应对气候变化法律起草工作领导小组，加快推进应对气候变化专门立法起草工作，初步形成立法框架。2009年8月，全国人大常委会通过了《全国人大常委会关于积极应对气候变化的决议》，明确提出要把积极应对气候变化作为实现可持续发展战略的长期任务，纳入国民经济和社会发展规划。2011年，《"十二五"规划纲要》把"积极应对全球气候变化"作为重要内容。2011年，建立"十二五"碳强度下降目标分解工作机制，制定了《"十二五"控制温室气体排放工作方案》，组织编制了《国家应对气候变化规划（2013—2020年）》和《国家适应气候变化战略》。

第三，积极推动气候变化谈判进程。根据《联合国气候变化框架公约》的约定，本着"共同但有区别的责任"原则，率先承担起量化减排义务。积极参与中美、中欧、中澳等双边气候变化部长级磋商机制和"经济大国能源与气候论坛"等多边对话机制。加强对最不发达国家、小岛屿发展中国家、非洲国家等发展中国家应对气候变化能力提高的"南南合作"。

5.3.4.3　中国应对气候变化的未来方向

气候变化是 21 世纪全球面临的最严重挑战之一，对各国经济社会发展、能源安全、经济竞争力与对外贸易、国际地位与国家形象等方面具有深刻影响。应对气候变化正在成为各国可持续发展的重要内容，将对各国的能源资源战略产生直接影响，而且将涉及经济社会发展的一系列战略性选择问题。展望未来，中国必须从统筹考虑国际、国内两个大局的高度，对国内低碳发展及参与国际气候谈判进行顶层设计。

目前我国经济建设已经取得了不少举世瞩目的成就，经济社会发展已经步入一个新的历史阶段。和改革开放初期相比，我国的工业化、城镇化水平已经有了很大进步，各种技术水平显著提升，部分产业的技术水平已经跃居世界先进之列。随着生态文明概念的提出，从政府和民众对保护环境、节约资源、节能减耗的重视程度远胜以往。这些积极的局面都将有助于我国应对气候变化的工作进一步推进和深入。

气候变化问题牵涉国家经济发展、能源安全、外交战略等诸多方面，因此必须通过统筹国际、国内两个大局来实现。中国应将气候变化国际合作与谈判作为全球战略的一个重要组成部分，将挑战转变为机遇，将机遇加以拓展、延伸和放大，理解并利用国际社会对中国角色定位转换的理性预期，构建话语体系，提升话语水平，推进全球气候治理进程。国家应该进一步提升气候问题的战略意义，结合新形势的特点，将其作为我国自身转型发展和外交领域的重要议题。面对气候变化这个全球范围的严重危机，要辩证地看到该问题对中国是"危"更是"机"，在对外合作和外交舞台上，可借此机会突出展示自己作为一个负责任的大国，对整个世界有所作为的形象，作为发展中国家集团的领头羊，中国有能力也有责任突出自己的国家战略，利用成功的气候外交展示新的国家形象，为世界的可持续发展做出独特的贡献。在整体谋划气候外交和谈判策略时，还应重视通过加强气候外交援外及南南合作来争取发展中国家共同立场一致性。同时，在外部的谈判和减排压力下倒逼国内调整经济发展方式，实现低碳和绿色转型，寻找经济和环境相平衡的发展新路。

5.4 碳市场国内外现状介绍

在对碳市场现状进行介绍之前，首先来了解一下什么是碳市场？从理论概念、法律基础及运行机制等方面来讲，碳市场又是如何界定的？

碳市场就是碳交易市场，理论上讲，碳市场可以分为广义碳市场和狭义碳市场，其中广义碳市场又包括狭义碳市场。

广义碳市场：其概念与以降低 CO_2 为主的温室气体排放为导向的低碳经济模式相对应，这种经济模式的目标是将经济发展与以 CO_2 为主的温室气体排放脱钩，即与传统的工业化经济发展模式脱钩。广义碳市场就是在这种低碳经济发展模式下产生的所有市场行为的总和，其中既包括已被熟知并容易理解的可再生能源与新能源利用产业、节能产业和林业等，也包括那些并不直观的交通系统改造、消费模式改造、办公生活方式调整等带来的市场行为，甚至还包括像管理和战略咨询这样的咨询服务业和红遍全球的金融业等这些难以简单地与低碳联系起来的行业，当然更包括专门为了降低碳排放而产生的碳捕获与封存市场和后面将提到的狭义碳市场。可见，广义碳市场涵盖的范围很大，是将现有全球各类市场中的一部分抽离出来，或者扩充原有市场的内涵，并增加了部分专门针对低碳发展模式而诞生的全新市场后合并发展而成的，即所有对低碳发展模式有贡献的市场行为均为广义碳市场的一部分。

狭义碳市场：其出现基于低碳经济模式中以控制温室气体排放为目的采取的排放权制度及其他碳排放指标量化体系。因此狭义碳市场是广义碳市场的一个组成部分，并且是专门针对控制温室气体排放从而实现低碳发展而诞生的全新市场，它是将碳排放权及减排措施实现的温室气体减排效应科学量化成为指标后的指标交易市场。在目前阶段主要表现为《京都议定书》框架下以履行为目的的排放贸易、联合履行和清洁发展机制及全球范围内的民间自愿减排量交易市场。前者本质上是利用经济学中关于对所有权和产权界定进而影响资源配置和配置效率的理论来建立的具有约束的碳排放权利交易市场，市场形成的基本原理是建立合法的排放物的排放权利，并允许这种权利像商品一样买入和卖出，进行排放控制；后者是将温室气体减排努力成果科学量化为指标后销售给有意愿进行温室气体减排但并不投资直接产生减排效应行为的机构或个人，从而形成的自愿行为市场。

目前所提及的碳市场仅指狭义碳市场，原因是，一方面这符合目前国际上通行的碳市场定义；另一方面，广义碳市场中的大部分是赋予原有产业新的定义和发展路径，而狭义碳市场几乎是广义碳市场中唯一完全以降低碳排放为根本目标诞生的全新市场。

从碳市场建立的法律基础上看，碳交易市场可分为强制交易市场和自愿交易市场。如果一个国家或地区政府法律明确规定温室气体排放总量，并据此确定纳入减排规划中各企业的具体排放量，为了避免超额排放带来的经济处罚，那些排放配额不足的企业就需要向那些拥有多余配额的企业购买排放权，这种为了达到法律强制减排要求而产生的市场就称为强制交易市场。而基于社会责任、品牌建设、对未来环保政策变动等考虑，一些企业通过内部协议，相互约定温室气体排放量，并通过配额交易调节余缺，以达到协议要求，在这种交易基础上建立的碳市场就是自愿碳交易市场。

从碳市场的运行机制上看，碳市场有如下两种形式。一是基于配额的交易，在有关机构控制和约束下，有减排指标的国家、企业或组织全都包括在该市场中，管理者在总量管制与配额交易制度下，向参与者制定、分配排放配额，通过市场化的交易手段将环境绩效和灵活性结合起来，使得参与者以尽可能低的成本达到遵约要求。二是基于项目的交易，通过项目的合作，买方向卖方提供资金支持，获得温室气体减排额度。由于发达国家的企业要在本国减排花费的成本很高，而发展中国家平均减排成本低。因此发达国家提供资金、技术及设备帮助发展中国家或经济转型国家的企业减排，产生的减排额度必须卖给帮助者，这些额度还可以在市场上进一步交易。

　　综上所述，主要从碳市场的理论概念、法律基础及运行机制等方面进行了简单阐述，希望能引导读者对碳市场有一个较全面的框架性的理解。下面介绍目前国内外碳市场的发展现状。

5.4.1　国际上碳市场的现状

　　1997 年由 160 多个国家通过了《联合国气候变化框架公约》下的《京都议定书》，它在限定碳交易机制的同时，也为全球创造出了一种新的公共产品——温室气体排放权，随之而来，1998 年碳市场产生，之后迅速发展并呈现全球化、金融化的发展趋势。开始几年交易量比较小，而且出现非常大的波动。1998 年的交易量仅为 17.98 Mt CO_2，1999 年的交易量比 1998 年增长了 97%，达到了 35.42 Mt CO_2，随后连续两年下降，2001 年的交易量仅为 13 Mt CO_2。自 2002 年后，碳交易进入了快速增长阶段。经过了这一段时间的快速增长后，2011 年碳交易量达到了 10 281 Mt CO_2，是 1998 年的 571.8 倍。其中，项目市场比配额市场出现要早，《京都议定书》签订之后，项目碳市场便出现并发展，而配额市场的出现则是基于世界上的某些国家和地区为了满足京都目标或自愿减排目标而采取的限额减排措施。但相对于《京都议定书》等软国际协议，欧洲排放贸易体系（European Union Emission Trading System，EU-ETS）等限额减排措施的约束力要强得多，所以配额市场的发展比项目市场发展快得多。2004 年配额市场的交易量仅相当于项目市场交易量的 14.8%，到了 2011 年，配额市场的交易量已经是项目市场交易量的 38.3 倍。从全球碳市场总交易情况来看，2005 年全球碳排放权贸易额达到 108.6 亿美元，2006 年达到 312.3 亿美元，2007 年为 640 亿美元，2008 年超过 1200 亿美元。碳市场的交易量也从 2005 年的 7.1 亿吨增长到 2006 年的 17.4 亿吨，2007 年达到 29.8 亿吨，2008 年更是超过了 48 亿吨。据联合国和世界银行预测，未来全球碳市场可能超过石油交易额，成为世界第一大市场。

　　目前国际上还没有统一的碳排放权交易市场，全球范围内逐渐形成了欧盟、美国、澳大利亚等多个分割的交易市场。第一，欧盟排放贸易体系（The

EU Emissions Trading Scheme）建立于 2003 年 10 月 25 日，于 2005 年 1 月开始正式运行，是由欧洲气候交易所（ECX）、法国电力交易所（Powernext）、北欧电力库（Nord Pool）、欧洲能源交易所（EEX）、奥地利能源交易所（EXAA）和环境交易所（Bluenext）等一系列碳排放交易所组成的体系，其中欧洲气候交易所的交易量占欧盟排放交易体系总交易量的 86.7%，是欧洲最大的交易所。欧盟排放交易体系是全球碳交易市场的引擎，是全球最早的多个国家、多个领域的温室气体排放权交易体系，也是目前发展最大的碳市场。欧盟排放交易体系的碳交易量占到全球交易额的 3/4 以上，2008 年的交易量超过 30 亿吨，价值达到 920 亿美元，比 2007 年增长了 87%，占据了绝对的主导地位。欧盟排放交易体系的核心部分是欧盟排放配额的交易，拥有约 1.2 万家大型企业，分布在能源密集度较高的重化工行业，包括能源、采矿、有色金属制造、水泥、石灰石、玻璃、陶瓷、制浆造纸等。2009 年 1 月 23 日，欧洲议会正式发布了将航空纳入欧洲排放交易体系的法令，自 2012 年起，进出欧盟及在欧盟内部航线飞行的飞机排放的温室气体均须纳入欧盟排放交易体系。第二，芝加哥气候交易所（Chicago Climate Exchange）是全球第 1 家自愿减排碳交易市场的交易平台，是京都机制以外的碳交易市场。芝加哥气候交易所的会员公司自愿限制各自的温室气体排放，维护大气环境的稳定，履行企业的社会责任，同时提高品牌的知名度与美誉度。芝加哥气候交易所目前有会员公司 200 多个，主要来自航空、电力、环境、汽车、交通等行业，交易产品涉及 CO_2、CH_4、N_2O、HFCs、PFCs、SF_6 等。在芝加哥气候交易所的减排计划下，许多北美公司和当地政府自愿做出了具有法律约束力的减少温室气体排放的承诺，以保证能够实现其两个阶段的减排目标：在第一阶段（2003—2006 年）所有会员单位在其基准线排放水平的基础上实现每年减排 1% 的目标；在第二阶段（2007—2010 年）所有成员将排放水平下降到基准线水平的 94% 以下。芝加哥气候交易所自成立以来交易规模增势较猛，2007 年的交易量为 2006 年的 2 倍，交易额突破 7000 万美元。2008 年的交易量激增，第一季度的交易额即轻松突破 2007 年的总额，虽然 2008 年下半年的价格有所下跌，但是总量达到 2007 年的 3 倍，交易额突破 3 亿美元。其他碳交易市场主要包括：①澳大利亚新南威尔士温室气体减排体系（New South Wales Greenhouse Gas Reduction Scheme）于 2003 年 1 月正式启动，也是最早强制实施的减排体系之一，交易量仅次于欧盟排放贸易体系。②英国排放配额交易体系（The UK Emissions Trading Scheme）成立于 2002 年 4 月，是全球第 1 个温室气体排放权交易市场，由公司通过购买配额或出售排放权的方式自愿参加减排，于 2007 年 1 月加入欧盟排放贸易体系。③政府分配排放额度体系（Assigned Amount Units）诞生于 2008 年，是指《联合国气候变化框架公约》中附件一缔约方国家之间协商确定的排放配额，这些国家根据各自的减排承诺被分配各自的排放上限，并视本国实际的温室气体排放量，对超出其分配排放数量的部分或者短缺的部分通过国际市场出售或购买，目前日本是主要买方国家，卖方主要是捷克和乌克兰。④区域温室气体减排行动（Regional Greenhouse Gas Initiative）是由美国纽约州前州长乔治·帕塔基（George Pataki）于 2003 年 4 月创立的区域性自愿减排组织，已经成功吸收了康涅狄克州、缅因州、马萨诸塞州、特拉华州、新泽西州等美国东北部 10 个州郡的加入，旨在 2009—2019 年减少 10% 的 CO_2 排放，作为新兴市场在碳市场中占据了重要一席。⑤此外，全球还有一些新兴的环境交易所，如 2006 年 7 月成立的加拿大蒙特利尔气候交易所、2008 年 7 月初成立的新加坡贸易交易所、具有拍卖性质的巴西商品期货交易所、2008 年 11 月成立的新西兰排放体系等。

目前国际上虽然多个国家和地区的碳市场正逐渐形成，但由于各国及地区间减排政策和发展阶段不同，发展极不均衡而且缺乏统一标准，但总的来说国际碳市场的发展普遍反映出两大发展趋势。第一，全球化趋势。一是作为控制温室气体排放的有效手段之一，无论是发达国家还是发展中国家都在积极尝试发展碳市场。目前，欧盟排放交易体系 EU-ETS 占国际碳市场的主导地位，澳大利亚、日本、美国加州等国家或地区虽然起步较晚，但发展迅速。中国、印度等发展中国家也开始推动国内碳市场建设。二是为了增加市场流动性并且提高市场效率，同时扩大区域碳市场的影响力，不同国家或地区的碳市场之间开始探讨通过协议或者灵活机制进行链接，形成统一的市场。发展中国家通过清洁发展机制，已经参与到发达国家的碳交易市场体系之中。2014 年 1 月加拿大魁北克省和美国加州碳交易市场正式启动链接，成为北美最大的碳交易市场。澳大利亚也曾积极与欧盟探讨碳市场的链接问题。第二，金融化趋势。虽然相比于传统实体大宗商品交易市场，碳市场还处于金融体系发展的初级阶段，金融机构也还没有广泛深入参与到碳市场的链条当中来，但是全球碳市场的金融化趋势日渐显现。欧洲、美国等发达国家或地区在碳市场的交易机制设定和平台搭建方面较为成熟，已经吸引了交易所、银行、私募基金等广泛的参与主体，并占有全球最大的碳交易量和交易额。此外，许多国际金融机构和组织，如联合国开发计划署、世界银行、亚行、欧洲投资银行及碳交易所等，都已积极部署参与国际碳市场的发展，主要是通过能力建设，设立和管理碳基金，为项目开发提供贷款，开发有关碳排放权相关的金融初级衍生品，增强市场的流动性来活跃碳市场。

5.4.2　我国碳市场的现状

我国碳市场起步较晚，2008 年北京环境交易所、上海环境能源交易所和天津排放权交易所相继成立，标志着中国碳市场的出现。其中，天津排放权交易所定位在利用市场化手段和金融创新方式促进节能减排的国际化交易平台上，上海侧重于打造交易平台下的清洁发展机制交易，而北京则利用其金融优势推出碳金融平台——中国清洁发展机制信息服务与生态补偿信息平台。

我国碳市场目前尚处于试点阶段，2011 年，国家发展和改革委员会下发《关于开展碳排放权交易试点工作的通知》，批准北京、天津、上海、重庆、湖北、广东和深圳 7 个省市开展碳排放权交易试点工作。截至 2014 年 4 月，深圳、上海、北京、天津、广东和湖北 6 个省市试点碳市场正式启动交易，共发放 CO_2 配额超过 10 亿吨。虽然我国碳市场起步较晚，但发展十分迅速，从配额规模的角度来看，中国试点碳市场已经成为仅次于欧盟的全球第二大碳市场。

下面从法律基础、体系设计、机构安排和调控政策 4 方面系统分析中国试点碳市场的发展现状。第一是法律基础，现阶段试点碳市场建设的法律基础包括地方人大常委会立法（深圳市）和地方政府立法（其他试点省市）这两种形式，如深圳市碳交易管理办法由第五届人大常务委员会第十八次会议通过，而北京市碳交易管理办法则以市人民政府名义印发。从法律基础来看，地区之间立法方式略有差异，但整体层面缺乏上位法支撑。第二是体系设计，各试点在"十二五"期间的减排目标有一定的差异。减排目标设计的整体思想是国家制定的 2020 年中国二氧化碳减排 40%～45% 的目标，各个试点省市依据自身的经济发展情况和产业格局衡量减排潜力，进而制定各自的减排目标。"十二五"期间各试点省市碳排放下降目标分别是：北京（18%）、天津（19%）、上海（19%）、重庆（17%）、湖北（21%）、广东（19.5%）、深圳（17%）。减排力度最大的湖北省也是当前试点省市中减排成本最低的。各试点碳市场在覆盖行业和纳入标准方面差异较大，地域特色明显。湖北、广东和重庆都是工业大省（市），因此碳市场仅覆盖工业，纳入标准也相对较高。而北京、上海和深圳第三产业较为发达，其碳市场不仅包括工业，还纳入了第三产业，如建筑、航空、商业等，纳入标准也相对较低。配额分配也体现了极强的地域特色。北京、天津和湖北按年度进行配额分配，而上海、重庆和广东则是 2013—2015 年的配额一次性分配。分配模式以免费分配为主，同时考虑小部分配额拍卖，但在配额数量的计算方法上差异较大，有的试点采用统一的方法，有的试点则对增量和存量区别对待。由于各试点碳市场的覆盖行业和纳入标准不同，加上企业结构有所差异，因此各试点碳市场覆盖的企业数量也相差较大，深圳市最多，覆盖企业数量高达 832 家，以中小企业为主；天津市最少，仅覆盖 114 家，以大型工业企业为主。对于未按时完成配额清缴工作的，各试点省市也制定了不同的约束措施，包括罚款、记入企业信用、取消企业其他财政支持或者项目审批等，但是不同试点的惩罚力度不一，这会直接影响碳市场的实施成效。产生这种差异的主要原因在于各试点省市建设碳市场的法律基础不一样，政府所能行使的权利也不同。第三是机构安排，主要是交易主体存在差异。各试点碳市场都对交易主体的界定进行有益的尝试和创新。除控排企业可以参与交易外，其他组织或个人、国外机构和社会团体等也能在特定试点碳市场中参与交易。这样的安排有利于扩宽市场交易主体的范围，扩宽碳市场的资本流入渠道，提高市场流动性。第四是调控政策，体现地域特色的是抵消机制。虽然各试点省市都允许使用中国核证减排量（CCER）进行抵消，但是对于 CCER 的数量和来源有明显不同的规定，如广东省要求 70％以上的 CCER 必须来自本省，这是根据该省西北部地区与珠三角地区经济发展差距较大而推出的自身补偿机制，既可帮助西北地区获得技术与资金，也可推进本省碳市场的发展。目前试点碳市场建设情况良好，张弛有度。由于各试点省市的经济体量、产业结构和企业规模差异较大，因此在试点碳市场设计上都进行了技术和机制上的创新探索，表现出明显的地域特色，如体系设计：减排目标、覆盖行业、纳入标准和约束措施；机构安排：交易主体设计；调控政策：抵消机制设计。这些有益的探索将为未来国家碳市场发展建设提供宝贵的经验。

知识窗1

北京市的"首都蓝天行动"

北京市深入实施"首都蓝天行动"，掌握大气污染成因，推广污染物控制技术，促进清洁能源利用。

1. 开展大气污染成因及预警预报研究与应用

在北京市政府的支持下，北京市气象局、市环保局联合建设了基于 AQI 标准的空气质量预报业务平台，整合了各类监测数据，并融合了 GIS 系统，实现了空气质量预报业务的信息化和自动化，以及时空变化的全面跟踪。组建了精细化、可业务化的环北京区域雾霾预警系统，提供雾霾天气预报预警信息。建立重污染天气案例库，利用信息化平台实现了相似污染案例及防治措施的快速匹配。组织开展的大气环境 PM 2.5 污染现状及成因研究确定了北京市 PM 2.5 的主要污染源，机动车、燃煤、工业生产、扬尘排放贡献分别占比为 31.1%、22.4%、18.1%、14.3%。研究结果得到了环保部的肯定，为北京市大气污染防治工作提供了方向。

2. 研发并推广重点污染物控制技术

氮氧化物排放控制。针对我市燃煤和燃气供暖锅炉，开发的喷淋式燃气锅炉烟气余热回收利用一体化设备、供暖燃气锅炉低氮燃烧技术装备，在 20 t/h、40 t/h、80 t/h 系列燃气锅炉应用实现 NO_x 达标排放。开发的低温 SCR 脱硝催化剂，实现在 160 ℃烟气脱硝效率大于 90%，并在亦庄建成了年产 1500 m^3 的低温脱硝催化剂生产线。挥发性有机物减排。开发的炭吸附油气回收系统，油气回收效率超过 95%，实现加油站、储油库等场所的挥发油气高效率回收。开发的高性能纳米稀土氧化物有机废气催化净化装备，实现工业喷涂废气 VOCs 脱除效率 95% 以上。粉尘治理。静态清灰袋式除尘技术实现产业化，并在全国 38 项电厂烟气除尘工程上成功应用，达到了 15 mg/Nm^3 的超低排放。餐饮油烟治理。建成规模化餐饮油烟在线监测与管理系统，对石景山区、西城区等 170 家餐饮企业 239 个油烟排放口实现在线监测管理，制定了《北京市餐饮业大气污染物排放标准》草案。

3. 推动农村地区燃煤替代技术研发应用，推广新型余热回收利用技术

围绕农村地区采暖需求，研发并推广低温空气源热泵技术、小型蓄能罐式地源热泵技术、太阳能集热与地源热泵联合采暖技术等，示范应用面积近 20 万 m^2。支持清华大学研究开发"基于吸收式换热的新型供热节能技术"，研制成功基于吸收式换热的余热回收专用机组，利用该技术回收电厂、大型锅炉房等热源的余热，在热源不变的情况下可增加 50% 的供热能力。在换热站应用该技术，可实现热网的大温差运行，可使热网输送热量的能力提高 80%。该技术列入国家重点节能技术推广目录，获得了国家科技发明二等奖、北京市科学技术奖一等奖。技术成果已经在全国范围内大规模推广，实施 20 余项改造工程，实现供热面积 1 亿多 m^2，回收余热增加供暖面积近 3000 万 m^2，每年节约标煤 100 万吨。

参考文献

[1] 崔俊富，苗建军，陈金伟.世界碳市场发展与中国的定位选择 [J]. 北华大学学报：社会科学版，2015，16（3）：40–44.

[2] 彭斯震，常影，张九天.中国碳市场发展若干重大问题的思考 [J]. 中国人口资源与环境，2014，24（9）：1–5.

[3] 邹兆仪.低碳经济背景下中国碳金融发展的路径选择 [J]. 内蒙古财经学院学报，2010（5）：46–50.

[4] 林文斌，刘滨.中国碳市场现状与未来发展 [J]. 清华大学学报：自然科学版，2015，55（12）：1315–1323.

[5] 郭日生，彭斯震.碳市场 [M]. 北京：科学出版社，2010.

[6] 杜祥琬.气候变化问题的深度：应对气候变化与转型发展 [J]. 中国人口资源与环境，2013（23）：1–5.

[7] 国家发展改革委宏观经济研究院《低碳发展方案编制原理与方法》教材编写组.低碳发展方案编制原理与方法 [M]. 北京：中国经济出版社，2012.

[8] 胡鞍钢.2030 中国：迈向共同富裕 [M]. 北京：中国人民大学出版社，2011.

[9] 茅于轼，盛洪，杨富强.煤炭的真实成本 [M]. 北京：煤炭工业出版社，2008：55.

[10] 齐晔.2010 中国低碳发展报告 [M]. 北京：科学出版社，2011：396.

[11] 中国工程院.中国能源中长期（2030—2050）发展战略研究 [M]. 北京：科学出版社，2011.

[12] 陈劲锋，苏利阳，刘扬，等.迈向生态文明的战略框架 [M]// 中国科学院可持续发展战略研究组.2013 中国可持续发展战略报告：未来十年的生态文明之路.北京：科学出版社，2013.

[13] 崔建霞. 构建人与自然和谐关系的"两种尺度": 自然生态规律与人的内在需求 [J]. 理论学刊, 2009（5）: 68-71.

[14] 丁仲礼, 段晓男, 葛全胜, 等. 国际温室气体减排方案评估及中国长期排放权讨论 [J]. 中国科学 D 辑: 地球科学, 2009, 39（12）: 1659-1671.

[15] 冯之浚, 金涌, 牛文元, 等. 关于推行低碳经济促进科学发展的若干思考 [J]. 政策瞭望, 2009（8）: 39-41.

[16] 胡锦涛. 携手应对气候变化挑战: 在联合国气候变化峰会开幕式上的讲话 [EB/OL].（2009-09-23）[2017-03-14]. http://news.xinhuanet.com/world/2009-09/23/content_12098887.htm.

[17] 李宏伟. "碳锁定"与低碳技术制度的路径演化 [J]. 科技进步与对策, 2012, 29（13）: 101-105.

[18] 林伯强, 蒋竺均. 中国二氧化碳的环境库兹涅茨曲线预测及影响因素分析 [J]. 管理世界, 2009（4）: 27-36.

[19] 鲁丰先, 王喜, 秦耀辰, 等. 低碳发展研究的理论基础 [J]. 中国人口资源与环境, 2012, 22（9）: 8-14.

[20] 齐晔, 鲁成军. 中国低碳发展政策执行与制度创新 [M]// 齐晔. 中国低碳发展报告2013: 政策执行与制度创新. 北京: 社会科学文献出版社, 2013: 3-23.

[21] 齐晔, 马丽. 走向更为积极的气候变化政策与管理 [J]. 中国人口资源与环境, 2007, 17（2）: 8-12.

[22] 宋雅琴, 古德丹. "十一五规划"开局节能、减排指标"失灵"的制度分析 [J]. 中国软科学, 2007（9）: 25-32, 87.

[23] 王金南, 严刚, 姜克隽, 等. 应对气候变化的中国碳税政策研究 [J]. 中国环境科学, 2009, 29（1）: 101-105.

[24] 王绍光. 中国公共政策议程设置的模式 [J]. 中国社会科学, 2006（5）: 86-100.

[25] 王毅. 推进生态文明建设的顶层设计 [J]. 中国科学院院刊, 2013, 28（2）: 150-156.

[26] 王毅. 中国特色低碳道路的发展战略 [M]// 中国科学院可持续发展战略研究组. 中

国可持续发展战略研究报告 2009：探索中国特色低碳道路 . 北京：科学出版社，
2009.

[27] 牛文元 . 可持续发展理论的内涵认知：纪念联合国里约环发大会 20 周年 [J]. 中国人
口资源与环境，2012，22（5）：9-14.

[28] 徐影，冯婧，许崇海 . 中国地区未来极端气候事件预估及可能的风险 [M]// 王伟光
等 . 应对气候变化报告（2012）. 北京：社会科学文献出版社，2012：170-177.

[29] 鄢一龙，王绍光，胡鞍钢 . 中国中央政府决策模式演变：以五年计划编制为例 [J].
清华大学学报：哲学社会科学版，2013，28（3）：114-123.

[30] 张帆，李佐军 . 中国碳交易管理体制的总体框架设计 [J]. 中国人口资源与环境，
2012，22（9）：20-25.

[31] 中国科学院可持续发展战略研究组 . 中国可持续发展战略研究报告 2009：探索中国
特色低碳道路 [M]. 北京：科学出版社，2009.

[32] 国际能源署 . 能源燃烧二氧化碳排放 2012[R]. 2012.

[33] 国家发展和改革委员会 . 中国应对气候变化的政策与行动：2010 年度报告 [R].2010.

[34] 国家发展和改革委员会 . 中国应对气候变化的政策与行动：2012 年度报告 [R].2012.

[35] 国家发展和改革委员会应对气候变化司 . 中华人民共和国气候变化第二次国家信息
通报 [M]. 北京：中国经济出版社，2013.

[36] 日本能源经济研究所 . 能源数据手册 2012 [R]. 2012.

[37] 联合国 . 2012 年世界经济形势与展望 [R]. 2012.

[38] 陈元，郑新立，刘克崮 . 能源安全与能源发展战略研究 [M]. 北京：中国财政经济出
版社，2007.

[39] 崔民选 . 能源蓝皮书（2007 中国能源发展报告）[M]. 北京：社会科学文献出版社，
2007.

[40] 丁仲礼，段晓男，葛全胜，等 . 2050 年大气 CO_2 浓度控制：各国排放权计算 [J]. 中
国科学：地球科学，2009，39（8）：1009-1027.

[41] 杜祥琬，周大地 . 中国的科学、绿色、低碳能源战略 [J]. 中国工程科学，2011，13
（6）：4-10.

[42] 冯之浚，金涌，牛文元，等．关于推行低碳经济促进科学发展的若干思考 [N]．光明日报，2009-04-21．

[43] 国务院发展研究中心"应对全球气候变化"课题组．应对气候变化的国际经验及其启示 [J]．发展研究，2009（12）：36-39．

[44] 国家统计局能源统计司．中国能源统计年鉴 2010[M]．北京：中国统计出版社，2010．

[45] 国土资源部．中国矿产资源报告（2013）[R]．2013．

[46] 国家发展和改革委员会应对气候变化司战略处．"十二五"应对气候变化形势与任务 [J]．中国投资，2011（7）：76．

[47] 国家发展和改革委员会．中国应对气候变化的政策与行动 2012 年度报告 [R]．2012．

[48] 何建坤．全球绿色低碳发展与公平的国际制度建设 [J]．中国人口资源与环境，2012，22（5）：15-21．

[49] 胡鞍钢，鄢一龙．中国大战略：统筹两个大局与天时地利人和 [J]．国家行政学院学报，2013（2）：11-15．

[50] 胡锦涛．坚定不移沿着中国特色社会主义道路前进为全面建成小康社会而奋斗：在中国共产党第十八次全国代表大会上的报告 [R]．北京：人民出版社，2012．

[51] 科学技术部社会发展科技司，中国 21 世纪议程管理中心．适应气候变化国家战略研究 [M]．北京：科学出版社，2011．

[52] 李全林．新能源和可再生能源 [M]．南京：东南大学出版社，2008．

[53] 梁本凡．中国低碳转型发展问题与出路 [J]．经济，2010（8）：88-92．

[54] 刘铁男．国家能源局：中国能源发展报告 2011[M]．北京：经济科学出版社，2011．

[55] 刘培林．全球气候治理政策工具的比较分析：基于别间关系的考察角度 [J]．世界政治与经济，2011（5）：127-142．

[56] 刘燕华，冯之浚．南南合作：气候援外的新策略 [J]．中国经济周刊，2011（9）：18-19．

[57] 毛小菁．国际援助格局演变趋势与中国对外援助的定位 [J]．国际经济合作，2010（9）：58-60．

[58] 钱伯章．可再生能源发展综述 [M]．北京：科学出版社，2010．

[59] 秦大河. 应对气候变化：形势和挑战 [J]. 政协天地，2011（5）：6.

[60] 覃川峰. 风电发展概述 [J]. 电源技术应用，2013（9）.

[61] 苏长和. 中国外交能力分析：以统筹国内国际两个大局为视角 [J]. 外交评论，2008（8）：7-13.

[62] 韦倩. 应对全球气候变化的国际合作及中国的选择 [N]. 中国社会科学报，2013-05-15.

[63] 吴建民. 积极引导和应对"气候变化外交" [N]. 人民日报：海外版，2008-04-07.

[64] 肖兰兰. 中国在国际气候谈判中的身份定位及其对国际气候制度的建构 [J]. 太平洋学报，2013：21（2）：69-78.

[65] 严双伍，高小升. 后哥本哈根气候谈判中的基础四国 [J]. 社会科学，2011（2）：4-13.

[66] 曾宁. 气候变化：中国的困境、机遇和对策 [J]. 气候变化研究进展，2009（3）：163-166.

[67] 张睿壮. 国际格局变化与中国定位 [J]. 现代国际关系，2013（4）：24-26.

[68] 郑艳，梁帆. 气候公平原则与国际气候制度构建 [J]. 世界经济与政治，2011（6）：69-90.

[69] 中国工程院重大咨询项目. 中国能源中长期（2030—2050）发展战略研究 [M]. 北京：科学出版社，2011.

[70] 中国工程院中国能源中长期发展战略研究项目组. 中国能源中长期（2030—2050）发展战略研究：综合卷 [M]. 北京：科学出版社，2011.

[71] 中国国家统计局. 中国统计年鉴 2011[M]. 北京：中国统计出版社，2011.

[72] 中国可再生能源协会. 中国新能源与可再生能源年鉴（2009）[M]. 北京：中国经济出版社，2010.

[73] 中国可再生能源协会. 中国新能源与可再生能源年鉴（2010）[M]. 北京：中国经济出版社，2011.

[74] 庄贵阳. 后京都时代国际气候治理与中国的战略选择 [J]. 世界经济与政治，2008（8）：6-15.

[75] 邹骥，王克，傅莎. 从哥本哈根到墨西哥城：国际气候谈判评价与反思 [J]. 环境经

济，2010（1）：24-29.

[76] Qi Y, Wu T, He J, et al. China's carbon conundrum[J]. Nature Geoscience, 2013（6）：507-509.

[77] Ahmeda S A, Diffenbaugh N S, Hertel T W, et al. Climate volatility and poverty vulnerability in Tanzania[J]. Global Environmental Change, 2011, 21（1）：46-55.

[78] Brown K, Eriksen S.Sustainable adaptation to climate change[J]. Climate and Development, 2011, 3（1）：3-6.

[79] Goulder L H. Effects of carbon taxes in an economy with prior tax distortions[J]. Journal of Environmental Economics & Management, 1995, 29：271-297.

[80] IPCC. Climate Change 2007：Synthesis Report[R/OL]. [2017-03-14]. http://www.ipcc.ch/pdf/assessment-report.

[81] Metcalf G E, Weisbach D A. The design of a carbon tax[J]. Harvard Environmental Law Review, 2009, 33：500-534.

[82] Pan J H, Zheng Y, Markandya A. Adaptation approaches to climate change in China：an operational framework[J]. Economia Agrariay Recursos Naturales, 2011, 11（1）：99-112.

[83] Stern N. The Economics of climate change：The stern review[M]. Cambridge：Cambridge University Press, 2007.

[84] Unruh G C. Understanding Carbon Lock[J]. Energy Policy, 2000, 28（12）：817-830.

[85] Unruh G C. Escaping Carbon Lock[J]. Energy Policy, 2002, 30（4）：317-325.

[86] Winter G. The climate is no commodity：taking stock of the emission trading system[J]. Journal of Environmental Law, 2010, 22（1）：1-25.

[87] World Bank. Natural hazards and unnatural disasters：The economics of effective prevention[R].Washington, D C, 2010.

[88] Carolyn Deere-Birkbeck. Global governance in the context of climate change：the challenges of increasingly complex risk parameters[J]. International Affairs, 2009, 85(6)：1173-1194.

[89] Chen C C. et al. Evaluation the potentia economic impacts of Taiwanese biomass energy production[J]. Biomass and Bioenergy，2011，35（5）：1693-1701.

[90] J Skjaerseth，O Stokke，J Wettestad. Soft law，hard law，and effective implementation of international environmental norms[J]. Global Environmental Politics，2006，6（3）：104-120.

[91] J Hovi，T Skodvin，S Aakre. Can Climate Change Negotiations Succeed? Socio-economics of climate change[N]. TaCCIRe Home，2013-09-20.

[92] John M，Antle，et al. Assessing the economic impacts of agricultural carbon sequestration：Terraces and agroforestry in the Peruvian Andes[J]. Agriculture，Ecosystems and Environment，2007，122（4）：435-445.

[93] K Bäckstrand，O Elgström. The EU's Role in Climate Change Negotiations：from Leader to 'Leadiator'[J]. Journal of European Public Policy，2013，20（10）：1369-1386.

[94] OECD-DAC. Development Co-operation Report[R/OL].（2010-04-23）[2017-03-14]. http://www.oecd.org/dac/stats/developmentco-operationreport2010.htm.

[95] Oran Young，et al. The effectiveness of international environmental regimes：causal connections and behavioral mechanisms[M]. Cambridge：MIT Press，1999.

[96] PBL Netherlands Environmental Assessment Agency.Trends in global CO_2 emissions，2012 Report[R]. The Hague Bilthoven，2012，6：36.

[97] Rafael Leal-Arcas. The Role of the European Union and China in Global Climate Change Negotiations：A Critical Analysis[J]. Journal of European Integration History，2012，18：67-81.

[98] Ralf J Leiteritz. Changing Weather：China's Role in Latin America's Climate Change Policy[J]. Pap Polit，2013，18（1）：321-342.

[99] Stephan Kroll，Jason F Shogren. Domestic politics and climate change：international public goods in two level games[J]. Cambridge Review of International Affairs，2008，21（4）：563-583.

[100] Uwe A Schneider, et al. Agricultural sector analysis on greenhouse gas mitigation in US agriculture and forestry[J]. Agricultural System，2007，94（2）：128–140.

[101] V Gomez. International Public Opinion on China's Climate Change Policies[J]. Chinese Studies，2013，2（4）：161–168.

[102] Xue Lan. The Shifting Global Order：A Dangerous Transition or an Era of Opportunity Governance International[J]. Journal of Policy，Administration and Institutions，2012，25（4）：539–541.

第六章　部门和地方应对气候变化工作

内容提要

　　本章主要阐述政府部门和社会组织及国家可持续发展实验区的应对气候变化工作。我国相关政府部门在气候变化基础研究、低碳技术研究、技术推广和国际合作方面积极推进，在一些领域取得重要突破，较好地支撑了国内应对气候变化科技需求和参加国际气候变化谈判需求。同时我国各级政府积极引导和组织开展了许多有关气候变化的宣传教育活动，民间组织利用媒体和网络开展气候变化宣教活动越来越多，公众的应对气候变化低碳发展意识不断增强。我国开展了可持续发展实验区应对气候变化和低碳省区、低碳城市试点，推动了低碳交通运输体系建设，多个省市开展了碳排放权交易试点。这些探索为我国中央政府部门和地方政府应对气候变化发展积累了有益经验，涌现出了一批可推广的典型做法。

6.1　部门应对气候变化工作

　　应对气候变化挑战，需要政府部门的大力支持，中国政府高度重视气候变化，从部门整体规划进行了部署，明确了气候变化科技发展方向和关键技术领域，如《"十二五"国家应对气候变化科技发展专项规划》《工业领域应对气候变化行动方案（2012—2020 年）》《海洋领域应对气候变化中长期规划（2012—2020 年）》《工业节能"十二五"规划》和《能源科技"十二五"规划》等。

总体上，气候变化的部门建设取得重大进展，公众的气候变化科学意识显著增强，我国气候变化领域 SCI 论文产出保持快速增长之势，平均论文增长率为 34.9%，在气候变化相关技术领域的专利申请活动整体呈上升态势。本节介绍科技部、发展改革委、中国气象局等应对气候变化的主要部门及其相关工作。

6.1.1 科技部

中国科学技术部是应对气候变化科学研究和重大项目的管理部门，在气候变化科学基础方面发挥主力军作用。包括气候变化观测与历史重建、全球气候变化的规律与机制、全球气候变化数据的综合集成、地球系统模式的发展及气候变化的模拟与预估等方向；在影响与适应研究方面，围绕水资源、农业、林业、海洋、人体健康、生态系统、重大工程、防灾减灾等重点领域，着力提升气候变化影响的机制与评估方法研究水平，增强适应理论与技术研发能力；在战略与政策研究方面，重点研究我国与应对气候变化相适应的国际贸易战略与政策，研究建立我国碳排放权交易市场的技术支撑体系等。

科技部重点部署了 10 项关键减缓技术和 10 项关键适应技术，加快节能减排共性和关键技术研发。这些技术对于应对气候变化起到积极作用。在适应技术方面，涵盖了极端天气气候事件预测预警技术、干旱地区水资源开发与高效利用、典型气候敏感生态系统的保护与修复技术、气候变化的影响与风险评估技术、应对极端天气气候事件的城市生命线工程安全保障技术、重点行业适应气候变化的标准与规范修订及人工影响天气技术；在减缓技术方面，涉及高参数超超临界发电技术，整体煤气化联合循环技术，非常规天然气资源的勘探与开发技术，大规模可再生能源发电、储能和并网技术，建筑节能技术，钢铁、冶金、化工和建材生产过程中节能与余能余热规模利用技术，农林牧业及湿地固碳增汇技术，以及碳捕获利用及封存技术。

　　科技部在重点行业和重点领域实施低碳技术创新，重点发展经济适用的低碳建材、低碳交通、绿色照明、煤炭清洁高效利用等低碳技术；还在"863"计划和国家科技支撑计划中开展能源清洁高效利用技术、重点行业工业节能技术与装备开发、建筑节能关键技术与材料开发、重点行业清洁生产关键技术与装备开发、低碳经济产业发展模式及关键技术集成应用等节能技术研发，取得了一批具有自主知识产权的发明专利和重大成果。特别是重视清洁能源技术，开发高性价比太阳能光伏电池技术、太阳能建筑一体化技术、大功率风能发电、天然气分布式能源、地热发电、海洋能发电、智能及绿色电网、新能源汽车和储电技术等关键低碳技术；研究具有自主知识产权的碳捕集、利用和封存等新技术。推进低碳技术国家重点实验室和国家工程中心建设，组建一批国家级节能减排工程实验室，推动建立节能减排技术与装备产业联盟。

知识窗1

中美清洁能源联合研究中心

　　2009 年 7 月，中国科学技术部、国家能源局与美国能源部共同宣布成立中美清洁能源联合研究中心（US-China Clean Energy Research Center，CERC）。两国在 2010—2015 年对 CERC 投入超出 1.5 亿美元，优先研究领域包括建筑节能、清洁煤（包括碳捕集与封存）和清洁汽车技术。CERC 以"平等、互利、互惠"为合作首要原则，选择确定的合作领域符合中美在清洁能源领域的共同研发需求和利用；以产学研联盟形式开展合作，参与单位涵盖大学、科研机构和企业，有利于吸引产业界的参与，并加快研发成果的转化。从 CERC 成立以来，联合签订了《联合研究工作计划》，并以国际科技合作项目形式立项开展研究和合作交流。双方研究团队实现了信息与资源共享，如建筑节能联盟初步建立了统一的能耗数据库，清洁汽车联盟开发了全生命周期排放分析模型 GREET，清洁煤联盟合作开展华能绿色煤电、神华盐水层埋存等示范项目。

科技部在国家重点基础研究发展计划（"973"计划）的资源环境领域下部署气候变化科学基础相关研究工作，自 2010 年开始在重大科学研究计划中单独把全球变化方向列出，包括海洋多尺度变化过程、古气候、气溶胶气候效应、陆海相互作用、地球工程等研究方向。

科技部通过"973"计划和国家科技支撑计划实施了"中国陆地生态系统碳循环及其驱动机制研究""中国大气气溶胶及其气候效应的研究""青藏高原环境变化及其对全球变化的响应与适应对策""北方干旱化和人类适应""近百年来我国极端天气气候事件变化特征及其影响""气候变化的检测和预估技术研究""高分辨率气候系统模式的研制与评估"等一系列重大项目。科学技术部还对气候变化的重大基础问题开展系统研究，首批投入总经费近 10 亿元，启动了包括中国陆地生态系统碳源汇特征及其全球意义、青藏高原气候系统变化及其对东亚区域的影响与机制研究、大尺度土地利用变化对全球气候的影响、气候变化对中国粮食生产系统的影响及适应机制研究等共 20 个项目。中国还组织发起了季风亚洲全球变化区域集成研究（MAIRS）、西北太平洋海洋环流与气候实验（NPOCE）等国际区域合作计划，开展了具有中国特色又兼具全球意义的全球气候变化基础科学研究，获得大量优秀成果。

科技部继续加强与基础四国等广大发展中国家的科技合作，全面启动应对气候变化南南科技合作，开展应对气候变化能力建设与培训。与南非、印度、巴西等国家签署相关的联合声明、谅解备忘录和合作协议等，建立气候变化合作机制，加强在气象卫星监测、新能源开发利用等领域的合作。科技部发布了《南南科技合作应对气候变化适用技术手册》，支持了 13 个面向发展中国家的、与应对气候变化直接相关的国际培训班，涉及生物质、太阳能、沼气、荒漠化防治、节水高效农业开发等领域；积极实施了一批援外项目，重点支持可再生能源利用与海洋灾害预警研究及能力建设、LED 照明产品开发推广应用、秸秆综合利用技术示范等试验示范等，帮助发展中国家提高应对气候变化的适应能力。

科技部注重气候变化宣传工作，主要着力在支持气候变化科研项目的研究及成果推广、举办气候变化和低碳发展相关的论坛及研讨会、出版书籍等方面。科技部组织编制《中国碳捕集、利用与封存科技进展报告》《中国碳捕集、利用与封存（CCUS）技术发展路线图研究》，发布《南南科技合作应对气候变化适用技术手册》，并开通"应对气候变化国际科技合作平台网络"。科技部等部门促使东亚峰会各国了解在太阳能、风能和生物质能等新能源领域取得的成绩、扶持政策、合作方向与机制等，促进东亚峰会各国在这些新能源领域的双边、多边合作和技术转移，推进东亚峰会各国新能源技术和产品的应用，促进区域应对气候变化和可持续发展。

6.1.2 国家发展和改革委员会

国家发展和改革委员会是中国应对气候变化的主要政府部门。其重点工作是加快节能减排技术推广应用，发布国家重点节能技术推广目录和国家鼓励发展的重大环保技术装备目录。"十二五"时期产业化推广40多项重大节能技术，培育一批拥有自主知识产权和自主品牌、具有核心竞争力、世界领先的节能产品制造企业。在发展改革委牵头发布的第4批《国家重点节能技术推广目录》中，煤炭、电力、钢铁等22项节能技术得到推广。

发展改革委在应对气候变化的机制体制方面不断取得进展。2007年成立国家应对气候变化领导小组，统一部署应对气候变化工作，组长由总理担任，建立了由国家应对气候变化领导小组统一领导、发展改革委归口管理、有关部门和地方分工负责、全社会广泛参与的应对气候变化管理体制。2008年，发展改革委进一步设立了"应对气候变化司"，负责气候变化国际谈判和国内应对气候变化相关工作。这促进了其他部委纷纷设立了相关机构负责应对气候变化和节能减排工作。2012年，发展改革委设立了国家气候变化战略研究与国际合作中心，定位于应对气候变化政策研究智库和国际合作交流的窗口，主要开展应对气候变化相关研究、国际交流、项目合作和咨询服务。此外，多个省市在省发展改革委下已成立专门的应对气候变化处，各类省级层面的应对气候变化、低碳发展专业研究机构相继成立，如天津市成立了低碳发展研究中心、浙江省成立了应对气候变化和低碳发展合作中心，北京市在市属高校建立了北京应对气候变化研究和人才培养基地，增强了应对气候变化科技支撑能力和决策支持能力。

近年来，发展改革委加大低碳技术示范和推广，围绕重点行业和重大工程应对气候变化低碳技术开展综合集成与示范工程。在工业领域，实施了包括钢铁、建材、有色金属、石化和化工等重点行业工业重大低碳技术示范工程，工业碳捕集、利用与封存示范工程，低碳产业园区建设试点示范工程，低碳企业试点示范工程，提高工业单位碳排放生产效率，有效控制工业温室气体排放。会同科技部开展气候变化对三峡水利枢纽、南水北调、西气东输、退耕还林还草等重大工程的影响评估及适应技术集成示范。实施重大科技示范工程，以煤层气开发利用、特高压输电、大规模间歇式发电并网、智能电网、多能互补利用、核燃料后处理等技术领域为重点，促进科技成果尽快转化为先进生产力，并且重点支持稀土永磁无铁芯电机、半导体照明、低品位余热利用、地热和浅层地温能应用、生物脱氮除磷、烧结机烟气脱硫脱硝一体化、高浓度有机废水处理、污泥和垃圾渗滤液处理处置、废弃电器电子产品资源化、金属无害化处理等关键技术与设备产业化，加快产业化基地建设。

在重点行业和重点领域持续实施低碳技术创新及产业化示范工程。国家发展和改革委员会 2011—2012 年在能源领域安排科技计划项目共计 59 项，国拨经费总计 27.4 亿元。完成 5 批《节能与新能源汽车示范推广应用工程推荐车型目录》的审定工作。开展海洋波浪能、潮汐能等海洋能开发利用关键技术研究与产业化示范。

发展改革委积极开展应对气候变化国际科技合作，重点围绕基础研究、关键技术研究、前沿高技术、适用技术及科技能力建设等积极开展合作机制和模式的探索，取得良好成效。深化与美国等发达国家气候变化科技合作，签署《中美气候变化联合声明》，推进替代能源和可再生能源等领域的技术、研究合作，在中美清洁能源联合研究中心框架下，启动中美电动汽车倡议，促进大规模碳捕集与封存示范项目合作。中德签署了《关于应对气候变化合作的谅解备忘录》，开展太阳能、风能等新能源领域，以及建筑能效和低碳生态城市等领域的合作。此外，中国与日本加强节能环保科技合作，与澳大利亚开展二氧化碳地质封存合作，与欧盟、意大利及英国开展碳捕获封存示范项目合作，深化能源和能效领域合作，与英国推进绿色建筑和生态城市发展合作等。

发展改革委非常重视应对气候变化工作的普及推广，在宣传普及气候变化相关知识、提高公众意识方面起到了巨大作用。为普及气候变化知识，宣传低碳发展理念和政策，中国政府决定自 2013 年起，将每年 6 月全国节能宣传周的第 3 天设立为"全国低碳日"。发展改革委组织和引导了一系列围绕气候变化的宣传活动。"低碳中国行"主题活动是全国低碳日系列宣传活动的重头戏，由发展改革委会同中央宣传部、教育部等多个部门共同发起。"低碳中国行"活动，是提高全社会应对气候变化和低碳发展意识的一项重要活动，对于营造积极应对气候变化的良好社会氛围有重要意义。"全国低碳日"的设立标志着我国已将发展低碳经济作为未来经济战略发展方向，过"低碳生活"、建"低碳城市"、打造"低碳能源"将成为趋势。

6.1.3 中国气象局

中国气象局是应对气候变化的重要业务部门，具有鲜明的部门特色。中国气象局组织开展了多模式超级集合、动力与统计集成等客观化气候预测新技术的研发和应用，完成政府间气候变化专门委员会（IPCC）的第 5 次国际耦合模式比较计划，为 IPCC 第 5 次评估报告提供模式结果。中国气象局的区域气象中心完成华东、华南、华北、东北、华中、西南、西北和新疆 8 个区域的气候变化评估工作。中国气象局不断加强气候变化的科学事实与不确定性、气候变化与环境质量关系研究，在温室气体与污染物协同控制、气候变化与水循环机制、气候变化与林业响应对策等方面深入研究。建设了中国气候观测系统，开发了全球气候变化监测技术，建立了未来气候变化趋势数据集，发布亚洲地区气候变化预估数据集，开展了大量基础研究工作。

在应对气候变化与防灾减灾信息系统建设方面，中国气象局建立了由中央各涉灾部门参加的会商机制，形成了国家、省、市、县、乡、村6级的灾害信息上报制度和直报机制，在灾害预警、灾情核查报送、转移安置、灾害应急救助、灾情综合评估、灾后恢复重建等方面发挥了积极作用。在信息管理标准体系建设方面，中国气象局还制定了一系列与应对气候变化相关的信息采集、分析、交换、共享和服务等标准规范。经过多年的发展，中国气象局已建成众多面向应对极端气候事件及灾害应急管理的专业信息系统和共享信息库，灾害信息共享平台也列入了国家综合防灾减灾规划。

进入21世纪，中国气象局围绕应对气候变化需求布设了一大批气候系统观测站，初步构建了气候变化观测网络，加强了对观测资料的收集、整编和质量控制，为深入认识气候变化规律、开展气候变化研究和应用服务提供了较好的基础。未来中国气象局将完善和提高对气候系统综合观测的系统化、规范化，促进各部门围绕气候变化观测的标准统一，观测要素齐全；开展对研究和认识气候变化特别重要的多圈层相互作用的各变量的观测，逐渐形成完善的气候系统多圈层科学数据共享体系，建立涉及多部门的综合气候变化信息系统。进一步完善国家气候观测网、国家天气观测网、专业气象观测网和区域气象观测网，形成地基、空基、天基、海基观测有机结合和稳定运行的综合气候观测系统。积极推进气候系统观测领域的国际合作，积极参加"地球系统观测和预测协调研究计划（COPES）"等各类国际计划，参加世界气象组织综合全球观测系统（WIGOS）设计及相关活动，提高实施全球大气观测计划（GAW）等国际计划的水平，推进 GCOS 观测计划在中国的实施。建立国家层面的、由相关部委组成的中国气候系统观测组织协调机构，按照优化选站标准、规范观测项目、统一技术标准的科学思路，加强多部门观测数据信息的统筹管理和高效利用，建立以部门联合中心为核心，覆盖广大用户的气候变化信息共享与服务体系。

中国气象局还积极参与全球环境变化的国际科技合作，如地球科学系统联盟（ESSP）框架下的世界气候研究计划（WCRP）、国际地圈—生物圈计划（IGBP）、国际全球变化人文因素计划（IHDP）和生物多样性计划（DIVER-SITAS）四大国际科研计划，以及全球对地观测政府间协调组织（GEO）和全球气候系统观测计划（GCOS）等，开展了具有中国特色又兼具全球意义的全球变化基础研究。

中国气象局加强气候变化科普宣传，在其官方网站上设立了公众意识与科普专栏，专门介绍气候变化的科学知识和研究进展。2010年中国气象局积极参与筹备了上海世博会"环境变化与城市责任"主题论坛，为促进城市和谐发展、低碳发展、绿色发展提出了积极建议。2010—2013年，中国气象局联合国家外国专家局、国家自然科学基金委员会分别举办了4届"气候系统与气候变化国际讲习班"，邀请国际知名专家就气候变化科学事实、影响与适应，气候变化与可持续发展等气候变化和气候系统研究领域的重要问题进行培训，近千名中国及其他发展中国家的年轻科学家参加学习，气候系统和气候变化领域的科研水平得到较大提高。"应对气候变化中国行"是由中国气象局公共气象服务中心、中国气象局气象宣传与科普中心、华风气象传媒集团联合主办，并邀请知名媒体共同报道的大型科学考察与气象科普活动。该活动旨在从气象科学的角度见证气候变化，面向公众宣传如何应对气候变化。围绕该活动，中国气象局自制电视片及画册，并在各大国际会议和公众活动中播放和传播，起到了很好的宣教作用。此外，中国气象局充分利用"3·23"世界气象日、"5·12"防灾减灾日等活动积极开展气候变化科普宣传。中国气象局、华风集团和北京科学教育电影制片厂联合摄制完成的气候变化大型科普电影《变暖的地球》获第28届中国电影金鸡奖最佳科教片奖。中国气象局联合中央电视台完成大型纪录片《环球同此凉热——气候文明之旅》的摄制工作。组织"气候变化中国行走进江西""气候变化中国行走进甘肃"两次大型考察活动。

6.1.4　其他部委

应对气候变化是全社会的工作，中国其他部委也做出很多贡献。例如，水利部组织开展了"气候变化对我国水安全影响及适应对策研究"等 10 余项重大项目研究，还承办了水资源和小水电部级培训班，与发展中国家高级官员交流了气候变化条件下加强水资源管理，开发、利用小水电等方面的经验和实践。卫生和计划生育委员会组织开展气候变化对人类健康的影响及适应机制、气候变化人群健康风险评估预测等方面的研究工作。国土资源部深化在地热勘查开发、气候变化地质记录、地质碳汇等方面的调查研究，加快推进二氧化碳地质储存的技术攻关，开展"应对全球气候变化地质响应与对策"调查和研究工作。环境保护部组织开展钢铁、水泥、交通等重点行业大气污染物与温室气体排放协同控制政策与示范研究。国家自然科学基金委员会设立了"中国地区树轮及千年气候变化研究""地气碳氮交换及其与气候的相互作用"和"中国近千年来气候变化特征及规律研究"等重大项目。中国科学院启动实施了"应对气候变化的碳收支及相关问题研究"的战略性先导科技专项。国家林业局完成了森林缓解气候变化影响的实证研究，开展了典型生态系统固碳潜力和固碳过程研究。交通运输部组织开展"建设低碳交通运输体系研究"。国家海洋局设立了"南海及周边海洋国际合作框架计划（2011—2015 年）"，联合周边国家开展了"中印尼热带东南印度洋海—气相互作用与观测"和"印度洋季风爆发观测研究项目"。

各个部委都非常重视对气候变化的普及工作，环境保护部也是宣传普及气候变化科学知识、普及低碳理念的重要部门。"6·5"世界环境日是环保部进行宣传活动的重要抓手。每年"6·5"期间，环境保护部都会举办一系列宣传纪念活动，包括召开专题新闻发布会、举办环保成就展览、制作播出环保特别节目等。各地环保部门也会围绕主题，结合本地实际，开展丰富多彩的宣传纪念活动，以广泛凝聚社会共识，激发公众热情，营造全社会关心支持参与环境保护的良好氛围。环保部还针对各级党政领导、科研人员、高等院校师生、企业和社会组织代表等，多次举办气候变化国内外形势讲座与培训，介绍国家节能减排政策措施，带动青年环境友好使者通过社区宣讲、校园活动、农村支教、短剧演出等环保志愿活动，向公众传播低碳生活理念、倡导绿色消费行动。

2013 年 11 月的华沙气候大会（COP19）上，中国各部委再次联合举办了"中国角"活动。这项活动对外宣传和介绍了中国政府应对气候变化所采取的措施、努力和取得的成就，同时也把中国作为发展中大国所面临的挑战、困难如实地向与会各方传递。本次"中国角"系列边会了举办 17 场活动，主办方既有政府、也有企业、媒体、非政府组织等。国家各部委还相应地出版了各种宣传气候变化科学问题的书籍，如表 6.1 所示。

表 6.1　各部委出版的气候变化相关书籍

书名	作者	出版时间
生态学校汇丰气候变化项目教师手册	环境保护部宣传教育中心	2010年1月
应对气候变化林业行动计划	国家林业局	2010年11月
气候变化绿皮书：应对气候变化报告（2010）——坎昆的挑战与中国的行动	社科院、气象局	2010年11月
公民行动——气候变化中的人类自觉（气候变化与低碳发展·知识读本）	科技部、气象局、中科协	2010年11月
低碳转型——践行可持续发展的根本途径（气候变化与低碳发展·知识读本）	科技部、气象局、中科协	2010年11月
气候变化与人类——事实、影响和适应（气候变化与低碳发展·知识读本）	科技部、气象局、中科协	2010年11月
低碳发展——应对气候变化的必由之路（气候变化与低碳发展·知识读本）	科技部、气象局、中科协	2010年11月
气候变化——我们身边的科学问题（气候变化与低碳发展·知识读本）	科技部、气象局、中科协	2010年11月

续表

书名	作者	出版时间
中国应对气候变化的政策与行动——2010年度报告	解振华	2010年12月
气候变化融资	中国清洁发展机制基金管理中心	2011年3月
减缓气候变化：原则、目标、行动及对策——中国宏观经济丛书（2009）	李俊峰	2011年6月
适应气候变化国家战略研究	科学技术部社会发展科技司，中国21世纪议程管理中心	2011年7月
气候变化绿皮书：应对气候变化报告（2011）——德班的困境与中国的战略选择	社科院、气象局	2011年11月
中国应对气候变化的政策与行动（2011）	中华人民共和国国务院新闻办公室	2011年11月
第二次气候变化国家评估报告	《第二次气候变化国家评估报告》编写委员会	2011年11月
气候变化对中国的影响评估及其适应对策——海平面上升和冰川融化领域	国家发展和改革委员会应对气候变化司，中国21世纪议程管理中心	2012年1月
中国应对气候变化的政策与行动（2011年度报告）	解振华	2012年1月
适应气候变化国家战略研究（英文版）	科学技术部社会发展科技司，中国21世纪议程管理中心	2012年5月
公平获取可持续发展——关于应对气候变化科学认知的报告	基础四国专家组	2012年9月
气候变化绿皮书：应对气候变化报告（2012）——气候融资与低碳发展	社科院、气象局	2012年11月

书名	作者	出版时间
主要发达国家及国际组织气候变化科技政策概览	气候变化科技政策课题组	2012年11月
气候变化对林业生物灾害影响及适应对策研究	国家林业局森林病虫害防治总站	2012年11月
气候变化影响及减缓与适应行动	气候变化影响及减缓与适应行动研究编写组	2012年12月
应对气候变化国家研究进展报告	科学技术部社会发展科技司，中国21世纪议程管理中心	2013年3月
国家"十一五"应对气候变化科技工作	科学技术部社会发展科技司，中国21世纪议程管理中心	2013年3月
气候变化、生物多样性和荒漠化问题动态参考2012年度辑要	国家林业局经济开发研究中心	2013年7月
气候变化绿皮书：应对气候变化报告（2013）——聚焦低碳城镇化	社科院、气象局	2013年11月

2010年以来，各行业协会组织的各项活动对气候变化相关知识的宣传和推广起到了重要作用。例如，中国国土经济学会开展全国中小城市生态环境建设实验区、全国低碳国土实验区等活动，中华环保联合会和中国旅游协会在48家旅游景区开展首批全国低碳旅游试验区和全国低碳旅游示范区试点，中国钢铁工业协会与全国总工会组织开展全国重点大型耗能钢铁生产设备节能降耗对标竞赛活动。此外，中国煤炭协会、中国有色金属工业协会、中国石油和化学工业协会、中国建筑材料联合会、中国电力企业联合会等在行业节能规划、节能标准的制定和实施、节能技术推广、能源消费统计、节能宣传培训和信息咨询等方面发挥了重要作用。

中国主流媒体配合各级政府不断加大应对气候变化与节能低碳宣传报道

力度。环保部与新华社共同推出的环境资讯类栏目《环境》，2011年以来，环保部制作了《应对气候变化，就在开关之间》《应对气候变化，始于足下》等4部环保公益广告片，并在主流网站循环播放，倡导公众践行绿色出行、节约用电等日常低碳环保行为。由于主流媒体的努力，国际非政府组织在中国针对气候变化问题开展了系列宣传和教育活动。世界自然基金会（WWF）在中国各大媒体投放了多个节能环保的公益广告，向年轻人宣传节能环保理念和气候变化知识。"地球一小时行动"是WWF的一项重要低碳环保宣传活动，为公众了解和参与应对气候变化活动提供了平台。2010—2013年，美国环保协会在中国7省10市开展了"酷中国——全民低碳行动试点项目"，完成了3000户家庭碳排放调查，并组织了2012年"优秀低碳小管家"夏令营活动，在辽宁、北京、天津、杭州等15个省、市开展低碳公众宣传教育巡展活动，行程累计超1万千米，参与人次近4万，影响人群达10万余人。在各项政策措施的指导下，各部门开展了一系列应对气候变化宣传教育活动。

由于中国相关部门的努力，中国公众以实际行动积极应对气候变化，积极参与"6·5"世界环境日、地球日等环境节日，从日常生活衣、食、住、行、用等细微之处，实践低碳生活消费方式。每年各地公众都积极参与自2007年开始的"地球一小时"倡议活动，"地球一小时"是世界自然基金会（WWF）向全球发出的一项倡议，在每年3月最后一个星期六晚熄灯一小时，呼吁每个人做出积极的改变应对气候变化，共同表达保护全球气候的意愿。

今后，我国将制定涵盖影响气候变化各领域的法律法规，并采取一系列相关政策措施，大力推进经济结构调整和技术进步，努力提高能源利用效率，大力发展低碳能源和可再生能源，不断改善能源结构，持续开展植树造林，加强生态保护，控制人口增长，为减缓和适应气候变化做出积极的贡献。

总体上，我国高度重视在应对气候变化挑战中科技的支撑和引领作用，纳入国家国民经济与社会发展规划，并在专项规划和重要领域或行业规划中部署。应对气候变化科技工作紧密围绕经济社会发展需求和联合国气候变化国际谈判需求开展部署，既有为解决当前问题而部署，亦有兼顾长远利益超前部署。

不过，因为应对气候变化是一项长远的挑战，需要中国政府和有关部门更加重视应对气候变化工作。中国政府一贯高度重视气候变化的宣传和教育，2010年以来，中国政府制定和完善了一系列政策措施，以宣传和普及应对气候变化相关知识。中国政府在"十二五"期间将化石能源占一次能源消费比重等与应对气候变化密切相关的指标纳入约束性环保指标体系，明确了全社会应对气候变化的目标任务。中国政府近几年来每年出版《中国应对气候变化的政策与行动》，全面介绍中国在应对气候变化领域的政策与进展。2011年，中国政府还发布了《"十二五"节能减排综合性工作方案》《"十二五"控制温室气体排放工作方案》等，对"十二五"期间开展节能减排和控制温室气体排放做出了全面部署。2012年颁布了《节能减排全民行动实施方案》，确立了绿色发展、可持续发展的政策导向，明确了应对气候变化的目标与任务。

伴随创新驱动发展战略的深入实施，应对气候变化对科技的需求将愈加迫切，对科技管理和科技研发及示范和应用推广提出了更高的要求。需要准确把握国民经济和社会发展对气候变化科技的需求，准确把握国际谈判及国际经济贸易环境改变对我国气候变化科技的需求，及时调整科学研究和技术研发的重点领域和方向。中国政府要加强应对气候变化科技管理和政策的统筹协调，按照创新链和产业链有机融合做好协同创新，加强技术研发和示范推广工程的衔接配合。有关部门需要加强气候变化科技研究成果共享，建立基础数据共享平台，深入推进气候变化科技协同创新，进一步加强气候变化国际科技合作，密切监测气候变化国际科技发展和产业化态势，推动双边和多边开展实质性高水平科技合作，推动气候变化国际技术转移谈判，积极开展南南科技合作，参与和发起气候变化领域国际研究计划。以上这些最终会提升应对气候变化领域我国科技的话语权和影响力。

6.2　中国民间组织和公众对气候变化的科普和应对

应对气候变化的国内外努力成果

1992 年 5 月，气候变化框架公约政府间谈判委员会（The Intergovernmental Negotiating Committee for a Framework Convention on Climate Change ）就气候变化问题达成公约——《联合国气候变化框架公约》（United Nations Framework Convention on Climate Change，UNFCCC，以下简称《框架公约》）。这是世界上第 1 个为全面控制二氧化碳等温室气体排放以应对气候变化的国际公约，也是国际社会在应对气候变化问题上进行国际合作的基本框架。《框架公约》的目标是减少包括二氧化碳在内的温室气体排放，降低人类活动对地球气候系统的影响，减缓气候变化，确保粮食生产和经济可持续发展。约定该框架公约的缔约方此后每年召开一次缔约方会议（Conferences of the Parties，COP），简称为联合国气候大会。中国的民间社会团体从 2007 年起参加于巴厘岛举办的联合国气候大会第十三次缔约方会议（COP13），先后参加了 2008 年波兹南会议（COP14）、2009 年哥本哈根会议（COP15）、2010 年坎昆会议（COP16）、2011 年德班会议（COP17）、2012 年多哈会议（COP18）、2013 年华沙会议（COP19）、2014 年利马会议（COP20）、2015 年巴黎会议（COP21）、2016 年马拉喀什会议（COP22）。

在国内发展改革委会同中国气象局等有关部门制定了《中国应对气候变化国家方案》（以下简称《方案》）。《方案》明确了中国应对气候变化的具体目标、基本原则、重点领域及政策措施，其中"中国应对气候变化的相关政策和措施"提出，提高气候变化公众意识需鼓励公众参与，建立公众和企业界参与的激励机制，发挥企业参与和公众监督的作用。完善气候变化信息发布的渠道和制度，拓宽公众参与和监督渠道，充分发挥新闻媒介的舆论监督和导向作用。增加有关气候变化决策的透明度，促进气候变化领域管理的科学化和民主化。积极发挥民间社会团体和非政府组织的作用。

6.2.1 民间社会组织应对气候变化工作

气候变化受到国际社会日益增多的关注，成为人类生存和社会所面临的巨大挑战，气候变化已由单一的环境问题演变成为重大的国际政治话题，它涉及各国切身利益和发展的空间，至关我国经济发展全局，是关系到我国经济、能源、生态、粮食安全及人民生命财产安全的综合、跨学科多层次问题，应对气候变化究其本质是发展问题。

随着社会经济的快速发展，民间社会组织在全球环境治理和应对气候变化问题上发挥的作用日益增强。非政府组织（以下简称 NGO）不属于任何政府，不由任何国家建立，虽然从定义上包含以营利为目的的企业，但其一般仅限于非商业化、合法的、与社会文化和环境相关的倡导群体，其开展的活动通常是基于道义、良知、公平等价值取向。

6.2.1.1 国际非政府组织应对气候变化工作

国际 NGO 运用直接、间接的方式参与应对气候变化国际谈判，努力在谈判议程中发挥其积极的作用与影响，开展了一系列有影响力的活动以唤起全球公众意识和各国政府的注意，一些国际 NGO 还对各国执行相关的国际协议发挥了监督作用，这些工作使得国际 NGO 获得了国际气候体制中的其他参与主体的广泛认同，国际 NGO 应对气候变化工作已初具规模。

（1）积极参与国际气候谈判

由于温室气体排放量、经济结构和发展阶段的差异，国际气候谈判进展缓慢，与会成员国始终难以达成有效协议。在传统的国际关系模式下，大国通常以双边和多边会议形式起草协定和公约，最终由国家利益和权力的分配决定国家目标和协议的达成。然而，在应对气候变化这一问题上，以国家为主导、自上而下的处理模式存在局限性，西方大国是造成环境恶化和资源枯竭的重要原因，工业革命以来，发达国家率先实现经济发展并完成了工业化，是温室气体的主要排放体，在减排、治理问题上无法在减少气候变化所带来的威胁这一行动上起到带头作用。在这一层面，西方大国有责任、有义务采取必要措施来减少温室气体排放量。另外，对于当今正处于经济快速发展阶段的发展中国家而言，并没有从中获得相应的补偿和报酬，换言之，发展中国家为发达国家的工业化支付了部分环境成本。加之发展中国家由于经济发展在未来一段时间内仍将是主要温室气体排放源。传统的自上而下的国家外交模式在气候变化这一强调综合、跨学科、多层次的科学议题上会不可避免地陷入困境。

在此背景下，NGO 作为国际气候谈判中独立而有价值的个体走上国际舞台，不仅以其观察员的身份参与了联合国气候大会的大部分会议议程，还成为国际气候谈判进程的重要推动者。

（2）开展有影响力的特色活动

一些气候变化领域的 NGO 为企业的低碳减排行为提供了富有建设性的正向激励和支持。例如，皮尤中心、世界自然基金会、世界资源研究所、世界可持续发展商业理事会等国际 NGO，国际排放贸易协会、世界经济论坛共同发起了全球温室气体注册的提议（Global GHG Registry），以鼓励企业主动公布其在全球范围内的温室气体排放信息和相应的减排措施，为企业树立正面、积极、负责的形象。

一些环保 NGO 旗下的气候项目致力于宣传气候变化事实和低碳生活理念，教育公众，提高公众的气候危机意识。例如，野生救援（WildAid）旗下的气候变化项目"GOblue 向蓝"，向公众推广了减排低碳的消费理念与生活方式，倡导公众通过改变自身行为和影响周围人群来达到逐渐改善环境的目的，最终使城市天空回归蔚蓝，并教育公众把这种改变当作一种进步和创新而非牺牲。

（3）监督各国执行国际协议

NGO 通过公共"问责"方式代表公众发挥监督作用，监督各国执行气候变化相关的国际协议。尽管请愿或诉讼最后大多以失败告终，但对政府、企业及公众均有重要的教育价值。例如，1999 年 19 个 NGO 以《清洁空气法》（Clean Air Act）为依据诉请美国环保部，要求其对温室气体排放进行监管。

2007 年在巴厘岛举行的联合国气候变化大会（UNFCCC-COP13），NGO 被允许以观察员的身份参加大部分会议会程。根据传统国际政治"准则"，国际谈判期间只有联合国的成员国才拥有表决权，相比之下，观察员身份的 NGO 因其没有表决权，对谈判进程施加的影响是有限的，然而在该次会议期间 NGO 凭借其独特的优势展示出了自身的影响力。首先，NGO 在全球发起了环保倡议活动，制造了空前的舆论压力，迫使与会成员国政府重新审视气候变化形势下各自应肩负的责任；其次，NGO 纷纷发表各自在全球气候变化和减排领域的立场，推动与会成员国在该次会议上达成具体的减排协议；再次，NGO 将科学家提供的气候变化科学依据和信息以网络方式推送给全球公众，号召公众积极参与应对气候变化行动；最后，NGO 运用公众参与的非正式途径，强烈批评不愿意主动推行会议决议的成员国政府，最终促成会议通过了"巴厘岛路线图"。因其独立性和公正性，NGO 还被联合国和有关国际组织授予咨商地位，为气候变化问题的科学研究提供专业支持，为各国政府相关政策的制定和国际谈判提供专业、科学、公正的依据。

6.2.1.2　中国非政府组织应对气候变化工作

中国非政府组织作为新兴力量，在全球环境问题和应对气候变化问题上付出了诸多努力，展示了其无可替代的作用，为全球环境问题和应对气候变化工作做出了很大贡献，获得了国际上多方的认可。国内 NGO 协助政府实现有效的气候传播功能，搭建了国际平等对话的平台，为气候变化领域的国际谈话进展提供了基础支持。通过各种形式向世界宣告，中国在应对气候变化这一问题上承担了应有的、共同但有区别的责任。由企业界代表结成的联盟，近年来也成为应对气候变化工作中的新兴力量。

（1）中国 NGO 参与气候变化工作

中国 NGO 参与应对气候变化问题主要通过 5 种方式，第一，参与、配合国际气候谈判活动；第二，参与国内的气候立法相关工作，提出合理化建议；第三，开展有特色的影响力活动，教育、带领公众担负自愿减排的社会责任；第四，提供培训机会，培养气候变化项目专业人才；第五，与政府、企业合作，参与节能减排项目，为政府带来新观念，为企业带来清洁能源新机制。

2007 年巴厘岛会议期间，中国民间组织发布了《2007 年中国公民社会应对气候变化立场》（以下简称《立场》），这是中国 NGO 第 1 次向国际社会表达公民立场，取得了良好的收效。当时在呼吁国际上政府方的谈判代表以气候权益为出发点、关注气候变化中的弱势人群、提供更多应对气候变化的解决之道等方面均有成效，也曾有国际 NGO 根据当时的《立场》完善了自己的诉求。2013 年，在华沙会议期间，中国国际民间组织合作促进会和国家发展和改革委员会气候司战略处联合举办"应对气候变化——非政府组织在行动"主题边会。会议双方就华沙会议、国内政策行动、NGO 关注的议题进行了交流，NGO 代表就促进低碳发展、推动科技创新、提升公众参与度做出了积极的探索并提出了建设性的意见，是对中国应对气候变化政策完善工作的有益启发。

近 10 年来，中国 NGO 开展了包括加强中欧气候变化交流、中小学气候教育项目等在内的大量交流、培训机会等。云南生态网络长期在云南农村致力于清洁能源推广工作，与日本民间组织 REPP 合作推广农村沼气代替柴薪，积极推动软件、硬件两方面的建设。全球环境研究所则致力于向国内介绍国际先进的清洁生产机制实践经验和碳交易手段，以水泥行业的余热发电项目为例，该所成立了专家组并设计了能效与清洁发展机制模式框架，而碳交易公司则以投资的方式买碳，通过 CMD 机制和 EMC 公司运作平台对水泥工厂进行改造，由水泥工厂得出的核证减排量再沿既定的路径返回到碳交易公司。对 25 家企业通过打包操作，对水泥厂进行改造，节约的标煤折成相应的减排量，在国际市场上寻找买家，减少单个项目的投资承办，增加碳量，吸引投资，通过打包操作该项目，每年约节省了 40 万吨煤，减少了 97 万吨二氧化碳排放。

（2）企业界联盟参与气候变化工作

除中国 NGO 外，中国企业界也结成联盟在国际舞台上发声，以实际行动展现了中国民间力量践行应对气候变化和环境治理的决心和行动力。2016 年马拉喀什会议前夕，应对气候变化企业家联盟（C-TEAM）举行会议探讨中国企业绿色供应链应对气候变化节能减排的影响，参会的企业家代表分享了各自用实际行动支持减排工作的初步成果和未来计划。在马拉喀什气候大会会议期间，还赴摩洛哥举办了中国"应对气候变化推进绿色供应链共建生态文明"边会和"中国角"企业日边会系列活动，并发布了《中国房地产行业绿色供应链采购标准白皮书》。在马拉喀什气候变化大会分会的中国现场，由联合国开发计划署（UNDP）及光伏绿色生态合作组织（PGO）联合主办的全球首个"熊猫电站"启动，这一项目的落地，充分体现了中国企业界在应对气候变化工作上已从倡议低碳减排的理念落实到了实际行动，积极承担了企业应肩负的社会责任，有利于企业良好形象的树立。

6.2.2 公众应对气候变化的教育工作

应对气候变化需要广大公众的全面参与，当前，我国在公众参与气候变化应对问题上已具备了良好的基础，包括公众对气候变化科学事实的认知和危机意识日益加深，对生存环境和生活质量的要求不断提高，对践行节能减排行动的意识和意愿逐步增强。

政府、媒体和 NGO 三者应充分认识到，公众认知对全球低碳发展至关重要，公众既是应对气候变化的行动主体，也是传播主体，同时公众还是应对气候变化的起点和落脚点。三者在此基础上应通力合作，掌握公众应对气候变化意识现状，从实际出发制定有针对性的政策措施，共同努力，达到唤起公众的气候变化意识、提升公众对气候变化的适应能力、促使公众参与应对气候变化行动的目的。也有观点支持政府立法，通过相关法律、法规政策及激励制度的建设引导公众有序、有效地参与应对气候变化。

政府、媒体和NGO应共同倡导公众践行低碳生活，鼓励、提倡低碳消费和低碳出行。倡导公众减少不必要的消费，加快推进生活用品的可循环、再利用；鼓励公众在日常生活中养成节约用水、用电、用气和垃圾分类等良好的生活习惯，倡导公众参与造林增汇活动。倡导自行车、公共交通、步行（"BMW"）等多种绿色出行方式，支持消费者购买小排量、节能汽车和新能源机动车。鼓励共乘交通、低碳旅行、共享单车等。教育公众增强自我保护和环境保护意识，提高公众适应气候变化的能力。

6.2.3　应对气候变化中政府、媒体、社会组织和公众的作用

政府既是信息发布、气候谈判的主体，也是新闻报道的主体，媒体是舆论引导和信息传播的主体。在应对气候变化工作中，一方面，政府发挥引领指导作用，建立有效的激励机制，引导、促进民间社会组织、媒体和公众充分发挥自身优势，形成合力，参与应对气候变化行动，共同努力营造良好氛围，共同发挥新媒体在气候变化宣传中的作用，大力宣传节能、减排低碳发展理念和应对气候变化先进典型及成功经验。另一方面，政府进一步完善应对气候变化信息的发布渠道和制度，增强有关决策的透明度，为社会组织和媒体在公众参与、公众监督等方面提供制度性渠道，使其能充分发挥监督作用。最后，将应对气候变化纳入国家对外宣传重大活动计划，以国际化的传播理念和方式，大力开展应对气候变化对外宣传，营造良好的国际舆论环境。

总之，NGO作为国际谈判的参与推动者、民意表达者及沟通桥梁，应努力加强自身的专业素质和能力建设，增强自身与政府、与政府间组织的相互信任，增强自身与政府、企业和公众的有效互动。政府方面应进一步支持中国NGO参与国际气候谈判，传达中国民间的声音；注重对中国NGO的扶植和培育，帮助他们在实践中学习，使中国NGO尽快成长，早日在国际舞台上立足。

6.3　国家可持续发展实验区应对气候变化工作

6.3.1　国家可持续发展实验区基本概况

国家可持续发展实验区是从 1986 年开始，是国家科学技术部、发展改革委等 20 家国务院部门和地方政府共同推动的一项地方可持续发展实验试点工作。20 世纪 80 年代中期，为了改变我国很多地区经济发展快速而社会事业滞后、环境污染严重的状态，原国家科委和国务院有关部委于 1986 年率先在江苏省常州市和无锡市锡山区华庄镇启动了城镇社会发展综合示范试点工作。1992 年 5 月，原国家科委和原国家体改委共同发出了《关于建立社会发展综合实验区的若干意见》，并由 23 个国务院有关部门和团体共同组成了实验区协调领导小组（随后又增加了 5 个部门），成立了社会发展综合实验区管理办公室。1994 年 3 月后，实验区工作中心转向可持续发展，并要求各实验区率先建成实施《中国 21 世纪议程》和可持续发展战略的基地。1997 年 12 月，"社会发展综合实验区"更名为"国家可持续发展实验区"。

经过 28 年持之以恒的推进，实验区按照可持续发展的要求，在大城市改造、小城镇建设、社区管理、环境保护及资源可持续利用、资源型城市发展、旅游资源的可持续开发与保护等方面积累了丰富的经验。实验区在实践中依靠科技创新开展实验示范，探索不同类型地区的经济、社会和资源环境协调发展的机制和模式，为不同类型地区实施可持续发展提供示范样板和引领带动作用，为推进国家可持续发展战略实施提供了积极、有益的尝试，也为推动《中国 21 世纪议程》积累了重要的经验。截至 2014 年 3 月，中国已经建立起国家可持续发展实验区 160 个，各省建立省级可持续发展实验区 180 余个，遍及全国 90% 以上的省、自治区、直辖市（图 6.1、表 6.2）。

● 国家可持续发展实验区

图 6.1 国家可持续发展实验区分布

表 6.2 国家可持续发展实验区名单（按省市）①

序号	所属省市	实验区名称	序号	所属省市	实验区名称
1	北京市	怀柔区	7	河北省	廊坊市
2		石景山区	8		邯郸市武安市
3		西城区*	9		承德市平泉县
4		门头沟区	10		唐山市迁安市
5	天津市	东丽区	11		石家庄市正定县*
6		大港区（区划发生调整）	12	山西省	晋城市泽州县

① http://www.acca21.org.cn//DRpublish/zxgz/0001000600020001-1.html.

续表

序号	所属省市	实验区名称	序号	所属省市	实验区名称
13	山西省	太原市迎泽区	42	上海市	徐汇区
14		朔州市怀仁县	43		崇明县
15		长治市	44	江西省	吉安市井冈山市
16		朔州市右玉县	45		赣州市章贡区
17		朔州市朔城区	46		赣州市崇义县
18		阳泉市盂县	47		上饶市婺源县
19		晋中市太谷县	48		鹰潭市贵溪市
20	内蒙古自治区	鄂尔多斯市	49		吉安市泰和县
21		赤峰市元宝山区	50		抚州市资溪县
22		呼和浩特市赛罕区	51		鹰潭市龙虎山风景区
23		赤峰市克什克腾旗	52	山东省	青岛市城阳区
24		呼伦贝尔市牙克石市	53		东营市
25		赤峰市红山区	54		黄河三角洲
26		包头市	55		日照市*
27	辽宁省	沈阳市沈河区	56		烟台市牟平区*
28		沈阳市铁西区	57		烟台市长岛县*
29		本溪市南芬区	58		潍坊市峡山生态经济发展区
30		沈阳市和平区	59		枣庄市山亭区
31		沈阳市沈北新区	60		淄博市沂源县
32		营口市大石桥市	61		烟台市龙口市
33		铁岭市西丰县	62		德州市德城区
34	吉林省	白山市	63		临沂市沂水县
35		四平市	64		青岛市黄岛区
36		长春市九台市	65		潍坊市高新技术产业开发区
37		辽源市	66	河南省	郑州市巩义市竹林镇
38	黑龙江省	大庆市	67		新乡市辉县市孟庄镇
39		牡丹江市海林市	68		焦作市孟州市
40		绥化市肇东市*	69		安阳市林州市
41		牡丹江市阳明区	70		许昌市鄢陵县

续表

序号	所属省市	实验区名称	序号	所属省市	实验区名称
71	河南省	平顶山市宝丰县	99	海南省	澄迈县
72		濮阳市华龙区	100		白沙黎族自治县
73		济源市	101	江苏省	常州市
74		洛阳市嵩县	102		无锡市（城区）*
75		濮阳市清丰县	103		苏州市（城区）
76		鹤壁市	104		苏州市张家港市
77		南阳市淅川县	105		无锡市宜兴市
78		信阳市平桥区	106		无锡市江阴市*
79	湖北省	荆门市钟祥市	107		苏州市昆山市
80		仙桃市	108		苏州市常熟市
81		武汉市汉阳区	109		苏州市太仓市
82		武汉市江岸区*	110		盐城市大丰市*
83		神农架林区	111		苏州市吴江市
84		宜昌市点军区	112		南京市鼓楼区
85		襄阳市谷城县	113		南京市江宁区
86		襄阳市宜城市	114		盐城市
87		宜昌市长阳县	115		南通市海门市
88		黄冈市英山县	116		连云港市东海县
89		襄阳市	117		宿迁市沭阳县
90		黄冈市罗田县	118		南通市如皋市
91	湖南省	湘潭市韶山市	119	浙江省	宁波市鄞州区邱隘镇
92		岳阳市华容县	120		金华市东阳市横店镇
93		郴州市资兴市*	121		绍兴市杨汛桥镇
94		邵阳市邵东县	122		绍兴市
95		郴州市永兴县	123		台州市温岭市
96		湘潭市湘乡市	124		嘉兴市桐乡市
97		株洲市石峰区	125		湖州市南浔市
98		长沙市望城区	126		杭州市下城区

续表

序号	所属省市	实验区名称	序号	所属省市	实验区名称
127	浙江省	宁波市宁海县	153	广东省	佛山市顺德区容桂镇（区划发生调整）
128		湖州市安吉县			
129		嘉兴市南湖区	154		东莞市
130		丽水市遂昌县	155	广西壮族自治区	桂林市恭城瑶族自治县
131		杭州市上城区			
132		嘉兴市嘉善县	156	重庆市	北碚区*
133	安徽省	合肥市包河区	157		渝北区
134		毛集可持续发展实验区*	158		梁平县
135		铜陵市	159		万州区龙宝管委会（区划发生调整）
136		黄山市歙县			
137		淮北市烈山区	160	四川省	德阳市广汉市
138	福建省	漳州市东山县	161		成都市金牛区*
139		龙岩市	162		乐山市五通桥区
140		龙岩市漳平市	163		眉山市丹棱县
141		泉州市惠安县	164		泸州市江阳区
142		厦门市思明区	165		广安市广安区
143		南平市	166	贵州省	毕节地区
144		三明市将乐县	167		贵阳市白云区
145	广东省	东莞市清溪镇	168		贵阳市清镇市
146		广州市天河区	169		都匀市
147		江门市新会区	170		贵阳市乌当区
148		云浮市云安县	171		遵义市红花岗区
149		梅州市丰顺县	172	云南省	曲靖市麒麟区
150		梅州市蕉岭县	173		曲靖市陆良县
151		南雄市	174		临沧市
152		佛山市禅城区	175		丽江市永胜县

续表

序号	所属省市	实验区名称	序号	所属省市	实验区名称
176	陕西省	渭南市华阴市	184	青海省	海西蒙古族藏族自治州
177		宝鸡市渭滨区	185		海南藏族自治州
178		榆林市	186	新疆维吾尔自治区	克拉玛依市
179	甘肃省	酒泉市敦煌市	187		昌吉回族自治州阜康市
180		天水市秦州区	188		巴音郭楞蒙古自治州库尔勒市
181		兰州新区			
182	宁夏回族自治区	中卫市（城区）	189	西藏自治区	林芝市
183		固原市彭阳县			

注：带星号的为国家可持续发展先进示范区。

知识窗3

社会发展综合试验区与可持续发展试验区的联系与区别

随着国家可持续发展战略的实施，社会发展综合实验区从以人为中心、全面综合发展为宗旨的示范试点，逐步走上了以实施科教兴国和可持续发展两大战略为宗旨，以人口、资源、环境为核心工作内容的可持续发展之路。1997年12月底"国家社会发展综合实验区"改名为"国家可持续发展实验区"。更改名称不仅仅是字面上的修改，对实验区工作来说，从思想观念到工作内涵都发生了深刻的变化。从称谓上看，社会发展与可持续发展都讲发展，但无论从基本概念到工作宗旨，从工作领域到内容范围，从工作成果到衡量标准等都发生了实质性的变化，可持续发展与社会发展既有相同的发展主题，又有明显的区别。

社会发展实验区与可持续发展实验区在基本概念上有明显的递进关系。

社会发展相对经济发展而言，揭示人类社会各个历史时期社会组织、社会结构、社会功能、社会政策、社会变迁、社会事业及其变化的规律、方向，强调了人与社会、人与人的关系。可持续发展不仅考虑社会范畴的问题，而且包括了经济范畴，特别强调资源与环境问题；不仅考虑当前的发展，而且着眼于未来的发展，寻求代际公平，注意解决人类发展的环境承载能力与资源的永续利用问题，突出强调了人类社会与生态环境、人与自然的关系。

社会发展实验区与可持续发展实验区在基本定义上的递进关系。社会发展是在一个时间断面上社会领域所研究的各种要素的集合，包括人口问题、环境保护、文化教育、科学技术、卫生体育、社会保障、社区建设、交通通信、广播电视、妇女、残疾人保护、就业问题、贫困问题等，涉及各种非经济领域众多内容的相互协调问题；可持续发展则强调在人与自然和谐共存的前提下，经济、社会、资源、环境全面、整体的延续。可持续发展着眼于长远，是若干时间断面的叠加和集合，提倡在自然资源和生态环境承载力允许的范围内发展经济，不能容忍以环境污染和生态破坏为代价发展经济，不允许只顾当前的发展利益，忽视长远发展利益，不能容忍"剥夺尚未出生的下一代人享受自然资源的权利"。总之，可持续发展提倡的是在经济与社会协调发展、生态环境有能力补偿、自然资源永续利用基础上的发展。

社会发展实验区与可持续发展实验区在工作内容上的相互关系。从1986年开始进行的社会发展实验区工作，其内容几乎囊括了与社会发展密切相关的所有领域。包括通过人力资源的开发，充分挖掘潜力，提高人口素质，发展城市基础设施，改善居民生活基本条件，大力发展第三产业及社会发展相关产业，促进社会事业由单纯"福利型"向"经营型""实业型"的转变，改革社会事业的运行机制和管理体制；保护生态环境，合理开发利用各类自然资源；建立和完善社会保障体系和社会安全体系；在进行物质文明建设的同时，加强精神文明建设等内容。主要开展的工作有：①探索经济与社会协调同步发展的途径；②率先发展第三产业；③建立与社会主义市场经济相适应的社会保障新体制；④推动与人民生活相关的六大产业的形成与发展，这些产业分别是环保产业、新型住宅产业、生活服务产业、医药产业、文化产业及体育健身产业。

可持续发展内涵要比社会综合发展更宽、更广，不仅包括社会范围的问题，还涵盖经济可持续发展能力、环境承载的能力，也包括建设良好的生态环境、资源永续利用等问题。可持续发展实验区目标是探索一种发展可以长久维持的过程和状态，寻找一种支撑人类社会、经济、资源、环境基础的持续性的途径和手段。社会、经济、资源、环境协调发展是可持续发展的核心。特别是进入 21 世纪以后，国家可持续发展实验区将把工作重心定位在通过可持续发展能力建设逐步实现经济、资源、环境的可持续发展；主要工作领域是：生态建设、环境保护、资源利用、人口素质和生活质量提高、城镇化建设等方面。

社会发展实验区与可持续发展实验区在评价指标上的关系。衡量社会发展的根本尺度是"公平"，看社会赋予公民的机会和权利是否均等，往往用"协调度""福利度""稳定度""文明度""福利水平"和"公平度"等一系列"度"来表达；指标项大类往往涵盖了社会发展的众多领域，如城市建设、人口素质、科技教育、社区建设、环境保护、社会治安、文化体育、广播电讯、社会保障、劳动就业、生活质量等。社会发展所强调的是人的发展、人的生活质量及人与人的关系。

在可持续发展指标体系中，衡量可持续发展的尺度是对区域整体的评价，强调人与自然界的和谐性、自然生态的整体性，要求人类在追求经济发展时要考虑生态环境的承载能力，经济发展与社会发展能否做到良性的循环，各个环节是否脱节，是否存在着不可持续的因素。可持续发展要求摆正经济增长与环境保护的关系，生活质量与资源消耗的关系，社会进化与生态退化的关系，经济繁荣与生态失衡的关系等。往往强调生态效益、社会效益等公益性、社会性的指标。衡量可持续发展重要的是摆正不断提高的人们生活质量与环境承载能力的关系，在满足人们当前需要的同时，又不损害下一代人的生存需要的发展，要以最小的自然消耗，取得最大的社会和经济效益。

6.3.2　实验区低碳探索若干实例

【实例1】漳州市东山县：海岛风沙危害治理

福建省漳州市东山县国家可持续发展实验区办公室

一、案例背景

东山县是位于福建省最南端的海岛县，全县面积194平方千米，人口20.5万。岛上海滨风光秀丽，社会经济事业健康发展，是福建省重要的对台对外窗口，南中国著名的海滨旅游胜地。作为海岛县，东山淡水资源和土地资源较少，生态基础相对脆弱，同时因位于海岛凸出部和环太平洋地震带，因此不仅常年风大，且台风、地震等地质灾害频繁。历史上东山岛是个风沙危害严重、生态环境恶劣、民不聊生的穷困海岛。风沙危害成为东山发展的最大障碍。

——风：东山岛一年刮6级大风的时间长达150天以上。大风在岛上横行无阻，肆意毁庄稼、掀房屋，令人行路举艰。

——沙：东山岛有43个流动沙丘随风乱滚。在新中国成立前近百年时间，飞沙埋没了13座村庄、1000多座房屋、3万多亩耕地。

——旱：东山岛降水量偏少，又无植被涵养，风大蒸发量大，沙重渗漏性强，水利设施又十分落后。旱情严重时，可称水贵如油。

二、案例描述

大兴植树造林运动。经过十几年的艰苦努力，建起了一条延绵几十千米的沿海防护林带，终于治服了肆虐东山岛几百年的风沙危害，彻底改变了恶劣的生态环境。

在发展社会经济的同时，坚持绿化美化海岛环境，森林覆盖率从新中国成立初的几乎为零提高到现在的36%，绿化率达到96%，成为著名的"东海绿洲"和海滨旅游胜地。

在科学的可持续发展观的指导下，东山县又谱写了治理风沙和利用风沙的新篇章，为东山社会经济的发展注入 3 种新生力量。

——高档次的农林复合系统。在延绵几十千米的沿海防护林带的保护下，利用沙质性土壤从台湾地区引进高优创汇品种芦笋大量种植，并因此成为福建省唯一的创汇农业试验区，使东山农业与农村产业结构实现了从传统农业向现代农业的转化；在沿海防护林的保护下，林带后面发展九孔鲍鱼等海珍品陆地工厂化养殖，使东山成为我国南方最大的鲍鱼与牙鲆鱼养殖基地；林带后面还穿插种植龙眼、荔枝、黑珍珠等名优水果，不但提高了沿海防护林的经济效益，还增加了农民的收入。

——风：可再生清洁能源。昔日摧残东山人民生产生活的大风，如今成为取之不尽用之不绝的清洁能源，1999 年，通过国际合作，东山县利用西班牙政府贷款，在冬古澳仔山上建起了一座 10 台发电机组每台 600 千瓦的风力发电厂，第二期工程 20 台发电机组每台 1200 千瓦的风力发电厂项目已通源，在不久的将来东山居然将成为一个能源大县！

——沙：高品位的砂矿资源。昔日毁田埋屋的沙丘，如今成为拥有储量达 2 亿多吨、品位超过 92% 的硅砂矿资源，其储量之大、品位之高，全国第一亚洲罕见。目前已有 4 家砂矿开发企业，产品销售到上海、中国台湾地区、美国、日本等地，昔日的沙害如今成为造福东山人民的财富。

建立可持续发展实验区以来，在福建省科技厅和有关专家的支持指导下，东山县防风治沙工作又有质的提高。2001 年福建省重大科技示范项目——海岛景观生态建设与社会经济可持续发展示范工程在东山岛实施，建立了全国第 1 个滨海沙生植物园，从国内外引进 300 多种沙生植物在园区内种植试验，已筛选近 20 种具有较高推广价值与社会经济效益的、适合于沙地种植的林木、果树、花卉、蔬菜在本县及周边地区推广。例如，从台湾引进的水果凤梨释迦、黑珍珠等品种，在园区内实验成功后在本县及周边地区推广种植 5000 多亩，成为当地发展水果种植业的新生力量；从新疆引进的沙漠绿化树红柳经过试验种植，长势比原产地快 1 倍以上；目前正在进行名贵中药肉苁蓉的寄生试验，一旦试验成功，将给东山沙质性土壤种植业又开辟一条新的发展途径，必将带来可观的社会经济效益和生态效益。

三、案例点评

东山县治理海岛风沙危害的实践非常感人，东山人持之以恒的精神与科学创新的态度给人们提供了宝贵的经验，做出了示范。

最为可贵的是东山人不是消极地治理风沙危害，而是依靠科学技术变害为利，昔日摧残东山人民生产生活的大风，如今成为取之不尽用之不绝的清洁能源；昔日毁田埋屋的沙害，如今成为造福东山人民的财富。

东山人在治理的同时不忘发展，充分利用沿海防护林的保护在沿海地区建立了景观生态示范区，引进一些具有景观效益和生态效益的树种在防护林带、田间林带和沿海农村内种植，既美化了环境又提高了林带的防护效果，取得了显著的景观效益和生态效益。该示范项目的实施，不仅提高了沿海防护林体系的防护能力，还提高了沿海防护林的防护效益、生态效益、景观效益和社会经济效益，为实现东山沿海防护林的可持续发展做出了巨大贡献，同时也为东山人民治理风沙工作开创了新的局面。

东山县的科学实践，为国内相同类型地区的可持续发展提供了有价值的发展模式与经验。

【实例2】成都市金牛区：丘陵微水治旱大有作为

四川省成都市金牛区国家可持续发展实验区

一、天回山丘陵旱片及微水治旱工程建设基本情况

天回山位于成都市区北面，有4个自然村、30个社，人口5080人，耕地面积6200多亩，其中旱地4700亩。

成都地区雨季在7月、8月、9月，全年降雨分布不均，往往冬春早夏连续干旱，受丘陵地势的影响，灌溉无水源保障，十年九旱，干旱时农作物大面积歉收，甚至干枯死亡，颗粒无收。由于缺水，丘陵农作物种植品种单

一，旱地常年以经济价值低的红苕、玉米、胡豆等杂粮为主，每亩年产值不足千元。丘陵缺水，盼望得到水，因此当地群众将地处丘陵腹地的村取名为"向海村"。丘陵用水困难一直困扰着丘陵地区的干部、群众，制约着丘陵地区农业生产和经济发展，丘陵片区农民收入低于全镇平均收入 300 元以上。

为解决丘陵用水难的根本问题，1999 年，金牛区政府确定天回山微水治旱工程为可持续发展实验区示范项目，实行统一规划，统一建设。

二、天回山微水治旱工程的具体做法

该项目根据天回山丘陵海拔相对高差 20 ～ 80 m 的自然落差，在高处整治和修建主蓄水池蓄水，靠大量提灌余水、积蓄自然降水及引雨季洪水解决水源，在农田上均匀修建微型水池，用管道将主池水输送到微池用于农作物灌溉，并在微池处安装水表计量收费，实现节水灌溉的目的。2000 年年初第 1 期工程完工，经试运行，效果非常理想。之后第 2 期、第 3 期、第 4 期工程相继按计划完成，到 2003 年年底 4 期工程共建主蓄水池 20 口，微型用水池 875 口，安装 PVC 压力管，安装水表，受益面积 6120 亩，投入经费 800 余万元，其中区财政投入 770 余万元，整个工程采取群众参与投劳为主，市、区、街道给予材料补助为辅的办法完成。

具体做法如下。

（1）政府组织引导，由街道办事处牵头，成立微水治旱工程建设领导小组，对工程的规划、技术方案、建设管理等进行全方位服务。

（2）发动群众积极投入工程建设，所有劳动力由当地受益群众自愿投劳解决，群众参与积极性很高，使工程得以顺利完成。

（3）行业主管部门积极支持，制定了《天回山微水治旱工程总体规划》，对工程建设给予技术指导，并聘请工程监理人员现场监理，确保了工程质量。

（4）多渠道解决建设资金，工程材料由市、区、街道补助解决，所有人工由受益农户投劳解决。

（5）工程建设按高起点、高标准要求，大池、微池作了防渗处理，用PVC 压力管道输水，尽管投入较大，但确保了工程的高效性和持久性。

（6）根据地势均衡分布微池，实现每户、每个田块均衡受益，同时在微水池进水口预留接头，方便群众直接连接软管取水或进行喷、滴灌。在每个微池入口安装水表，实行计量收费，促进农民树立"水是商品"和节约用水的意识，实现了水资源的合理利用。

整个微水治旱工程实行建管分离，以保证工程的正常运转。工程竣工后，管理维护实行当地农民自行管理的模式，成立了天回山丘陵微水治旱工程用水协会，微水池用户均为微水治旱工程用水协会会员。该协会设置理事两名，会长一名，由全体会员民主选举产生。协会负责工程管理、维护、生产用水调度等所有工作，并制定了协会章程和《大塘、微水池管理责任书》，按区物价局核定的收费标准 $0.38 \sim 0.8$ 元 $/m^3$ 收费。

三、天回山微水治旱工程带来的效益

天回山实施微水治旱工程后，产生了明显的社会效益和经济效益。被当地老百姓誉为"民心工程"，充分体现了"三个代表"给群众带来的实惠。

（1）改善了农业生产用水条件，生产用水有了保证，解放了农村劳动力。他们发自内心地说："过去是天不下雨我心焦，现在是天不下雨我不怕。"管网密布，微池入户，就近取水，极大地解放了劳动力，过去要 $2 \sim 3$ 个人才能完成的农活，现在一个人就能完成，年均节约劳动力60%左右，剩余劳力外出务工、经商，大幅增加了农民收入，同时外出吸收了新知识、新观念，促进了农村各方面的深刻变化，农民的居住环境也变得舒适、卫生起来，生活质量得到了明显提高。

（2）直接使农作物增产。有了水源保障，农作物生长不受缺水影响，与未建成微水工程前，增产3成以上，品质也得到保障，亩产值明显提高。

（3）促进了农业生产结构的快速调整，农业生产效益大幅提高。解决了用水难题，土地的效益得到了充分发挥，过去缺水，当地群众只能种植玉米、红苕等几个单一品种。自从微水治旱工程建成后，群众充分发挥近郊优势，大面积调整种植蔬菜，每亩平均产值达3000元以上，收入比原来增加 $3 \sim 4$ 倍。

（4）实施微水治旱工程综合利用，减轻了农民负担。微水工程的大塘用于承包养鱼，每亩水面平均承包收入 500 元，比原有山平塘增加收入 450 元，已完成的 20 口主池，年承包收入近 2.4 万元，用于补贴工程维修和提水费，减轻了群众用水费用的支出，间接增加了农民收入。微池空间种植藤蔓作物，充分利用了空间，增加了农产品收入。

（5）微水治旱工程促进了农村生态环境保护，水源被拦蓄集中用于灌溉，减少了水土流失，涵养了水源，使丘陵植被土壤不被冲毁，极大地改善了丘陵生态环境的良性发展。

（6）微水治旱工程使农民的节水意识得到了很大提高，可持续发展思想深入人心。通过在微池上安装水表并实行计量收费，由用水协会来负责工程的维护、管理及用水调度，实现了农民的自我教育和自我管理，使可持续发展的理念与农民的切身利益息息相关，促进农民的思想意识发生了根本转变。

四、案例点评

"微水治旱"是金牛区依靠科技进步，解决丘陵和同区农业生产用水的成功探索，也是实现农民增收的有效途径。通过实践证明，微水治旱工程能够充分地集蓄利用自然降水，用以解决山区和丘陵地区农业生产用水困难问题。促进丘陵缺水地区农业增长和农业结构调整，使丘陵生态环境良性发展。

微水治旱工程给予我们一条重要启示，可持续发展示范项目的实施要与为民办实事紧密结合，在为民办实事的过程中，推进可持续发展战略的实施。

微水治旱工程解决了农民最关心的难点、热点问题，为农民办了实事，是农民得实惠的民心工程。工程建成后对增加农民收入起到了立竿见影的作用，该工程的实施使得干部受了教育，农民得了实惠。

可持续发展实验区示范项目最大的受益者应该是老百姓，只有这样示范工程才能得到老百姓的拥护和支持，才会有热情积极参与，政府为此而增加的投入才是值得而有意义的。

【实例3】曲靖市麒麟区：生物质能和清洁能源综合利用

云南省曲靖市麒麟区国家可持续发展实验区

一、基本情况

云南省曲靖市麒麟区地处滇东高原中部，是滇东地区政治、经济、文化中心，具有"东引西联""北进南移"的区域战略地位，是滇东交通门户和商品集散地。区境内属乌蒙山系南延部分，地势北高南低中间平，山地、丘陵、盆地、河谷相间分布，组成波状起伏的高原地貌。海拔为1875～2000 m，面积1552.84 km²。境内属北亚热带至中亚热带半湿润山地季风气候，冬无严寒，夏无酷暑，年均气温14.5 ℃，年均日照2108.2 小时，年日照率47%，无霜期254 天，年均相对湿度71%。

麒麟区地貌类型多样，自然资源丰富，有着悠久的历史和文化。近年来经济发展和工业化进程的加快，给环境和资源保护带来了巨大的压力。麒麟区在可持续发展实验区建设中紧紧围绕能源开发，在太阳能和生物质能利用方面进行探索、利用与推广。

二、实施内容和主要做法

一是在城区和条件好的乡镇大力推广普及太阳能热水器，使其发挥不耗能、安全、无污染等优势，有效解决能源短缺、环境污染问题；二是在贫困的农村大力推广以沼气为主的生物质能综合开发利用，有效解决农村生活用能，提高农民生活质量，改善农村社区环境卫生，保护农村生态环境，促进农村社区的可持续发展。

1. 提高太阳能和沼气的应用地位

人们对能源问题认识的滞后，严重影响着新能源和可再生能源的应用和推广，只有让人们全面了解当前世界的能源形势、能源结构和需求，充分意识到随着社会经济的快速发展而带来的能源危机紧迫性，以及研究、开发和利用可再生能源与可持续发展的必要性和重要性，才能使全社会对新能源和可再生能源的发展形成共识。

一方面，麒麟区各级党委、政府高度重视，投入了大量的人力、物力普及太阳能和沼气知识。通过多渠道、多层次的宣传教育活动，帮助人们了解当前能源状况和可再生能源在可持续发展中的地位和作用，了解太阳能和沼气技术的应用范围和推广方式，以及当前太阳能和沼气的最新成果和发展方向；同时，大力宣传新能源和可再生能源的政策和法规。

另一方面，加强太阳能和沼气的应用推广工作，切实加强领导，把太阳能和沼气推广应用工作纳入各级党委、政府重要议事日程，把太阳能热水器和沼气的推广应用作为一项重要的能源政策，纳入国民经济建设总体规划当中，列入各级政府的财政预算。

2. 加大投入，加快太阳能和沼气的应用步伐

太阳能和沼气的发展尚处在初期，产业未形成规模，市场竞争能力弱。区委、区政府加大投入，保证资金，组织安排太阳能和沼气的应用示范，加快麒麟区太阳能和沼气的应用步伐。

3. 制定优惠政策，促进产业发展

麒麟区根据不同类别，出台优惠政策，一是在城区和条件好的乡镇，采取用户单位和政府给用户一定比例补贴的办法，鼓励用户安装太阳能热水器；二是在贫困的山区大力开发沼气能源，农户每安装一口沼气池财政补助500元。同时，引导农户转变观念，克服"等、靠、要"思想，提高自我发展意识。加快解决无电户和能源短缺问题，促进脱贫致富，引导经济和生态环境协调发展。

4. 扩大合作交流，构筑开放平台

多渠道、多形式地开展合作，争取更多的资金和技术用于推广太阳能和沼气，充分利用麒麟区被列为国家可持续发展实验区和全国清洁能源示范城市的良好机遇，主动出击，创造条件，积极争取中央、省、市各部门的支持，不断加快麒麟区的发展步伐。同时，进一步拓宽合作领域，加强与高等院校的合作，积极把先进技术、人才、资金及管理经验同麒麟区的资源、劳

力、环境、市场等有效结合，不断推进麒麟区的可持续发展能力建设。

5. 制定长远规划，综合开发利用

区政府制定太阳能推广长远规划，尽快实施太阳能屋顶计划，结合麒麟区太阳能资源优势，积极推广太阳能路灯、太阳能与建筑一体化、太阳能与沼气多位一体的应用示范，综合开发应用太阳能和沼气。

三、主要成效

2004 年 10 月底，全区太阳能热水器安装达 6.5 万户，城区太阳能普及率达 92%，安装太阳能路灯 60 盏；沼气池累计达 3506 口，占农村总户数的 3.5%，节能改灶 9.5 万户，占农村总户数的 95%。2003 年被评为国家清洁能源示范城市。成效主要归结为如下"三个好"。

1. 经济效益好

麒麟区 6.5 万户使用太阳能热水器，若每户安装 4 m² 热水器，共计 26 万 m²，一年可节约 3.7128 万吨标煤（按 142.8 kg 标煤 / 平方米·年），折合电 30184 万 kWh，按每年折合经济效益约 12000 多万元（按 0.45 元 /kWh）。若每户建立一个 8 m³ 的沼气池，一年可节约电费 300 元（每度电 0.4 元），每户每月节柴 200 kg，一年可节约 480 元（0.20 元 /kg）。全区 3506 口沼气，也就是说 3506 户一年可节约 270 多万元。

2. 生态效益好

麒麟区城市户约 7 万户，约 6.5 万户使用了太阳能热水器，这不仅大大节约了能源，降低对常规能源的消耗速度，还减少了对环境的污染，方便了群众。目前，麒麟区城区空气质量长期稳定在二级标准，有时达一级标准。农村 3506 户使用了沼气，节能改灶 9.5 万户。由于大量减少用柴，既保护了水源和森林资源，又改善了农民的居住环境，提高了农户的生活质量，解放了农村生产力。全区森林覆盖率达 30.8%。

3. 社会效益好

大力发展太阳能和沼气产业，带动了相关产业链的发展，促进了经济和社会的发展。一是城乡居民生活水平不断提高。2003 年，城市"低保"达

100%；城镇居民人均可支配收入、农民人均纯收入分别达 7820 元、2743 元。二是可持续发展能力明显增强，社会事业全面进步。科技贡献率年均递增 10%，2003 年，科技对经济贡献率达 48%；教育事业成效显著，人均受教育年限达 7.5 年；人口自然增长率为 7.53‰。城乡医疗卫生服务水平有较大提高，每万人有医院床位 40 张、卫生技术人员 43 人；文化、体育等各项社会事业全面进步。全区政治稳定、经济繁荣、社会进步。

四、案例点评

21 世纪，人类将面临实现经济和社会可持续发展的重大挑战，在有限的资源和环保严格要求的双重制约下，发展经济已成为全球热点问题。而能源问题将更为突出，不仅表现为常规能源的匮乏不足，更重要的是石化能源的开发利用带来了一系列问题，如环境问题、温室效应都与石化燃料的燃烧有关。因此，人类要解决上述能源问题，实现可持续发展，只能依靠科技进步，大规模开发利用可再生清洁能源。

麒麟区重视生物质能和清洁能源综合利用，取得了很大成效，工作中形成以下特点：一是把可持续发展思想贯穿于规划、计划的全过程，以及社会生活的方方面面。采取多层次、多途径和各种宣传手段，使可持续发展理念深入人心，形成共识。二是按照"全面规划、各方协调、注重实效、重点突破"的原则，根据不同时期的工作要求，推陈出新，并及时总结推广工作经验，用具体事例和事实引导农民，使各级政府的决策成为广大群众的自觉行动。三是充分依托技术创新，加强同科研部门的协作和联合攻关，积极吸引高等院校的联合与合作，增强创新能力。

麒麟区的实践证明，太阳能和沼气有其独具的优势，其开发利用潜力很大。在许多地区大力发展太阳能和沼气，对保持和改善生态环境，缓解能源危机、实现能源的可持续发展，促进当地社会经济的快速、持续发展等诸多方面都会产生积极的作用。

【实例 4】巩义市竹林镇：建设最小排放社区，促进可持续发展

河南省巩义市竹林镇人民政府

一、基本情况

竹林镇于 1995 年 12 月被列入国家社会发展综合实验区（后更名为国家可持续发展实验区）。近年来，竹林镇在改善全镇生产、生活、生存环境，迈向工业化、城市化、现代化的进程中，始终坚持把可持续发展的思想贯穿到全镇的开发建设中，在经济社会发展的起步阶段就高度重视生态资源环境保护，并把生态资源环境保护纳入政府的重要议事日程及产业活动和居民生活的每一个领域，走出了一条产业结构合理、经济发展繁荣、生态环境改善、生活质量提高的协调发展之路。因此具有承担国家科技攻关项目"最小排放社区的研究与示范"、建设最小排放社区的良好基础。

竹林镇承担该项目后，会同项目合作单位，按照国家科学技术部要求，研究制定了开展"最小排放社区的研究与示范"实施方案，明确了工作重点和目标任务，力求通过项目示范，建立最小排放社区，推进竹林镇经济社会的可持续发展。

二、总体思路

1997 年，竹林镇承担了国家科学技术部科技攻关项目"最小排放社区的研究与示范"。项目实施以来，在各有关部门和专家的组织指导下，按照项目实施的方案和要求，周密组织，积极运作，在推行清洁生产、加强环保治理、保护生态环境、再生资源利用等方面进行了尝试，做了一些有益的工作，取得了明显的成效，促进了全镇经济社会的可持续发展。

三、具体措施

竹林镇承担最小排放社区项目以来，对镇区进行了统一规划，以维护生态、保护环境为目的，高起点、高标准地把环境保护与全镇的经济及社会发展结合起来，全面考虑，做到城镇建设、经济建设和环境建设同步规划、同

步实施、同步发展，实现了经济效益、社会效益和环境效益的统一。

1. 清洁生产

建设最小排放社区是实现可持续发展的重要内容之一。建设最小排放社区的关键是实现清洁生产，探索发展实用和清洁的生产技术与生产工艺。竹林镇实施清洁生产、减少排放方面采取以下几个方面的措施：一是调整产品产业结构，减少排放。竹林镇在发展经济中坚持"三不原则"，即"不是高科技项目不上，不填补国家、省内空白的项目不上，有污染的项目不上"。例如，1999 年投资 5000 万元建成的仙竹牌无磷高效杀菌洗衣粉生产线，改变了普通洗衣粉对水域的氧化性危害，避免了废水污染，保持了清洁生产。竹林镇新型建材厂生产的轻体保温墙板主要原料是聚苯乙烯和钢丝，在生产过程中没有环境污染问题。二是改革工艺，减少排放。竹林耐火材料厂以前的产品全部是烧结砖，由于烧结砖能源消耗较大，在生产过程中废物排放多，从资源和环境的角度考虑，都不利于地区的可持续发展。在洛阳耐火材料研究院的指导下，改变了生产耐火材料的传统工艺，将烧结工艺改革为不烧结工艺，减少了煤炭使用和因发电、输电而产生的烟尘、SO_2、废水、废渣等的排放，减少了环境污染。三是加强管理，提高成品率，减少排放。竹林众生制药股份有限公司和竹林庆州耐火材料厂、磨料磨具厂近几年先后进行了 GMP 和 ISO9002 质量管理体系认证，使成品率大幅度提高，成品率由原75% 上升到 95% 左右，降低了废品率，减少了对环境的排放。四是减少运输量和废弃物。竹林众生制药厂为扩大生产能力，减少原材料的运输量，提高生产效率，在河南省中药材产地卢氏县建立了植物药材种植、收购和有效成分提取基地。卢氏县与竹林镇相距约 250 km，就近建立新的药材收购和提取基地，可以减少 90% 以上的运输量，同时也减少了 90% 的汽油消耗量，可以减少因运输而产生的废弃物排放。五是治理粉尘，减少排放。为治理企业生产过程中的粉尘污染，竹林镇先后投资 300 多万元，治理水泥厂、磨料磨具厂和耐火材料厂的粉尘污染，引进了治理技术和除尘设备，对燃料采用二级脱硫，大大降低了污染。投资 500 万元购进袋式除尘器、电子除尘器，对生产工艺中的微细粉尘进行吸收，在物料回收过程中又获得不少经济效益。

2. 改善生态环境

为保护生态，给居民提供良好的生活环境，实现环境的可持续发展，竹林镇采取了以下措施：一是加强对国土资源和自然生态资源的保护，制定了严格的矿山、土地利用管理办法和保护措施，保证了矿山的有序开采和土地的合理利用，自然林木和近年新栽树种得到有效保护。二是搞好环境治理，保持清洁卫生。卫生保洁是竹林镇环境治理的重要内容，这里长年保洁、处处保洁、人人保洁已成习惯。近年来先后投资 180 多万元，在居民区及各单位内修建封闭式垃圾池 460 个，公共场所都建有卫生公厕和果皮箱，建成 2 个垃圾中转站，2 个垃圾处理场，对垃圾采取燃烧和深埋法处理。三是加快城镇园林绿化建设。竹林镇克服严重缺水的困难，完成"引黄河水入竹林"工程，大力发展植树造林和荒山育林，落实国家退耕还林政策，全镇全部实现退耕还林无耕地，退耕还林和绿化山区 3 km^2，培育小林场 10 个，栽种竹子 200 多亩，种植草坪 10 万 m^2。对企业、单位和居民住宅均按照花园式要求布局兴建和改造。同时，为了节约土地和合理利用土地，按照居民居住情况建成了 6 个住宅小区，并完善社区服务功能，成立物业管理公司，从而实现了工业、农业、商业、居住和生活娱乐区的合理配置，全面促进了生态环境向良性循环方面转化。

3. 发展高效农业，减少农业对环境的排放

结合竹林镇地少土薄的实际，从发展"一优双高"农业出发，成立了以恒发集团为龙头的集养殖、种植和生产、销售为一体的农业集团，下属养猪场、养鸡场、蔬菜基地、粮食基地、饲料基地等。恒发集团所有养殖场的养殖模式均为"安全养殖"，猪和鸡的饲料全部为天然营养源，猪和鸡的粪尿全部作为有机肥，投资 40 万元建成大化粪池 6 个，对猪粪、鸡粪等用高温化粪的方法，经过化粪池发酵后，通过管道输到大棚菜地作为肥料。这就简单地形成了一条生物链条，既合理利用了资源，又治理了环境污染。对蚊蝇的治理采用高效药物定期喷洒，猪圈、鸡舍及时冲刷，保持干净，控制蚊蝇滋生

的方法。

4.改善居民生活方式，减少生活对环境的排放

一是改变居住方式。为了节约土地，竹林镇近年一改过去建造独家小院别墅式楼房的做法，由镇里统一规划，建造居民集中家属楼，节约了公用设施，减少了土地占用，也减少了建筑垃圾的排放。二是对居民家用厕所推行粪便无害化处理，改造成双瓮漏斗式和三格化粪池式卫生厕所，同时又推行了粪尿分集式无水生态厕所。同时，又投资50万元，彻底对全镇的公厕进行了无害化改造。全镇50%以上的居民用上了水冲式厕所，有效地防止了蚊蝇的滋生和传染病的传播，改善了居民的生活水平。三是利用可再生资源，实施天然降水集水工程，减少环境排放。竹林镇地下水源奇缺，近年来打井数十眼均告失败。后引入临近煤矿水源，但水源不足，仍无法从根本上解决饮水问题。在实施"引黄河水入竹林"工程中，为节省水资源，竹林人采取建造平顶房、地下挖水窖囤水的办法屯集雨水，集水可满足洗衣服、灌溉菜地、牲畜饮用等用水需求。这些雨水对竹林人民的生产生活是至关重要的，虽然这些雨水主要用于饮用水以外的用途，但也全部是生产生活所必需的，没有一点一滴的浪费。

四、主要成效

竹林镇实施"最小排放社区的研究与示范"项目以来，通过清洁生产、保护生态、美化环境、整治污染等措施，提高了资源利用率，自然生态得到有效保护，社区环境得到绿化美化，污染得到彻底治理，企业的各种生产管理活动的能耗降低到最低限度，初步建立了最小排放社区。目前，在竹林镇，经过环保部门验收，环境指标已完全合格，且有7个单位被定为巩义市环保治理先进单位和"花园式工厂"，有9个单位被命名为园林绿化先进单位，12个单位被命名为市级卫生先进单位，19个单位被定为创建国家卫生镇达标单位，每个企业主动做到清洁生产，人人积极参与美化环境，自觉维护环境卫生，人们的居住环境得到明显改善。1999年被评为国家级卫生镇，2002年又荣获全国首届人居环境范例奖，是全国镇级仅有的2家之一。2003年，又

被评为全国环境优美乡镇。

下一步，竹林镇将按照最小排放社区项目工程的要求，力争用 5～10 年时间，把竹林镇建设成一个产业结构合理、基础设施齐全、经济持续增长、社会分工协调、科学技术先进、服务体系完善、生态环境良好、精神文明昌盛的社会主义现代化新兴城镇，全面实现工业化、城镇化、园林化，达到实验区的各项工作既有实验探索性，又具有示范先导性，把竹林镇建成闻名全国、走向世界的可持续发展示范区。

五、案例点评

建设最小排放社区是实现可持续发展的重要内容之一。竹林镇以国家科技攻关计划示范项目为依托，在清洁生产、改善人居生态环境、发展高效农业、减少农业对环境的排放、改善居民生活方式、减少生活对环境的排放等方面做了积极有效的探索，对全国同类型的农村乡镇具有很强的示范意义和推广价值。

【实例 5】怀柔区：狠抓生态环境综合治理 为清洁首都环境做贡献

北京市怀柔区政府

一、案例背景

1. 基本概况

怀柔区位于北京市最北端，距北京 50 km，属华北经燕山山脉向内蒙古高原过渡的阶梯地带，为中纬大陆性暖温带季风型半湿润气候。辖区内有 10 个镇、5 个乡、287 个行政村，常住人口为 29.6 万人。全县总面积 2128.7 km²，其中平原 234.4 km²，山区 1894.3 km²，林地 1721.96 km²，植被覆盖率达 65%，野生动植物资源丰富。县内有泉水 774 处，河流 17 条，大小水库 19 座。年均水资源总量 8.6 亿 m³，占北京市水资源的 1/5，年供首都用水达 4 亿 m³，是北京市重要的饮用水源采水及补给地。1999 年，怀柔区被国家科学技术部批准为国家可持续发展实验区。

2. 针对解决的问题

多年来，怀柔区的生态环境建设虽然取得了一定的成绩，但其自然生态环境仍很脆弱，主要表现在：①水土流失严重。全区各种类型的水土流失面积 800 余 km^2，占总面积的 37.58%，山区部分地区土壤侵蚀模数仍然较高，达 1453 吨 / $km^2 \cdot$ 年，年侵蚀量为 116.5 万吨。②风沙危害面积大。全区风沙土地 19 062 hm^2，受风沙侵害的村庄 70 余个。③自然灾害频繁。新中国成立以来全区共发生较大干旱 17 次，干旱频率为 40%，累计受灾面积 137 800 hm^2，受灾人口为 141.57 万人次，粮食减产 30.6 万吨。共发生山洪泥石流灾害 32 次，其中较大的 3 次，造成死亡 143 人，毁田 5460 hm^2，毁房 3200 间，冲毁路基 598.4 km，冲毁小型水利工程 1236 处，坝阶 16.4 万 m，造成直接经济损失 7.32 亿元。④农业污染严重。怀柔区每年施用化肥约 5000 吨，农药使用量高达 400 吨，畜禽年产粪便上万吨，农用地膜年覆盖面积 1666.7 hm^2，加之乡镇企业排放的生产污水及农作物秸秆焚烧的影响，对土壤资源、水资源、景观资源等造成了严重危害，降低了农业的生态环境质量，影响了农副产品的品质，阻碍了农业的可持续发展。

二、案例描述

1. 实施过程

1998 年，怀柔区被原国家计委、农业部、水利部、国家林业局确定为国家级生态环境综合治理示范区。自 1998 年 9 月开始，怀柔区正式实施生态环境综合治理示范区项目建设，大力营造首都绿色屏障，保护饮用水源，取得了明显成效。3 年来，怀柔区生态环境综合治理示范项目建设共计投入 4100 万元，其中国家专项资金 2100 万元，市县配套资金 2000 万元。

2. 具体做法

（1）实施水源涵养、保护工程

怀柔区通过建设高标准水平条田、营造水土保持林、封禁治理等措施保护生态脆弱区。实施京密引水渠两岸绿化工程，完成了京密引水渠两岸绿化

12.46 km 及怀柔水库东溢洪道右岸宜林地绿化工程，栽植毛白杨、桧柏、油松等各种花木 34 633 株。实施农田林网工程，建成农田林网 25 km，成活率为 90%，保存率达到 85% 以上，起到很好的防风固沙作用。同时，还实施了密云、怀柔水库上游水源涵养林工程。

（2）实施夏玉米免耕覆盖工程和平原地区秸秆过腹还田工程

实施夏玉米免耕覆盖工程，共购进、更新玉米免耕覆盖播种机、麦秸粉碎机等农机具 306 台（件）。同时建成青贮池 18 000 m³，购进秸秆切碎机及揉碎机 14 台（套），其他设备 1 台（套），以实施秸秆过腹还田工程。还请有关专家对乡镇主管农业的副镇长、农业科技站长、农机站长、作业机手进行业务培训。

（3）实施粪污无害化处理工程

为了实现农村粪污无害化处理后再利用，粪污无害化处理工程完成围墙 350 m，库房 500 m²，加工车间 880 m²，办公用房 150 m²，设备安装全部结束。

3. 主要成效

1998—2000 年生态环境综合治理示范区项目实施 3 年来，进一步改善了怀柔区的生态环境，对全区经济、社会、人口、资源、环境的可持续发展产生了积极作用。①通过小流域综合治理工程的实施，使土壤侵蚀模数由 1456 吨/平方千米·年下降到 500 吨/平方千米·年，减少水土流失 29.5 万吨。② 3 年共建成水源涵养林 1072.9 hm²，水保林 1287 hm²，防风治沙林 128.3 hm²，农田林网 50 km，起到了涵养水源、净化空气、防风治沙、改善地区生态环境的作用。③通过实施夏玉米免耕覆盖工程，1999 年夏收时，怀柔区平原地区 6667 hm² 夏玉米全部实现免耕覆盖，坚决禁止麦秸焚烧，对清洁首都大气环境做出了贡献。④平原地区过腹还田工程的实施，不仅促进了大气环境质量的改善，同时也在很大程度上解决了阻碍全区草食性动物养殖业发展的饲料问题。⑤畜禽粪便污染源无害化处理工程的实施，不仅实现了禽畜粪便的集中处理，同时年可产优质有机肥 3000 吨，可降低化肥施用量 1000 吨，减少了对地下水的污染。

4. 后续行动

2001—2010 年，怀柔区计划用 10 年的时间基本控制住水土流失和风沙危害，使水源保护区水质得到不断改善和提高，建立起适应可持续发展要求的良性生态系统。①计划新增林地 23 200 hm²，新增更新林网 125 km，林木覆盖率达到 75%，治理沙荒地 333.3 hm²，实现高标准农田林网化。②集中力量建设一批高标准、高质量、高效益的示范小流域工程。③平原地区农业生态区农作物全部实行秸秆还田，控制农业水肥污染，降低化肥使用率，提高秸秆利用率，有机生物肥料的使用面积达到 80%，农作物秸秆还田率达到 100%。

三、案例经验总结

1. 特点

（1）健全机构、加强领导

在示范区建设之初，怀柔区就成立了以县长为组长，主管副县长、计委主任为副组长，计委、农委、财政局、农业局、水利局、林业局、农机局、畜牧局为成员单位的示范区项目建设领导小组。同时，还成立了各专项工程组，形成了既有统一领导、统一管理，又各负其责、分工协作、运转灵活、快速高效的管理体制。项目管理办公室定期对建设进度情况进行检查，负责编制年度计划和总结。各专项工程组均制定了分项工程质量标准和补助标准，组织施工和质量验收，做到了建设项目层层有人抓、事事有人管。

（2）搞好示范，以点带面

在示范区建设过程中，首先抓好试点，用点上取得的经验指导全盘工作，通过大沙河、农田林网、庄户沟小流域、宝山寺小流域、渤海小流域等示范工程建设，交流推广建设经验，有力带动了示范区项目的高质量建设。

（3）按基本建设程序实施项目管理，加大工程质量监督力度

建立了项目法人责任制，实行施工质量监督。按国家生态环境建设标准，制定奖罚办法。为确保工程质量，所有技术人员全部深入到施工现场进

行指导，监督检查工程质量。在项目实施过程中，监理工程师实行全过程监理，对工程质量、进度、投资实行控制和管理，确保了工程的高质量、高标准完成。

（4）积极筹措资金，严格资金管理

在县财政设立了示范区建设项目资金专户，资金全部进入专户管理，由项目办严格按项目建设进度进行拨款，做到专款专用。凡项目建设不合格和未按计划进行的，必须进行返工，限期改正。项目实施单位在向施工单位拨款时，做到工程验收后由验收人员签字、主管领导审核后拨付款。并对项目建设的设计、技术资料等及时进行整理存档。

2. 推广和示范意义

怀柔区通过抚育保护林、实施夏玉米免耕覆盖工程、平原地区秸秆过腹还田工程和粪污无害化处理工程，既起到了保持水土、防风固沙的功效，又充分利用了当地的废物资源，减少了污染，使当地的生态环境得到很大改善，增强了当地农业的可持续发展能力，对于生态环境相对脆弱的地区具有很好的示范带动作用。

【实例6】敦煌国家可持续发展实验区建设主要案例

一、敦煌戈壁荒漠生态与环境研究站建设项目

敦煌戈壁荒漠生态与环境研究站建设项目是敦煌市科技局和中国科学院寒区旱区环境与工程研究所开展的院地合作项目，主要是为了摸清敦煌及周边地区水土资源和生态环境的本底，探索风沙（尘）灾害对工农业、文物古迹等的危害程度及成灾机制，开展荒漠地区风沙（尘）防治技术对策的研究及新型防沙材料的引进与研制。

该项目总投资1243万元，占地面积54亩，主体建筑工程为2层，分为多功能会议室、实验室、办公区、生活区4个功能区，设计建筑面积

3260 m²。该项目于 2010 年 5 月开工建设，2011 年底完工并投入使用。

敦煌戈壁荒漠生态与环境研究站建成后先后组织实施了"敦煌绿洲边缘生态植被调查及自然修复技术研究""敦煌鸣沙山月牙泉成因分析及综合治理研究""敦煌及周边地区近 20 年来土地利用 / 覆被变化的研究"等 6 项科研项目。摸清了敦煌及周边地区水土资源和生态环境的本底，监测其自然演变过程，探索风沙（尘）灾害对工农业、文物古迹等的危害程度及成灾机制，在开展荒漠地区风沙（尘）防治技术对策的研究及新型防沙材料的引进与研制方面取得了初步成效，其研究成果对我国西北荒漠地区文物古迹、风景名胜及重要经济设施的保护起到示范作用，并且弥补了我国在荒漠区风沙综合观测站点的空白，对大敦煌区域内疏勒河、党河流域特别是敦煌周边地区生态恢复和重建研究具有十分重要的意义和积极的促进作用。2012 年被敦煌市人民政府命名为可持续发展试验区生态环境保护示范工程。

二、敦煌 10 兆瓦光伏并网发电项目

国投敦煌光伏发电有限公司是国投华靖电力控股股份有限公司的全资子公司。公司成立于 2009 年 9 月 2 日，主要负责敦煌光伏发电项目的工程建设、生产运维及甘肃境内后续光伏发电项目的开发建设。2009 年 3 月 20 日，敦煌 10 兆瓦光伏并网发电特许权示范项目在北京进行了公开招标，2009 年 6 月 23 日正式公布中标结果，国投华靖电力控股股份有限公司以跟标 10 兆瓦的形式，获得了敦煌 10 兆瓦光伏并网发电特许权示范项目的建设资格。

国投敦煌 10 兆瓦光伏并网发电项目是国内首个光伏并网发电特许权示范项目，该项目位于敦煌市七里镇以西的光电产业园区，距市区 13 千米。项目总投资 1.79 亿元，年设计总发电量 1529.98 万千瓦时，上网电价 1.0928 元 /kWh，预计年发电收入 1672 万元，特许权年限 25 年。该项目安装 230 瓦多晶硅太阳能电池组件 9.5 兆瓦，40 瓦非晶硅薄膜太阳能电池组件 0.5 兆瓦，支架采用固定式安装。2009 年 9 月 8 正式开工建设，2009 年 12 月 30 日首批 1 兆瓦光伏组件并网发电，项目于 2010 年 8 月 30 日建成，2010 年 12 月 28 日全部实现并网发电。2012 年被敦煌市人民政府命名为可持续发展试验区光伏发电示范园区。

三、敦煌市飞天生态科技园建设项目

飞天生态科技园是敦煌飞天生态产业有限公司投资建设的农业综合科技开发项目。地处库姆塔格沙漠东缘，阳关镇的重点风沙口，水资源短缺，自然植被稀少，生态环境十分脆弱。公司建设初期就立足长远，科学规划，确立了"保护生态，综合治理，科技支撑，持续发展"的思路。从季节性洪水的治理、泉水梯级利用、高寒冷水鱼养殖、葡萄种植、沙漠探险、观光旅游、休闲度假、美食开发等方面着手，研究探索保护生态，发展生态农业和循环经济的措施和方法。同时积极与中国科学院寒区旱区环境与工程研究所、甘肃省水利科学研究院、兰州祁连冰川冷水鱼研究所等科研院所加强项目合作关系，建立了科技项目示范基地，实施了敦煌沙漠边缘水资源综合利用、绿洲边缘风沙治理、有机葡萄栽培、高寒冷水鱼养殖等项目研究，集成极端干旱区洪水资源的拦蓄调控技术、渗滤净化技术，洪水资源利用衍生产业技术，引洪冲沙与生态修复技术，建立了一整套在极端干旱区季节性河流洪水资源的高效调控技术体系、防沙治沙与生态治理技术体系、洪水资源渗透净化技术体系，为修复敦煌周边生态环境，促进区域经济可持续发展创造了条件。

多年来公司按照发展规划加强基础设施建设，开挖一条21千米的分洪河道，修建一座600万立方米的蓄水塘坝，分洪调蓄，净化利用，化害为利，为发展水产养殖和葡萄种植等产业创造了条件。建成了高寒冷水鱼良种繁育中心，养殖面积达50多亩，年培育优质鱼苗850万尾，经济效益十分显著，被农业部确定为"高寒冷水鱼良种繁育示范基地"。完成防风固沙工程30多平方千米，荒漠化治理面积56平方千米，栽植防风林带1.2万亩，种植有机葡萄1万多亩，带动阳关镇在库姆塔格沙漠风口营造了一道长20多千米、宽1千米多的绿色屏障，保证了葡萄产业的健康发展，农民人均纯收入达1万多元。葡萄博览园建有完善的住宿、餐饮、会议接待、多功能演艺大厅等设施。生态科技园拥有独特大漠伴生的湖泊、泉水、水景、湿地、植

被、沙漠峡谷森林、断层岩壁景观等特色风貌，是沙漠旅游、生态旅游、户外休闲、野外探险的特色旅游地。

经过多年建设，敦煌飞天生态科技园依托自身优势，秉承"突出自然、体现特色、展示生态、品尝国鱼"的理念，着力打造沙漠湿地生态旅游、沙漠自驾游、商务游，使生态园成为敦煌与阳关、玉门关、寿昌遗址、雅丹地貌旅游线上的服务活动中心，中国西部沙漠生态旅游的名胜区，集餐饮娱乐、会务接待、文化艺术发展与展示、学术研究与科技培训于一体的现代农业科技示范观光与沙漠循环经济的示范区。生态效益、社会效益和经济效益十分显著，2012年被敦煌市人民政府命名为可持续发展实验区生态农业示范园区。

四、万亩农业高效节水示范园区

敦煌市万亩高效农业节水示范园区，由莫高镇、月牙泉镇和七里镇3个核心区组成，节水灌溉面积10 385亩，采用滴灌、小管出流、管灌、垄膜沟灌等多种节水技术，带动全市发展节水农业15.7万亩。

莫高镇节水园区按照"扩规模、提档次、增效益"的发展思路，以"建园区、调结构、促发展"为目标，突出高效、节水、特色等优势，园区面积已发展扩大到3820亩，其中日光温室面积达207亩，拱棚蔬菜面积达220亩。温室蔬菜采用有机无土栽培、黄板诱杀、节水滴灌等先进技术，亩收入均达到了2万元以上，最高亩收入达到了2.6万元。

为进一步提高效益，该园区还将设施农业建设与旅游联系起来，依托万亩高效节水园区和莫高窟游客服务中心建设，把园区建设与观光旅游、技术展示、高效节水、农家乐园有机结合，逐步把园区建设成为现代农业科技园、高效节水示范园和农民科技致富培训基地。2012年被敦煌市人民政府命名为可持续发展实验区高效节水示范园区。

【实例7】龙岩国家可持续发展实验区建设主要案例

福建省龙岩市按照国家可持续发展实验区建设要求，加强思想观念转变和机制体制创新，树立和实践科学的资源观，努力走出一条"绿色经济·生态家园"的科学发展之路。

一、绿色经济发展案例——大力发展循环经济的上杭县

上杭县为福建省龙岩市下辖的一个县，位于福建省西南部。近年来，上杭县依托紫金山金铜矿资源，从小到大，从强到优，全力打造千亿级金铜产业集群，同时，把发展循环经济作为推进可持续发展战略的一种优选模式，探索出一条"循环经济"的发展路子，以较小发展成本获取较大的经济效益、社会效益和环境效益。

目前，全县建成投产20万吨铜冶炼、瓮福紫金磷化工、清景铜箔等一批大项目，金铜产业体系更加完善，产业发展层次不断提升，已初步构建以紫金山金铜矿为主的采选区、以蛟洋工业循环经济示范园区为主的冶炼区、以上杭县工业园区为主的金铜制品精深加工区及以蛟洋坪埔物流中心为主的铜产业服务区这4个产业功能区，初步形成以紫金矿业集团为龙头，采选、冶炼、铜板（带）、铜管、铜杆（线）、铜箔等系列产品为框架的金铜产业链和以紫金铜业20万吨铜冶炼、瓮福紫金磷化工为龙头，石膏板、水泥缓凝剂、氢氟酸、硫酸铜等为框架的循环经济产业链。

蛟洋循环经济示范园区位于上杭县蛟洋镇坪埔小区板块，规划工业用地面积8660亩，依照产业结构功能划分为金属产品及硫酸加工区、磷酸磷铵加工区、建材加工区3个功能分区。园区有紫金铜业20万吨铜冶炼项目、20万吨磷铵项目和瓮福紫金年产10万吨湿法净化磷酸项目、福建金山黄金冶炼、福建龙氟化工、紫泰化工、瓮福蓝天、泰山石膏等一批项目，初步形成以铜、金等有色金属冶炼及硫、磷、氟化工等相配套的完整循环经济产业链，形成产业链紧密相连的循环经济板块。

整个园区的原材料铜精矿和磷精矿经铁路分别从厦门海沧码头和贵州

马场坪运抵上杭冶炼厂铁路专用线货场后，通过输送带或管道直接从货场送达厂区，避免了传统的汽车运输带来的二次污染；紫金铜业有限公司的副产品硫酸利用硫酸管道直接从灌区输送至瓮福紫金化工股份有限公司等下游企业，避免了二次污染和安全生产事故。同时企业产生的各种废弃物在园区得到充分利用，初步形成了以紫金铜业20万吨铜冶炼为上游、瓮福紫金磷化工为中游、福建瓮福蓝天氟化工有限公司等为下游企业的循环经济产业链，紫金铜业20万吨铜冶炼项目产出的一些残渣，进入龙氟化工有限公司和瓮福紫金化工有限公司作为生产原料，实现企业环环相扣，废液、废渣、废气"榨干用尽"，循环利用，仅各种化工衍生产品就可实现销售收入近20亿元。2012年，整个循环经济园区年产值达82亿元。

二、建设生态家园案例——水土流失重地成生态典范的长汀县

长汀县是我国南方红壤区水土流失最严重的县城之一，长汀人民以"滴水石穿、人一我十"的精神，经过多年艰辛努力，水土流失治理取得阶段性成绩，治理水土流失面积116.1万亩，基本实现长汀人百年绿色之梦，将过去的"火焰山"陆续变为绿满山、果飘香的"花果山"，成为福建省生态建设的一面旗帜，并被誉为南方水土流失治理的典范。

当前，长汀县围绕贯彻落实习近平同志关于水土流失治理工作的重要批示精神，形成党群合力，推进新一轮水土流失治理和生态县建设。立足打造全国水土流失治理样板和生态省建设示范县的工作目标，继续实施产业兴县战略，大力推进生态产业发展，以工业化带动城镇化和农业现代化，减轻水土流失区农业人口对生态的承载压力。对48.37万亩未治理水土流失区采取流域治理、网络化治理、梯度治理等不同治理模式，实施"生态恢复"工程。对117.8万亩初步治理的水土流失区通过封禁保护、抚育施肥、树种替换、加强监管、限制开发等办法进行巩固。

长汀水土流失综合治理的主要经验做法有以下几个方面。

一是严格封禁做到三个建立。建立了规章制度，明确封山育林育草的目标、任务、范围、措施、责任、队伍、考评等，以及对违约行为的处罚措施。建立专业护林队伍，形成"县指导、乡统筹、村自治、民监督"的护林机制。建立疏导用燃的渠道，对封禁区群众烧煤每个煤球实行价差补贴及沼气池建设补助，解决群众用燃后顾之忧。

二是开发治理做到三个结合。即治理水土流失与治穷结合、与发展绿色产业结合、与防灾减灾结合，着力把低质低效的水土流失地变为优质高效的茶果园，变废为宝。鼓励农民开发治理荒坡地，变水土流失区为经济作物区，推动水土流失治理与农村经济结构调整和地方特色产业的结合，促进农业增收和农民增收。注重水土流失区剩余劳动力的转移问题。结合沿海劳动密集型产业向内地转移的契机，大力发展以针纺织业为主的劳动密集型产业，从非农渠道增加农民的收入，减少农民因农事生产及其他因素对大自然的破坏。

三是强化领导做到三个落实。组织落实，县、乡（镇）成立水土流失综合治理领导小组及办公室，由县委书记、乡（镇）书记任组长。责任落实，建立领导挂钩责任制，治理开发任务完成情况列入部门、干部目标管理考核。人员落实，重点乡（镇）水保、林业站人员不包村，专抓治理工作。

四是预防监督做到三个加大。加大宣传力度，强化干群"守土有责"意识，主要做好面向公众、面向校园、面向企业的宣传活动。加大审批力度，对新上的生产建设项目和资源开发项目，执行水土保持设施"三同时"。加大对造成水土流失的案件查处力度，重点整顿稀土矿点、采石矿点。

五是水土治理项目管理做到三个规范。规范项目质量标准及验收要求与方法，县成立项目质量管理及监督小组，对项目实施进行专项督查。建立项目管理卡、管理图，对每一具体措施的地点、数量、责任人（施工、项目、技术）、质量、业主等方面造册登记，做到图、表、卡整齐规范。项目严格实行项目法人责任制、招投标制和工程监理制。规范项目资金管理，实行封闭运行和报账制，确保专款专用及资金使用安全、干部安全。

六是依靠科技做到三个创新。创新理念，用"反弹琵琶"的理念指导水土流失治理，变生态系统的逆向演替为顺向进展演替。创新技术，遵循植物地带性规律，因地制宜，创新了"等高草灌带"、陡坡地"小穴播草"等治理技术，积极探索推广"草牧沼果"循环种养生态农业，解决农村燃料和肥料问题，同时拉长产业链，增加农民收入，提高水土流失治理效益。创新机制，筑巢引凤营造"科技聚群盆地"，邀请10多家高校、科研单位到长汀开展新技术、新模式实验，建立开放式、多元化博士生工作站，促进科研成果转化为生产力。

【实例8】贵州省毕节市实验区发展建设主要案例

一、科技为草海湿地综合治理提供技术支撑

草海位于云贵高原东部的乌蒙山麓，在毕节试验区威宁县境内，海拔2171.7 m，保护区总面积96 km²，平均水深2～3 m，水域面积为45 km²。草海是高原湿地典型代表，是云贵高原湿地的重要组成部分，有浮游植物8门96属207种；浮游动物69属140种；鸟类204种34科17目，数量10余万只，珍禽黑颈鹤1100余只，以其独特完整的高原湿地生态系统成为我国特有的高原鹤类——黑颈鹤的主要越冬地之一，被誉为云贵高原上的一颗璀璨明珠。目前该区水土流失、湖库淤积、污染严重、人鸟争地、生物多样性降低等资源破坏与生态环境恶化的问题，以及区域自然与社会发展失调、发展的可持续性降低等问题日趋严重。为科学治理草海，科技部门积极开展工作，在科技部的大力支持下，由贵州师范大学专家领衔的国家科技支撑计划"草海湿地生态系统恢复与重建关键技术研究"在草海顺利推进，课题自2011年启动以来，已开展了草海流域水土流失现状详细调查，绘制了土壤侵蚀现状及强度图，并对试验示范区沙河小流域进行了水土流失规律初步研究；测量了其1∶500地形图，对技术示范治理进行了设计；开展了黑颈鹤等重要水鸟群落结构、生活习性、群落多样性等方面研究；开展了草海湖区、流域内入湖河流、出水口、湖区沉积物的取样测试工作；开展了草海流

域农田沟渠水质及沉积物氮磷吸附解析特征研究，探索了人工湿地治污技术研究；开展草海流域小流域沟道水土流失防治示范、坡耕地治理技术示范、湖滨带受损生态系统恢复技术示范、农田面源污染治理技术示范等。这些项目的实施，为草海湿地的综合治理提供了有力的科技支撑。

二、"五子登科"综合治理模式再造秀美山川

毕节是贵州省石漠化集中分布区域，石漠化广泛分布于全市，分布范围广、面积大。全市总面积 26 853.10 km²，其中岩溶面积 19 693.09 km²，占总面积的 73.34%；石漠化面积 7 008.38 km²，占总面积 26.10%。石漠化面积中轻度石漠化 4577.18 km²，占总面积的 17.05%；中度石漠化 2067.69 km²，占总面积的 7.70%；强度石漠化 312.94 km²，占总面积的 1.17%；极强度石漠化 51.76 km²，占总面积的 0.19%。从无石漠化到极强度石漠化均有分布，涵盖了全省乃至全国岩溶石漠化的主要类型，曾是贵州省乃至全国出名的贫困地区，也是被联合国相关组织认定为"不适宜人类居住的地区"。

针对生态系统脆弱、石漠化和水土流失问题较为突出的实际，毕节积极开展科技攻关，在国家科技支撑计划"喀斯特山区生态环境综合治理关键技术集成与示范"等一批科技计划的支持下，积极探索毕节生态治理技术途径，创造了"山上植树造林戴帽子，山腰种地砍树、搞坡改梯拴带子，坡地种植绿肥、覆盖地膜铺毯子，山下搞乡镇企业、庭院经济抓票子，基本农田集约经营收谷子"的"五子登科"综合治理模式。始终把特色经济发展、生态环境保护和区域经济长远发展结合起来，坚持寓生态建设于经济建设之中，把生态建设与经济结构调整、农民致富有机结合，开展了山、水、林、田、路的农业综合开发，生物措施、工程措施和农耕措施并举，生态建设和粮食生产统筹推进，初步走出了生态效益、经济效益、社会效益协调发展的路子。

三、大力发展风电产业，破煤电"一电擎天"格局

毕节是一个资源型大区，煤电是支撑全区经济发展的重要支柱。为改变煤电"一电擎天"的产业格局，毕节市坚持"水火并济"的发展思路，在稳

定煤电生产的同时，逐渐增加低碳产业在国民生产中的比例，在用足用好煤矸石、煤层气、焦炉余气等废旧能源和风能、水电等可再生能源上下功夫，积极开发循环经济和环保节能型低碳产业项目，积极推进电力产业生态化，重点开发风电、水电、生物质能等新型能源。2010 年年初，依托"贵州屋脊"赫章韭菜坪良好的风能优势，赫章韭菜坪风电项目开工建设，这是贵州省建立的第 1 个风力发电基地。到 2013 年，已建成 66 架风电塔。2012 年，赫章风电场发电量将近 1 亿度，2013 年赫章建成投产的风电机发电量达 7977 万度，按照每度 0.61 元的上网电价来算，2012—2013 年赫章风电场已经直接创造了超过 1 亿元的经济价值。威宁地处云贵高原，在毕节试验区西部，风力资源尤为丰富，目前已探明可开发的风力资源达 100 万千瓦以上，且年均日照时间超过 1812 小时，太阳能资源也非常丰富，被气象学界誉为"阳光之城"。毕节市利用威宁县境内丰富的风能、水能、太阳能资源发展再生能源，大力发展风电建设。2012 年 7 月，威宁百草坪风电场一期工程全面建成，建起了 50 多座风电塔，年上网电量约为 3.7 亿千瓦时。目前毕节市这两个风电项目的建设，不仅每年节约标煤 5 万吨以上，还大大减少多种大气污染物和灰渣的排放，开启了毕节市新型能源开发的篇章。

【实例 9】济源市国家可持续发展实验区建设主要案例

一、城乡一体化的济源实践

济源市按照"全域规划、一体发展"的理念编制完成了《城乡总体规划（2012—2030 年）》，明确了"1 个中心城区 +3 个组团 +3 个小城镇 +40 个新型农村社区"的城镇"11334"构架体系和"1+5"6 个功能区布局。根据不同区域的发展特色规划建设了虎岭转型发展功能区、玉川循环经济功能区、西霞湖生态经济功能区、王屋山生态旅游功能区、东部特色高效农业功能区，与中心城区核心功能区形成分工合作、产业链接、向心发展的"1+5"

产业格局。形成了"六位一体"的可持续发展实验模式：统筹规划、全域布局，促进规划布局一体化；集聚融合、转型升级，促进产业发展一体化；同质配套、共建共享，促进基础设施一体化；均衡配置、均等服务，促进公共服务一体化；立足当前、着眼长远，促进生态环境一体化；政策引领、改革驱动，促进要素配置一体化，6个方面取得了初步经验。

二、国家低碳第二批试点城市

2012年11月26日，依据《国家发展改革委关于开展第二批低碳省区和低碳城市试点工作的通知》（发改气候〔2012〕3760号），济源与北京、上海、海南等29个省、市一起被列为第二批国家低碳试点城市，成为河南省唯一一个国家级低碳试点城市。低碳试点城市是在城市实行低碳经济，包括低碳生产和低碳消费，建立资源节约型、环境友好型社会，建设成一个良性的可持续的能源生态体系。作为工业化水平较高的城市，济源的有色金属、重化工、能源产业占工业总量的80%。产业布局集中，碳排放强度大，能源消耗总量大，注定济源必须突破高载能地区的发展瓶颈，探索一条加快发展方式转变、调整优化经济结构、突出生态文明建设、推动绿色低碳发展的路子。在第十届实验区论坛上，参会人员交流了"城乡一体化助推济源市向低碳城镇转型"经验材料，总结了济源实验区建设低碳城市的初步做法，即宣传引导、科学规划、建章立制、结构调整、创新驱动等推进城市低碳转型的经验。

三、低碳交通运输体系建设

2012年济源市成为河南省首家被交通运输部确定为全国第二批低碳交通运输体系建设试点的城市。济源市交通运输体系明确了以运输通道资源优化配置、城乡客运一体化建设、智能交通为引领的低碳交通运输体系为特色，以低碳综合运输体系、低碳交通基础设施、低碳交通运输装备、低碳交通运输组织模式、低碳智能交通信息工程、引导改变出行方式选择、低碳交通能力建设等领域为重点，着力构建通畅高效、安全绿色的综合交通运输系统。建设分4个大项目，即低碳交通基础设施项目、低碳交通运输装备项目、优化交通运输组织模式和智能交通系统引领低碳交通发展；12 个子项目，内容涵盖公路建设、公路养护、公路绿化、公共客运、水陆联运、物流工程、行业信息采集、行业执法、运营管理等交通行业的各个方面。整个体系建设估算投资 92 277 万元。截至 2014 年，已启动建设项目 17 个，完成投资近 3 亿元，预计每年可节约标准煤 3.2 万吨，节约标准油 4.9 万吨，实现直接经济效益 4.6 亿元。

四、可再生能源示范工程

2012 年，济源市成功获批国家可再生能源示范县，两年内新增可再生能源示范项目 21 个。总示范面积 44.241 万 m^2。按应用技术类型分类，地源热泵应用总面积 36.476 万 m^2，太阳能光热建筑一体化应用总面积 6.99 万 m^2；按项目类别分类，卫生院项目 4 个，总示范面积 2.51 万 m^2，中小学幼儿园项目 5 个，总示范面积 4.305 万 m^2；房地产项目 12 个，总示范面积 37.426 万 m^2。可节约标准煤 1.59 万吨，减排二氧化碳 3.98 万吨。2012 年，济源市沁园春天 A 区一期获得二星级绿色建筑设计评价标识，建筑面积 15 万 m^2。另有沁园春天 B 区、和景花园、升龙城、大河名苑等项目也在积极申报绿色住宅小区，面积 60 万 m^2。今后，济东新区新建建筑全面执行《绿色建筑评价标准》中的一星级及以上的评价标准，其中二星级及以上绿色建筑达到 30% 以上。绿色建筑的发展将加快济源市低碳城市建设的步伐，实现碳排放指标。

五、国家智慧城市试点示范

2013 年 1 月 29 日，济源市成为首批住建部公布的 90 个国家智慧城市试点之一，本次试点地级市 37 个，区（县）50 个，镇 3 个。河南省的济源市、郑州市、鹤壁市、漯河市、新郑市、洛阳新区进入名单。智慧城市是在物联网、云计算等新一代信息技术的支撑下，形成的一种新型信息化的城市形态。试点城市将经过 3～5 年的创建期，由有关部门组织评估，对评估通过的试点城市进行评定，评定等级由低到高分为一星、二星和三星。2013 年年底，济源市创建"国家智慧城市试点示范"合作框架签约仪式举行。市长王宇燕，市委常委、常务副市长陈星，北京数字政通科技股份有限公司董事长吴强华、总裁许欣等出席签约仪式。按照协议，该项目将由市政府和北京数字政通科技股份有限公司协同推进，在住建部城市科学研究会的指导下，将济源市建成基础设施先进、信息网络通畅、科技应用普及、城市管理高效、公共服务完备、城乡一体发展的智慧城市。

六、循环经济体系构建

围绕"钢铁—深加工—废弃物综合利用""铅锌冶炼—精深加工—废物综合利用—再生铅回收""煤炭—焦炭（火电）—余热、脱硫、建材等副产品及废弃物综合利用""种植、养殖—加工—综合利用"四大循环经济产业链，打造能源综合利用和水资源梯级利用两大基础循环链，构建"4+2"循环经济特色体系。目前豫光金铅、中原特钢、金马焦化、联创化工、贝迪空调和清水源6家企业已通过省级节能减排科技创新示范企业认定。催生了机械加工、废渣利用、铅锌蓄电池、煤焦油深加工和食品生产等一批企业。示范推广了钢铁、铅锌、化工等行业的59项清洁生产技术。通过打造循环经济拉长产业链，促进产业升级、技术升级，实现节能减排，提高资源综合利用效率，保障循环经济发展。

七、"三废"排放监管治理

围绕污染减排这一中心，以"抓治理、强监管、提能力"为重点，采取"结构减排、工程减排、监管减排"三大措施，扎实做好污染减排工作。开展集中供热、供气管网建设，以煤气、天然气等清洁能源逐步取代燃煤。加强地表水污染治理，对蟒河流域、济河流域和三湖区域农村环境污染开展集中整治。提升冶炼固体废物、化工电石渣和磷石膏、城市污水处理厂污泥的处置和综合利用水平。针对水、气污染防治和土壤修复等重大环境课题，搞好产学研结合，解决关键技术难题。注重污染源监控、固体废物管理和环境监测能力的提升，充分发挥在线监控系统的作用。"十二五"末，实验区环保治理淘汰了45家涉重企业的落后产能，完成47个重金属、21个大气污染、5个水污染、3个固体废物的综合治理任务，建设5个环保基础设施项目。通过实施源头控制、污染治理、强化监管等综合措施，济源市主要污染物化学需氧量、氨氮、二氧化硫、氮氧化物的排放量在"十一五"末的基础上分别减少 9.1%、11.7%、11%、15.5%，力争大气深度治理，废水循环利用，固废吃干榨净。

八、大项目带动示范

城乡一体推进、四化融合发展，关键是要有可持续发展的重大项目。豫光集团的熔池熔炼直接炼铅环保治理工程和废旧蓄电池综合利用工程为打造济源的循环经济，推动全国城市矿山的开发起到示范引领作用。中原特钢综合技术改造项目带动济源机械加工产业园的创业创新发展。贝迪的高效热泵换热器项目提升了济源市利用可再生能源的水平。3 个产业集聚区和 4 个现代农业示范区的建设奠定了"三化"协调发展格局。16 个社会发展优先项目间接促进了富士康的入驻、小浪底北岸新区和济东低碳智慧新区的规划。

九、生态化特色打造

按照发展求特色、建设出精品、创新当尖兵、持续求进、力求先行的总要求，生态建设突出了南太行、沿黄生态屏障的特色，文化建设突出了愚公移山精神和天人合一的美丽济源特色。中心城区体现了园林休闲、综合承载的核心特色服务功能，西霞湖生态经济功能区、王屋山生态旅游功能区、东部特色高效农业功能区体现了生态空间山清水秀的特色，3 个产业聚集区体现生产空间集约高效的特色。虎岭产业集聚区以建设"济源山水生态产业新城"为目标，打造千亿级的装备制造业基地；玉川产业集聚区以循环经济科学发展示范区为目标，打造千亿级的能源和铅锌深加工产业基地；高新技术产业集聚区以全市科技创新先行示范区为目标，打造全市高新技术研发基地、成果转化基地和国家火炬计划矿用机电产业基地。

十、年产 1 万吨 LED 用高效配光材料关键技术开发及产业化

通过聚合物表面微尺度技术的创新应用，解决普通 LED 照明的瓶颈问题，确保 LED 照明的舒适度与节能性，树立 LED 照明领域的丰碑，推进 LED 照明行业的创新式与跨越式发展，打造中西部地区最大的 LED 配光材

料规模化生产基地，研发周期为 2013 年 5 月—2015 年 6 月。研究光扩散材料和漫反射材料，编制产品检测企业标准，开发产业化、规模化生产工艺。研发低成本的 LED 照明用高效配光材料新产品。通过高分子材料配方的自由设计和不同材料的组装技术，研发系列产品。与传统产品相比，实现不同的光学效果，降低成本，节约电能 30% 以上，提升市场竞争力，达到节能效果显著的目标。LED 照明用微结构高效配光系列材料，能耗低、零污染、附加值高，市场需求大，社会效益好。以 2010 年我国用电量 4.19 万亿千瓦时为例，其中照明用电约 8000 亿千瓦时，相当于 8 个三峡电站的用电量。若 50% 的照明采用普通 LED 灯具，则节电 600 亿千瓦时／年，相当于 0.6 个三峡电站，减排二氧化碳 6380 万吨／年；若 50% 的照明采用济源市配光材料及照明设备，则可节电 3560 亿千瓦时／年，相当于 3.6 个三峡电站，减排二氧化碳 3.83 亿吨／年。因此，该产业化工程属于环保节能型项目，符合国家节能减排与绿色环保的相关政策，是国家鼓励发展的产业，对推动河南绿色产业的发展具有重要意义。预计目前国内市场份额上千亿元，市场前景十分广阔。项目总投资 2 亿元，其中研发投入 1800 万元。项目建成后，可年产 LED 配光材料 1 万吨，实现年均销售收入 5 亿元。

十一、湿法清洁炼锌关键技术研究与产业化示范

随着有色冶炼企业的快速发展，目前我国有色金属工业可持续发展面临着资源、能源和环境严重制约的问题。针对我国锌湿法冶炼存在的有价元素回收率低、渣处理能耗高、环保投资高且难以达标及企业生产成本高、废渣难以资源化的现状，在前期研究的基础上，立足于自主创新与技术集成，进行赤铁矿除铁工艺及除铁装置、锌精矿冶炼工艺流程有价元素综合高效提取技术、赤铁矿渣综合利用技术等行业共性关键技术研究，以大型金属矿产资源及冶炼企业为依托，开展半工业化验证试验，并建立 10 万吨锌 ／a 锌精矿有价元素高效提取新技术应用示范工程，显著提高我国锌冶炼资源高效回收水平，为我国同类型企业技术改造升级提供技术支撑。本项目研发周期为：2012 年 10 月—2015 年 12 月。开发自主知识产权的锌冶炼锌铁分离新工艺、

锌精矿中有价金属高效提取技术、除铁压力釜和闪蒸槽结构及配置方式，促使锌精矿中铁的直接利用率达到 95%，使锌冶炼系统整体对锌精矿原料的适应性明显提高，大幅提高锌、铜、稀散金属等有价元素的回收率，有效解决目前国内湿法炼锌厂铁渣堆存的环保问题。该工艺成功运用后，工艺流程相对紧凑，相对于黄钾铁矾工艺减少了沉矾工序、渣场建设及维护费用（按 10 万吨／年锌计算，渣场建设费用约 5000 万元）；相对于常规炼锌工艺少了庞大的火法渣处理系统(干燥窑、挥发窑)及氧化锌处理系统、尾气处理系统(按 10 万吨／年锌计算，直接投资约 1 亿元)，同时减少了后续窑渣的处理。随着设备的自主开发及设备制造商范围的不断扩大，今后该工艺建设投资还会有所下降。按 10 万吨锌规模计，相对于黄钾铁矾工艺每年可减少有害堆存渣量 10 万吨左右，相对于挥发窑渣处理工艺每年约减少 2000 吨 SO_2 的排放量，同时减少焦炭消耗约 4 万吨，大大减少温室气体的排放。项目总投资 18 800 万元，其中研发经费 1550 万元，产业化建设资金 17 250 万元。

十二、生物膜污水再生处理及回用装置产业化

本项目主要研究内容为：生活污水再生处理及回用装置，是利用环境微生物处理技术组合成的一种新型高效的污水处理净化装置。该装置是集中式污水处理厂之后的补缺技术和产品。在国家支持生物环保科技大发展的形势下，为了打破国外在环境微生物关键技术与设备上的垄断，提高生物环保装备及菌剂设备的国产化率，研究开发生物环保装备及菌剂设备的关键产品，提高生物环保装备及菌剂设备设计水平和制造能力已刻不容缓。其主要特点是：实用性强，不受气温、气候的影响，一次性投资少，运行费用低，净化效率高，就地净化处理，回收再利用。本项目实施后，实现工业化批量生产可降低生产成本，减少材料消耗，节约材料成本；该装置集成化高，体积小，可以设在地面上或地下；土建工程量少，建设速度快，一般情况下每套 7 ～ 10 天完成。污水处理运行成本为 0.1 ～ 0.3 元 ／ m^3，比污水集中处理厂平均超过 0.8 元 ／ m^3 的运行成本大幅度降低，少投资，多办事，把事情做得更好，使有限的资源得到充分利用。项目总投资 5000 万元，自筹资金为 2800

万元，其他 1000 万元，申请国家和省市财政支持经费 800 万元。项目建成后，安置就业 500 人，年产 1000 套污水处理装置，实现销售收入 3.5 亿元，利税约 1.05 亿元，项目建设周期为 2013—2015 年。

十三、豫济牌高清洁燃油产业化研发项目

该项目主要研发高清纯汽油、高清纯柴油和高清纯航油。河南国燃新能源有限责任公司作为研发单位，位于河南省济源市轵城镇，于 2012 年 4 月注册成立，现有员工 40 余人，其中各类专业技术人员 10 余人，生产工艺先进，装备精良，检测手段齐全。目前，我国空气质量日趋下降，PM2.5 直线上升，这其中大都是汽车尾气造成的。去年北方不少省份遭遇了罕见的强雾霾天气。据专家分析，构成雾霾的主要成分中，汽车尾气占比超过三成，油品标准问题开始被公众前所未有地关注。豫济牌高清洁燃油的产业化研发，能缓解大气污染、节约资源能源、降低车辆维修保养费用，对全社会的节能减排作用明显，对济源建设低碳城市、促进可持续发展提供了技术和项目的示范基地，对推动济源市产业结构转型升级具有重要意义。该公司采取调和技术，将石脑油通过精制脱硫，并与高辛烷值组分混合，再加入抗爆剂，就可调和出如矿泉水一样的系列柴油、航油和 90#、93#、97#、98# 高清纯汽油。国家车用乙醇汽油质量监督检验中心的 3 份检验报告显示，产品优于国家标准，尤其是硫、苯、锰、铁、铅的含量和胶质等部分指标远远优于国家标准。硫含量：国二标准为不大于 0.05%，国三标准为不大于 0.015%，国四标准为不大于 0.005%，该公司生产的高清纯汽油硫含量为小于 0.001%；苯含量：国家为不大于 1.0%，该企业为 0.08%；锰含量：国标为不大于 0.016g/L，该企业为 0.0002g/L；铅含量：国标为不大于 0.005g/L，该企业为 0.0004g/L，此外还有很多指标都优于国家标准。2013 年 5 月 16 日，由河南省发展改革委工业处组织，济源市发展改革委、商务局、河南电视台、济源市电视台、《河南日报》《东方今报》参加的，在济源市进行现场相同条件下，市场商品油和高清纯汽油对比的行车实验。市场商品油 7 升油行驶 73 km，高清纯汽油 7 升汽油行驶 89 km。其效果获得专家认可，轰动一时。项目总投资 25 亿元，占地面

积 1000 亩。项目分 3 期进行，一期为年产 180 万吨高清纯汽油项目，投资总额 7 亿元，占地面积 200 亩，建设周期为一年；二期为高清纯柴油项目，投资总额 8 亿元，占地面积 400 亩，建设周期为一年；三期为航空煤油生产项目，投资总额 10 亿元，占地面积 400 亩，建设周期为两年。一期高清纯汽油项目投产后，可日产高清纯汽油 5000 吨，年产 180 万吨，产值达 150 亿元，利润 30 亿左右，税收 5 亿元，可带动 500 余人就业。

参考文献

[1] 常纪文，焦一多，汤方晴 .《气候变化应对法》制定时如何规定公众参与（上）[J]. 环境影响评价，2015，37（4）：26-31.

[2] 龚民 . 共识·策略·行动：环保 NGO 应对气候变化实践 [J]. 绿叶，2007，10：31.

[3] 贾鹤鹏 . 全球变暖、科学传播与公众参与：气候变化科技在中国的传播分析 [J]. 科普研究，2007（3）：39-45.

[4] 赖昭瑞 . 非营利组织参与应对气候变化的经济学分析 [J]. 经济与管理评论，2013（2）：41-45.

[5] 蓝煜昕，荣芳，于绘锦 . 全球气候变化应对与 NGO 参与：国际经验借鉴 [J]. 中国非营利评论，2010（1）：97-105.

[6] 李毅中 . 国家发展改革委负责人就《国家应对气候变化规划（2014—2020 年）》答记者问 [J]. 工程机械，2015.

[7] 唐丽春，刘丽，仇泸毅，等 . 中国低碳发展公众参与的特征分析 [J]. 商业经济研究，2015（30）：43-45.

[8] 唐美丽，成丰绛 . 非政府组织在应对气候变化中的作用研究 [J]. 理论界，2012（1）：167-169.

[9] 王彬彬 . 气候变化谈判中政府、媒体、NGO 角色和影响力分析 [J]. 新闻研究导刊，2013（11）：19-20.

[10] 徐步华，叶江 . 浅析非政府组织在应对全球环境和气候变化问题中的作用 [J]. 上

海行政学院学报，2011（1）：79-88.

[11] 郑保卫. 我国气候变化问题对外传播话语体系建构 [J]. 对外传播，2014（11）：
     21-23.

[12] 宋征. 21 世纪新曙光：可持续发展实验区 [J]. 中国人口·资源与环境，2002，
     12（3）：108-112.

[13] 工业和信息化部，国家发展和改革委员会，科学技术部，等. 工业领域应对气
     候变化行动方案 [EB/OL].（2013-01-09）[2017-03-14]. http:// news.xinhuanet.com/
     politics/2013/01/09/c_124209762. htm.

[14] 国家发展和改革委员会. 中国应对气候变化的政策与行动 2012 年度报告 [R/
     OL].（2013-05-06）[2017-03-14]. http://www.sdpc.gov.cn/zcfb/zcfbtz/2013tz/
     t20130506_540207.htm.

[15] 国务院."十二五"节能减排综合性工作方案 [EB/OL].（2011-09-07）[2017-03-14].
     http://www.gov.cn/zwgk/2011-09/07/content_1941731.htm.

[16] 国务院. 节能减排"十二五"规划 [EB/OL].（2012-08-21）[2017-03-14]. http://
     www.gov.cn/zwgk/2012-08/21/content_ 2207867. htm.

[17] 国务院. 能源发展"十二五"规划 [EB/OL].（2013-01-23）[2017-03-14]. http://
     www.gov.cn/zwgk/2013-01/23/content_ 2318554.htm.

[18] 国务院办公厅. 温家宝主持召开国务院常务会议听取退耕还林工作汇报讨论通过
     《京津风沙源治理二期工程规划（2013—2022 年）》[EB/OL].（2012-09-19）
     [2017-03-14]. http://www.gov.cn/ldhd/ 2012-09 /19/ content_2228439.htm.

[19] 国务院新闻办公室. 中国应对气候变化的政策与行动(2011)[EB/OL].(2011-11-22)
     [2017-03-14]. http://www.gov.cn/jrzg/2011-11/22/content_2000 047. htm .2011-11-22.

[20] 环境保护部. 宣教工作简报第 2011-5 期（总第 93 期）[EB/OL].（2011-05-16）
     [2017-03-14]. http://xjs.mep.gov.cn/gzdt/201105/t20110516_210682.htm.

[21] 环境保护部. 宣教工作简报第 2012-2 期（总第 106 期）[EB/OL].（2011-03-06）
     [2017-03-14] http://websearch.mep.gov.cn/was40/detail?record=1&primarykeyvalue=
     DOCIDS%3D224309&channelid=51640&searchword=%E7%8E%AF%E5%A2%83
     %E6%97%A5+and+siteid%3D53&sortfield=-docreltime.

[22] 环境保护部.宣教工作简报第 2013-6 期（总第 126 期）[EB/OL].（2012-05-23）
[2017-03-14]. http://xjs.mep.gov.cn/gzdt/201306/P020130604360776050823.pdf.

[23] 科学技术部.碳收集领导人论坛第四届部长级会议在北京召开 [EB/OL].（2012-
10-09）[2017-03-14]. http://www.most.gov.cn/kjbgz/201110/t20111008_90153.htm.

[24] 科学技术部."十二五"国家应对气候变化科技发展专项规划 [EB/OL].（2012-
07-11）[2017-03-14]. http://www.gov.cn/zwgk/2012-07/11/content_2181012.htm.

[25] 气候变化科技政策课题组.主要发达国家及国际组织气候变化科技政策概览 [M].
北京：科学技术文献出版社，2012.

[26] 清华大学气候政策研究中心.中国低碳发展报告（2013）[M].北京：社会科学文
献出版社，2013.

[27] 云南省科学技术厅.东亚峰会新能源论坛在昆明成功举办 [EB/OL].（2013-04-25）
[2017-03-14]. http://www.ynstc.gov.cn/zxgz/guojkjhz/201304250003.htm.

[28] 中国气象报.世博会主题论坛"环境变化与城市责任"举行 郑国光局长作
《科学应对气候变化 促进城市和谐发展》主旨演讲 [EB/OL].（2010-07-03）
[2017-03-14].http://www.cma.gov.cn/2011xwzx/2011xqxxw/2011xqx yw/201110/
t20111026_123800.html

[29] 中国气象报.第七届气候系统与气候变化国际讲习班开幕 [EB/OL].
（2010-07-19）[2017-03-14].http://www.cma.gov.cn/2011xzt/2012zhua
nt/20120718_01/2012070901_2_3_2/201207090106/201208/t20120829_183672.html.

[30] 中国气象报.第八届气候系统与气候变化国际讲习班开班 [EB/OL].（2011-07-18）
[2017-03-14]. http://www.cma.gov.cn/2011xwzx/2011xqxxw/2011xqxyw /201110/
t20111027_133532.html.

[31] 中国气象报."应对气候变化中国行走进江西"活动启动 [EB/OL].（2011-
04-12）[2017-03-14]. http://www.cma.gov.cn/2011xwzx/2011xmtjj/201110/ t201
11026_121810.html.

[32] 中国气象报."应对气候变化中国行—走进广西"活动启动 [EB/OL].（2012-04-
23）[2017-03-14]. http://www.cma.gov.cn/2011xwzx/2011xqxxw/2011xqxyw201204/
t20120423_170343.html.

[33] 中国气象报 . 祖国南海有一支特殊海岸卫队：应对气候变化中国行走近广东红树林 [EB/OL]. （2012-11-28）[2017-03-14]. http://www.cma.gov.cn/2011xwzx/2011xqxxw/2011xqxyw/201211/t20121125_191957.html.

[34] 中国气象报 . 中国气象局发布 2011 年政府信息公开年度报告 [R/OL]. （2012-03-30）[2017-03-14]. http://www.cma.gov.cn/2011xwzx/2011xqxxw/2011xqxyw/201203/t20120330_167923.html.

[35] 中国气象报 . 第十届气候系统与气候变化国际讲习班在北京举办 [EB/OL]. （2013-07-16）[2017-03-14]. http://www.cma.gov.cn/2011xwzx/2011xqxxw/2011xqxyw/201307/t20130716_219806.html.

[36] 中国气象报 . "应对气候变化中国行"走进内蒙古锡林郭勒盟 [EB/OL]. （2013-08-26）[2017-03-14]. http://www.cma.gov.cn/2011xwzx/2011xqxxw/2011xqxyw/201308/t20130826_224417.html.

[37] 中国气象报 . "应对气候变化中国行：走进湖南"活动圆满落幕 [EB/OL]. （2013-05-09）[2017-03-14]. http://www.cma.gov.cn/2011xwzx/2011xqhbh/2011xdtxx/201305/t20130509_213291.html.